最高の敵

冷戦最後の
ふたりのスパイ

BEST OF ENEMIES

The Last Great Spy Story of the Cold War
by Gus Russo & Eric Dezenhall

ガス・ルッソ
エリック・デゼンホール
熊谷千寿＝訳

ハーパーコリンズ

BEST OF ENEMIES

by Gus Russo & Eric Dezenhall

Published by K.K. HarperCollins Japan, 2022

目次

最高の敵

冷戦最後のふたりのスパイ

※本文中の（　）内は訳注。また、＊数字は巻末に原注があることを示す。

ジャック・プラットの思い出と
世に埋もれて諜報任務に従事する男女に
本書を捧ぐ

リクルートは初恋のようなものだ――
運命的な悲劇の恋だ。
その代償として、命は奪われなくても、
自由を奪われることはある。
危険、恐怖、自分が特別な存在だという意識。
そういったものが
エージェントとコントロールの絆を強固にし、
多くの場合、中毒のように惹かれ合う。

――ユーリ・シュヴェツ少佐（ＫＧＢ職員　一九八〇～一九九〇）

1 見習いスパイ

無理に引っ張り込んでも、ほとんどうまくいかない。無理強いすれば、恨まれるだけだ。

――ジャック・〝カウボーイ〟・プラット　CIA工作担当官

二〇〇五年八月二七日[*1]
バージニア州グレート・フォールズ

〝そんな、またかよ〟とカウボーイは思った。電話を切ると、六九歳になる引退したCIA工作担当官ジャック・〝カウボーイ〟・プラットは、F・スコット・フィッツジェラルドの〝霊魂の暗夜〟（〝Pasting It Together〟より）についての一節を思い出し、その意味がはっきりわかったと思った。ジャックはバージニア州北部の暗い書斎で、電話で話題になった人物、ロシア人の弟、元KGBのゲンナジー・〝ゲーニャ〟・ワシレンコと一緒に写っている写真を見つめた。フレームの中の思い出は、この前、シェナンドー・バレーへハンティング旅行に出かけたときに撮ったものだ。たしかに、いい時代になったものだ。だが、さっきの電話で事態は一変し、二五年も足を踏み入れてこなかったところに行きたくなった。マクリーンのCIA本部前の通りをちょっと行ったところにある〈ABCリカー・ストア〉だ。ソビエトよりも、酒に殺されかけたほうが多いのだが。

ジャックは左手に目を落とした。海兵隊時代、任務中に手榴弾《しゅりゅうだん》が暴発してぐしゃぐしゃになった手を見て、こう思った。〝くそったれ、ゲンナジーは拷問を受けながら、絶対におれを罵《のの》しってる〟。そう思うと、いたたまれなくなった。ジャックのせいなのだ。おれの思いつきのせいで、こんなことになってしまった。ゲンナジーの息子がロシアから電話で知らせてきたあと、インターネットで吐き気を催す詳報を読んだ。ジャックの〝練りに練った計画〟のおかげで、アメリカ史上もっとも危険な売国奴の特定に〝静かに〟成功したものの、最悪の事態を招いてしまった。偶然にも、同胞のあいだで〝ロシアン・カウボーイ〟の異名をとったゲンナジーがまたしても逮捕され、モスクワで収監された。ジャックのせいで――またしても。

悪名高きモスクワの刑務所という地獄では、わけもわからず、恐怖に囚《とら》われた六三歳のゲンナジーもまた、カウボーイと行ったハンティング旅行に思いを馳《は》せていた。ハンティング・シーズンがはじまった二日前、ゲンナジーはモスクワを囲む森林の中にある別荘《ダーチャ》で、母親、ガールフレンドのマーシャ、そしてゲンナジーとマーシャの幼い子供たちと一緒だった。彼の第二の家族だ。国民が毎年恒例のモスクワの日を祝っているとき、前庭で〝子供たちと遊んでいた〟ゲンナジーは、一〇人あまりの黒服のスペッツナズが敷地を取り囲んでいるのに気づいた。〝おれがハンティング・シーズンの最初の獲物になりそうだ〟とゲンナジーは思った。顔見知りの保安員と握手しようと手を差し出したとき、スペッツナズが襲いかかり、ヒステリックになった母親、ガールフレンド、子供たちの目の前でゲンナジーをさんざんに打ちのめした。「少しでも動いたら、家族の前でおまえを撃ち殺す」ひとりが歯を剝《む》いていった。そして、彼らはゲンナジーを地獄へしょっぴいていった。

ゲンナジーの地獄は波のように何度も押し寄せた。まず地元の警察署に連行された彼は、自宅のアパートメントで違法な爆発物が見つかったと伝えられた。近親者の家がすべて捜索された。ゲンナジーの自宅と車から爆発物が〝発見された〟という。その証拠はゲンナジーに罪を着せるために仕込まれたものだった。ゲンナジーの指に付着するように、目に見えない爆発残滓《ざんし》があらかじめ車内に吹きつけられていた。おまけに、FSB（ロシア連邦保安庁）はゲンナジーをテロリズム罪で告発できるように、ゲンナジーの車庫に第二次世界大戦時代の爆弾を仕込んでいた。

ゲンナジーの長男、三五歳になるイリヤは、父親が警察署にいると知り、家から着替えを持っていったが、ダーチャに残っていたゲンナジーの青いスウェットシャツは、何年も前にカウボーイのFBIの友人ダイオン・ランキンからもらったもので、〝FBIアカデミー〟のロゴがついていた。〝うってつけだぜ〟とゲンナジーは思った。〝こいつらはもうおれがアメリカ側についていると思っている〟。とにかく、べったり血がついたTシャツを脱ぎたい一心で、ゲンナジーは

ＦＢＩのスウェットシャツに着替えた。「くそったれ」ゲンナジーは何年も前にパクったカウボーイ愛用の悪態をついた。

ＦＳＢのごろつきどもが部屋に入ってきて、殴る蹴るの延長戦でさらに痛めつけられたとき、ゲンナジーは、こうなったのは古い火薬のためでも何箱もあったハンティング用の銃弾のためでもないと悟った。復讐《ふくしゅう》だ。ゲンナジーは脳震盪《のうしんとう》を起こし、ＦＢＩのスウェットに嘔吐《おうと》し、血を吐きはじめた。気がついたり、気を失ったりしつつ、自分の血にまみれて横たわっていると、今日は娘のユリアの誕生日だったとふと思った。

つかまえたやつが充分に素直になり、そろそろ吐きそうだと思ったのか、ごろつきどもはようやくこの蛮行の真の理由を伝えた。四年前、アメリカが売国奴――ロシア史上もっとも貴重な二重スパイ――をあぶり出したときにアメリカ側に手を貸したことを、ゲンナジーに白状しろというのだ。ロシアの官僚機構は資産《アセット》（二重スパイ）が暴露されてから、ダメージコントロール・モードに入っていた。苦労して引き入れたスパイをアメリカに逮捕させたと疑われる連中を、みすみす取り逃すわけにはいかない。見せしめが必要だった。そして、ゲンナジーがその見せしめだった。

暴行と精神的な拷問はいつまでも続いた。その間《かん》ずっと、警察、そしてＦＳＢは、ひとつのことを訊《き》いてきた。「アメリカ人のボーイフレンドは、どうやっておまえを裏切らせた？」答えはいつも同じだった。

「イエバッチ・セビヤ！　ヤ・ネ・プリェダーチェル！」ゲンナジーは叫んだ。〝くそでも喰《く》らえ！　おれは売国奴じゃない！〟

一九七九年三月　ワシントンDC

ワニにケツまで呑《の》み込まれたら、
そもそもここに来た目的が沼の水をぜんぶ抜くことだったことなど
思い出すのは至難の業だ。

——ＣＩＡ本部のカウボーイ、ジャック・プラットのデスクに記されていた言葉

ハーレム・グローブトロッターズ（エキシビション・ゲーム専門の米国の黒人プロバスケットボール・チーム）の試合会場で〝ターゲット〟にはじめて会うため、ジャックはアルコールまかせの荒っぽい運転でワシントンのキャピタル・ベルトウェイ（州間高速道路４９５号線）を疾走したことを覚えていた。おそらくいつもの一日のビール消費量、一二〜一四本分は胃に流し込んでいただろう。ばっちりだ、とジャックは思った。なにしろ、これから会うターゲットはパーティー好きのロシア人で、ここしばらくＣＩＡの国内拠点がつかんできたなかでは最高の糸口なのだから。

三七歳のゲンナジー・ワシレンコはアメリカにやってきた新顔のＫＧＢで、ソビエトの水素爆

弾の生みの親のひとり、ウラジーミル・ゴンチャロフの義理の息子だった。最近の懸案はもっぱら核戦争のことだった。いちばんいいのは防ぐこと、次に必要とあらば先制攻撃すること、最悪でも生き延びる方法を探ること。両陣営とも、いずれ核戦争になると考えていた。ソビエト側のエージェントは夜ワシントンを車で走り回り、ホワイトハウスやペンタゴンに尋常とは思えない数の明かりが灯《とも》っているかどうか、灯っているとしたらその日時を確認するよう命じられていたほどだった。それほどの明かりが灯っていれば、当然、動きが増えていることを意味し、近々攻撃があるのかもしれないと予測もつく。ジャックの任務――CIAの職務記述書に実際に書かれている内容――はアメリカ国内に配置されているソビエトのエージェントを〝転向〟させ、母国を裏切って軍と政府の情報、特に核爆弾に関する秘密情報をアメリカに提供させることだった。ジャックは約一年前からこの任務を遂行していたが、ひとりも転向させられていなかった。

「[転向]事例のほぼ六五パーセントで、最大の動機は復讐だ」ジャックは引退したのち、よくそう述懐したものだ。自分がCIAに引き入れた五〇人の転向者をつぶさに観察して、そのような結論に行き着いたのだった。「不当な仕打ちに対する復讐心、つまり、あの体制にひどいことをされたから『やり返してやる』という気持ちだ」もちろん、ターゲットの弱みにつけ込んで脅迫するという有効性が実証済みの方法もあった。弱みのトップ3はセックス、ギャンブル、そして酒だ。しかし、CIA創設から三〇年のあいだ、アメリカ陣営は、誘いのネタはいくらでもあったのに、ワシントンに配置されていたKGB職員をひとりも転向させられなかった。ソビエト側も同様の挫折を味わっていた。元ＫＧＢ職員のユーリ・シュヴェッツによると、二〇〇〇回誘いをかけて、成功するのは一回のみだという。

「失敗が当たり前だ」ジャックはいった。彼はキャリアを通じて、転向者の数でうまくいかないところを質でおぎなった。「おれが抱き込んだ連中はひとりもつかまってない」ジャックは一度も脅迫テクニックに走ったりしなかった。彼の流儀ではなかった。「無理やり転向させても絶対にうまくいかない。自分の意志とはちがうことをさせるわけだから、恨まれるだけだ。毎回、抱き込まないといけなくなる。それに、無理やり転向させれば、ターゲットがすぐに上官のところに行き、何があったのか報告するなんてことも充分ありうる」（そうはいいつつ、ジャックとＣＩＡの徴募《リクルート》チームは、すでに人間の弱点をまとめたリストをつくっていた。弱点の頭文字をとってＭＥＣＭＡＦＯと呼んでいたリストだ。カネ《マネー》もうけ、エゴ、犯罪癖《クリミナル・アクト》、中年の危機《ミッドライフ・クライシス》、薬物依存《アディクション》、家庭問題《ファミリー・トラブル》、そして仲間はずれ《アウトキャスト・ローナー》）。

　評判の悪い脅迫作戦にも数少ない成功事例はあるが、それだって人から人へいい伝えられるうちにずいぶん盛られて伝説化するのだ、とジャックは説明している。「少年好きのイギリスの外務職員の話は有名だ」大半のスパイ活動は脅迫に根付いているという定説を、彼はそんな言葉で紹介した。「まあ、いいだろう。ＫＧＢがそうやってだれかを抱き込んだのはあの一回こっきりだというのに、みんなその一回の話ばかりする！　それがふつうというわけではない」ジャックはまた、荒っぽいやり方で情報提供を強要するのも非現実的だと付け加えた。「ＣＩＡには二五年いたが、おれは銃を持ち歩いたことなどない」

ジョン・〝ジャック〟・チェイニー・プラット三世は、一九三六年二月一八日にテキサス州サンアントニオのニックス病院で生まれた。ジャックは軍人の家系だけでなく、アルコールを求める遺伝子まで受け継いでいた。四〇代のときに依存症の矯正《リハビリ》がうまくいくまで、しょっちゅう記憶をなくしていた。「祖父もアルコール依存症、父もアルコール依存症、おじと母は三回ずつノイローゼになった」ジャックはそう回想している。「みんな毎晩、夕食前にカクテルを飲む。妹のポリーとおれはガキのころ、こっそりキッチンの酒を飲んでいた。ポリーも酒で死んだようなものだ。おれに勝ち目はない。おれはビール依存症で一日一二本は飲んでいた。少ない日でもな」

ジャックのひとりきりの妹（三つ下）メアリー・マー・〝ポリー〟・プラットはのちにオスカー賞にノミネートされたこともあるアート・ディレクター兼製作のエグゼクティヴとなった。一時期、映画監督のピーター・ボグダノヴィッチと結婚していて、女性ではじめて美術監督組合への加入を許可された。[*2] 政治観はちがうものの――ジャックは口うるさいテキサスの保守派で、ポリーはショー・ビジネス界にありがちなリベラル――兄妹は実に仲がよく、親友でもあった。その関係は映画『アラバマ物語』で、近所のならず者からかばい合っていたおてんば娘スカウトと彼女の兄ジェムの関係を思わせる。ポリーは未発表の回想録でこう記している。地元の少年がジャックを奇襲して取っ組み合いの喧嘩《けんか》になったとき、ポリーは少年の向こうずねをシャベルでぶっ叩《たた》いたという。齢《よわい》を重ね、父母や祖父母になっても、ふたりは少年少女時代を大胆に書き換えることで有名で、幼少期の自分たちをネタに人を笑わせたりした。ジャックの娘のリーによれば、ふたりはレストランに行くと、小さな子供のようにナイフやフォークを鳴らしながら、「ハラヘッタ〜〜〜！」とせかすことがよくあったそうだ。

兄妹の絆には暗い一面もあった。パリス（テキサス州北東部の都市）に行ったときは、ふたり揃《そろ》って酔っ払い、大暴れした。ふたりの子供たち全員が、そのさまを恐怖のまなざしで見つめていたのだという。

「ふたりはバラの生け垣に突っ込んで、血だらけになって起き上がってきて」ポリーの娘、アントニア・ボグダノヴィッチはいう。「血まみれになって、ますますばか笑いしてました」

ふたりの両親はニューヨーカーの職業軍人で陸軍士官ジョン・チェイニー・プラット二世と、マサチューセッツ州ニューベリーポート生まれのヴィヴィアン・ヒルドレス・マーである。第一次世界大戦中、ＭＩＴ（マサチューセッツ工科大学）の学部生だった父親は退学して陸軍に志願した。大学ではボクシングのチャンピオンであり、成績もよかった。軍務に就いたばかりのころ、プラット・シニアはメキシコに派遣され、ホセ・ドロテオ・アランゴ・アランブラ、別名パンチョ・ビリャと戦った。その後三〇年のあいだ、プラット大佐とその家族はニュージャージー州、カリフォルニア州、イリノイ州、そしてテキサス州に配属され、その間、父親は軍法会議の判事として名声を博した。第二次世界大戦後は占領下ドイツのブレーマーハーフェンに派遣され、二〇〇〇名のドイツ軍捕虜の保護に携わった。捕虜の多くはエルヴィン・ロンメルのアフリカ軍団にとらえられていた者たちだった。その後、一九四九年から一九五一年まで再度ドイツに派遣され、そのときはダッハウ裁判で判事を務めた。米軍大佐が二五〇万ドル(現在の約三〇〇〇万ドル)相当の宝石を盗んだ、かの有名なヘッセンの宝石窃盗事件も裁いた。

若いジャックにとって父の任務は、極悪の敵から正義を守る高潔な戦いだった。ときには現実にも善と悪の戦いはあって、専制政治を打倒するという父親の——そしてアメリカの——任務もそんな戦いなのだと、ジャックは疑いのかけらも持たずに信じていた。

「『国があなたのために何ができるのかを問うのではなく』といったケネディ大統領の本心が、おれにはよくわかった」ジャックはそういい、幼少期に海外で暮らした経験も自分に深い影響をおよぼしたのだと付け加えた。「おれはアメリカ国民でありがたいと思っている、誇りあるむかしかたぎの愛国者だ」

母親のヴィヴィアンは家族でドイツに駐留していたときにはじめてノイローゼになって以来、

人生の大半を急性精神疾患に苦しめられ、精神科病院にかなり長く入院した。「ポリーの母親評は辛《から》く、弱いといって責めていた」。プレミア誌の記事にはそう書いてある。「いまならわかる」と、ポリーは同誌に語っている。「母は自分の可能性を、天賦の才を活《い》かしきれなかったのかもしれない――それに、そんなことすら考えられない世界で暮らしていた」。それでも、ポリーは母親との暮らしはとてもつらかったという。母親のヴィヴィアンがいつ爆発して、ローストビーフの切り方が悪いというような瑣末《さまつ》なことで父親を〝拷問〟しはじめるか、プラット家の子供たちにはまったくわからなかった。ポリーの娘サシー・ボグダノヴィッチによると、もっとひどいこともあったようだ。ヴィヴィアンは車で走っていて、わざと橋から落ちた――幼いポリーも乗っていた車で。単なる自殺未遂ではなく、我が子の命さえ顧みなかったのだ。アルコール依存症できわめて不安定な親を持つ子供は、世界を気まぐれで当てにならないものだと思うようになり、不確定なものをすべてコントロールしようとすることがわかっている。父親が肝硬変と肺気腫で亡くなり、母親がアルコール依存症で変死すると、ジャックとポリーは酒量を倍にして、その後の人生の大波をどうにか乗り越えていった。

ポリーは戦後ドイツの記憶を鮮明に覚えていた。どこを見ても、戦禍の煙が立ちのぼっていたという。父親は幼いジャックとポリーを連れてダッハウの強制収容所を見学した。「そこで起きたことを絶対に忘れないためにね」とジャックはいっていた。その光景を見て、ポリーはこういった。「わたしにものすごい力があって、この壊れた街並みを建て直せたらいいのにと夢想するようになった」ジャックとポリーのどちらも、将来のキャリアにおいて、思いやりのあるチームプレイヤーとして知られるようになる。「プラット家には、負傷兵を家に連れてくる伝統みたいなものがあった」とジャックはいう。父親は一九六九年にニール・アームストロングが月面に正義の足跡を残すさまを見て――それまではがんばるといっていた――しばらくして、カリフォルニア州のポリーの家の離れで亡くなった。ポリーは父親を介護施設には絶対に入れないという約束をしっかり守った。

一九五〇年代のはじめ、プラット家はマサチューセッツ州ヒンガムに移ることになった。そのころには有能だが酒の問題を抱えた人として知られていた父親は、ボストン市の民間防衛スタッフ顧問として働き、核先制攻撃を受けたという緊急事態を想定しての〝核の灰〟対策に携わっていた。ジャックは一九五三年にアンドーヴァーのフィリップス・アカデミーに入り、その後、全額給与の奨学金を得て（ウィリアムズタウンの）ウィリアムズ・カレッジに進学した。同大学は大勢の退任CIA局員の母校で、のちにCIA長官となるリチャード・ヘルムズもそのひとりである。五〇年代と六〇年代、ウィリアムズ・カレッジはまだ男子学生だけの〝リトル・アイヴィー〟大学で、よく全米トップ5にランクインされていた。在籍学生の九〇パーセントが友愛会《フラタニティ》に入っていたが、同会は六〇年代後半に廃止された。マサチューセッツ州の飲酒許可年齢は二一歳なので、ジャックたちは毎週末、一九歳から飲酒が許されている隣のニューヨーク州やヴァーモント州まで越境した。そのときは、ジャックが車のハンドルを握ることが多かった。ビールを目指さないときには、女の子を目指し、ジャックの陣頭指揮でベニントン・カレッジやサラ・ローレンス・カレッジで〝パンティー狩り〟（女性の下着を戦利品として持ち帰るために女子寮に押しかけること）を敢行した。

カウボーイのペルソナがジャックに定着しはじめたのもこのころだ。ある友人の話では、ジャックは「我々のだれよりも酒が強かった」ようだ。

JOHN CHENEY PLATT, III
Home Address: 4 Home Meadows Lane, Aingham, Massachusetts. Fraternity: Phi Gamma Delta, House Secretary. Major: History. Prepared at Phillips Andover Academy. Dean's List.
ウィリアムズ・カレッジの1958年卒業アルバム内のジャック（提供：カール・フォークト）

同級生のデイヴィッド・グロスマンによれば、各学年には二五〇人の学生がいたが、ジャックは目立っていたという。ジャックは歴史を専攻し、ロシア研究をメインにしていた。そして、よく優等生名簿に載っていた。「じかに知ってたわけじゃないが、噂は知っていた」とグロスマンはいう。「ジャックは豪傑で、荒くれ者《ラフ・ライダー》（原義は米西戦争時、キューバで訓練を受けたカウボーイや農民を指す義勇騎馬隊員）でタフガイだった。だが、みんなに好かれているようでもあった」同級生のジョー・オルブライトはジャックが「学校の暴れん坊」だったと評す。オルブライトはらしい〝逸話〟を覚えている。友愛会の新入会員歓迎パーティーで酔っぱらったジャック・プラットは、かの悪名高き友愛会ファイ・ガンマ・デルタの会館にバイクで突っ込み、二階に駆け登った。それもこれもビールの六本パックを取りにいくだけのために。こうして、ブーツをはいたサンアントニオ生まれのこの男は、同級生から〝カウボーイ〟と呼ばれるようになっていった。

ファイ・ガンマ・デルタの会長であり、ジャックの生涯の友人でもあるカール・フォークト（のちのウィリアムズ・カレッジ学長）によれば、ジャックはウィリアムズ・カレッジ史上最大級のいたずらを陰で計画したという。CIAのスパイ行為回避の専門家としてのキャリアを予感させる秘密作戦だった。だれが裏で糸を引いていたのかを知っていたのは、カールともうひとりの友人だけだった。当時、学生は無許可の欠席を三度しかできなかった。大切な〝首斬り名簿《カット・リスト》〟はバインダーで綴《と》じられて、管理棟のホプキンス・ホールの厳重警備の部屋に保管されていた。カールによると、ジャックはキャンパスのすべての建物を地下で結ぶスチームパイプ網の設計図を手に入れ、ある夜遅く、その狭いパイプラインに潜ってホプキンス・ホールに侵入すると、学部生一〇〇〇人全員が載ったカット・リストを盗み出した。そして、贔屓《ひいき》にしていたニューヨークのバーに持っていき、駐車場で全ページを燃やしたのだ。

それから、街の中心地にある第一会衆派教会の七階建ての尖塔《せんとう》が破壊されたことがあった。謎の人物（ジャック・プラット）が尖塔の大時計によじ登り、いやらしくも6と9をのぞいて金の大数字をぜんぶ取り去ったのだ。一九二五年式のビンテージ消防車がベニントンのルート7で何者かの車（ジャックの車）にオカマを掘られたまま、ファイ・ガンマ・デルタ会館まで約二〇キロも押されたこともあった。州間高速道路での犯罪なのでＦＢＩが呼ばれた。ＦＢＩは笑い事で済ます気などなく、当時三年生のジャックは、地元当局に三五ドルの罰金を喰らった。ジャックの犯行だと特定された数少ないいたずらのひとつだ。

　ジャックは茶目っ気たっぷりのユーモアセンスの持ち主だったが、とても泰然としていたから、〝岩《ザ・ロック》〟というニックネームがついた。クラスでいちばんの秀才としても知られていて、授業のノートをやたら細かくとっては、それをラッキーな友だちに貸していた。人に惜しみなく与えていたのはノートだけでなく、思いやりもだった。ジャックは新入会員勧誘のリーダーとして、黒人学生にも入会の門戸をひらこうというカールの運動に協力した。

　ウィリアムズ・カレッジ時代、ジャックはロバート・Ｇ・ウェイトのもとで学んだ。ウェイトは先駆的な教師で、ジャックと同級生たちに大きな影響を与えた。アドルフ・ヒトラー研究を専門とする心理歴史学者であり、*The Psychopathic God: Adolf Hitler*（一九七七年）（未邦訳。〝精神疾患にかかった神――アドルフ・ヒトラー〟の意）を刊行し、物議を醸した。テーマがテーマなのに、倫理的な判断を極力避けようとしたからだった。のちにジャックは、憎き〝赤い脅威〟ソビエト連邦のスパイに対応する際にウエイトの手法を使った。大学卒業後は海兵隊に入隊すると決めていて、二年続けて夏の小隊長養成（ＰＬＣ）の候補生プログラムに参加し、四四人の候補生の中で常に一番にランクされていた。

　ジャックは一九五八年の自分のウィリアムズ・カレッジ卒業式に出られなかった。三人の友愛会の会員《ブラザー》をニューヨーク州サラトガ・スプリングズまで車で送っていったとき、かなり大きな交通事故に遭ったのだ。スキッドモア・カレッジの学生だった妹のポリーはしょっちゅうジャックの友だちのためにデートを設定していて、その日もポリーのところに行こうとしていたと思われる。ジャックは対向車をよけようとして、ルート9の路肩の木に衝突した。車に乗っていた四人のうち、ジャックを含む三人が入院する羽目になった。車は大破した。

一九五九年六月、カウボーイ・ジャックはまたいとこのペイジ・ゴードンと結婚した。アメリカ海兵隊少尉に任じられたのとほぼ同じ時期に、あるパーティーで出会ったのだった。「まあまあねと思ったのよ」ペイジは彼女らしい皮肉を込めていう。だが、カウボーイの茶目っ気たっぷりのユーモアに周りの人たちが反応する様子を見るうち、ペイジはカウボーイのことがだんだん好きになっていった。今日《こんにち》でも、黒っぽいショート・ヘアでほっそりしたペイジは、七〇代後半だが驚くほど若く見える。そして、カウボーイの騒々しいところを補うかのような、はっきりした物言いや簡潔な言葉で自分の考えを伝える。若いころから、プラット家の娘たちは両親を〝淑女と放浪者〟と評していた。ペイジはニューヨーク州アーモンクの農場で実母と義理の父に育てられた。のちに一家は農場を売り、そこにIBMの本社が建った。ペイジの実父アーサー・ゴードンは作家で、伝説のポジティブ・シンキングの伝道師ノーマン・ヴィンセント・ピールのゴーストライターでもあった。母は飲酒していないときはとてもやさしかった、とペイジはいうが、アルコール依存症で他界した――そのことがのちのち、ジャックと暮らしていくうえでとても重要な経験となった。

ジャックは第三大隊K《キロ》中隊の情報将校として、ノースカロライナ州のキャンプ・ルジューンの海兵隊基地に配属された。ジャックの生涯の友、マット・〝マティー〟・コールフィールド少将によると、同隊は水陸両用任務部隊であり、よく地中海で訓練を行っていた。ジャックの主要任務は海岸堡《かいがんほ》急襲チームの訓練と指揮だった。細心の現地報告を作成していたおかげで、一九六二年はじめに昇進し、第二偵察大隊A《アルファ》中隊の偵察部隊長に昇進した。「ジャックとはすぐに意気投合した」コールフィールドはいう。「あんな男には会ったことがなかった。現場でのあいつはすごかった。絶対に道に迷わないんだ。隊員はあいつを大いに気に入っていた。隊員とも良好な関係を築いていた」ノースカロライナ州ピスガ国立森林公園の寒空の下で訓練をしていたとき、ジャックは中隊を丸ごとブリザードから救い出したという。隊員の四分の一が凍傷になったが、犠牲者は出なかった。それだけの救出劇を演じたのだから、ジャックは勲章をもらってもおかしくなかった、とコールフィールドはいう。

四年におよぶ海兵隊のキャリアの三年目に当たる一九六一年、キャンプ・ルジューンで、手に持っていた閃光手榴弾が暴発し、ジャックは左手の中指の第一関節から先をなくした（のちに、スパイ活動をするようになると、ジャックはよく黒い手袋をはめて、このすぐに身元がばれる特徴を敵から隠していた。ピーター・セラーズ演じる架空の核ゲームのプレイヤー、ストレンジラブ博士を想起させる行動だ）。コールフィールドはこの出来事に少し色をつけた。ジャックは熱血教官だったから、未使用の閃光手榴弾を訓練で臨機応変に使えるように保管しておいたというのだ。部下をまともに訓練するには、そうした〝放火魔《パイロ》〟が必要だと思っていた。そこで、ジャックはそれをくすねて、だれも知らないような基地の奥底にある秘密のロッカーに隠しておいた。ある日、隠しておいたものを取りに行ったとき、一発の閃光手榴弾が暴発した。ジャックはゲンナジーと知り合ってまもないころ、カルロス・ザ・ジャッカル（国際テロリスト。本名はイリイッチ・ラミレス・サンチェス。一九九四年にフランス当局に逮捕された）とやり合ったときに負傷したのだと教えていた。ゲンナジーは信じなかった。ジャックも自分でいっていて信じていない様子だったという。

ジャックの長女リーが生まれた一年後の一九六二年一〇月、キューバ・ミサイル危機が、ジャックの大切なものをすべて焼き尽くす寸前までいった。核の瀬戸際政策のとき、ジャックは海兵隊の偵察大隊の中尉としてキューバ沖に展開し、ケネディ大統領の指令が下りしだい、雄叫《おたけ》びをあげて上陸するところだった。キューバ沿岸から約二五〇〇メートル内陸でキューバ軍――あるいはソ連軍——を粉砕し、屈服させるべく、アメリカ全軍に必要な情報を提供すること、それがジャックの任務だった。ミサイルが飛び交いはじめたら、まちがいなくキューバで戦闘に突入する、とジャックは思っていた。

キューバ沖に向けてキャンプ・ルジューンを発つ前、若きジャックはペイジに対して、核戦争になる可能性がきわめて高いと伝えていた。核戦争について彼の知るかぎり、人間が知覚するより前に終わっているだろうから、あまり心配してもしかたないとも付け加えた。しかし、自分がキューバで繰り広げる戦争はちがう。従来兵器を使う戦闘だから、長く血なまぐさいものになるかもしれない。

従来型の戦闘になった場合のなりゆきについて、コールフィールドはあとで知った情報によってちがう考えを持っていた。ジャックの大隊はキューバ上陸後、銃撃戦になるかもしれないと意気が揚がっていた。だが、彼らは知る由《よし》もなかったが、二万のソ連軍兵士と戦術核兵器（基本的に使用されないとされる戦略核に対して、戦術核は実戦使用が前提の兵器）がキューバで待ち受けていたのだ。ジャックの隊もおそらく全滅していただろう。

大掛かりな対キューバ戦に向けてヴィエケス島で訓練していたとき、ジャックとコールフィールドは上からの命令を無視し、指示されていた兵器より高性能なものをこっそり持っていった。ミサイル危機のただ中に部隊の仲間が南へ向かうなか、ふたりはキャンプ・ルジューンに呼び戻されて懲戒処分を受けることになった。しかし、事情を把握した指揮官は、そもそも性能の劣る兵器を使うよう命じた愚かな将校を怒鳴りつけた。ジャックとコールフィールドは隊と合流するよう命じられた。しかし、フロリダまで南下したとき、危機が収まった。

キューバ・ミサイル危機のあと、ジャックはキャンプ・ルジューンへ、ペイジと赤ん坊のリーのもとに帰り、のんびりしながら今後のキャリアを考えた。その後まもなく、大好きなおじのディック・プラット・ジュニアと人生を変える話をすることになる。ディックも海兵隊あがりで、アメリカ課報界と関係があることで有名な秘密結社、イェール大学のスカル・アンド・ボーンズの一員でもあった。一九六二年のクリスマス、ディックはジャックにこういった。おまえは海兵隊の訓練生に対する思い入れが強すぎるから、戦場で必要な絶対服従に合わないかもしれない。そうなら、軍人としての出世は見込めないだろう。ディック・プラットはそこで中央情報局（CIA）というわりあいに新しい組織の話を出した。そこのほうが性《しょう》に合うかもしれないぞ。海外暮らしの経験もあるし、外国語もできるのだからなおさら。ジャックのドイツ語は流暢《りゅうちょう》で、ロシア語もある程度できた。当時、ジャックはＣＩＡがどういう組織なのかよくわかっていなかった。それでも、一九六四年に応募し、工作担当官としての入局が認められた。

2 すべての道はワシントンに通ず

〝人を殺したことはあるの？〟

バージニア州ウィリアムズバーグの近くにある〝ザ・ファーム〟と呼ばれる秘密施設で実戦訓練を終了したあと、ジャックはラングレーに新設されたＣＩＡ本部に二年いた。この二年間こそが、ＣＩＡでの偉大な功績の礎《いしずえ》となった。まさにスパイの秘訣《ひけつ》を教えてくれた男、防諜の達人ハヴィランド（ハヴ）・スミスの部下になったことが大きい。スミスは偽装や陽動といった技術を学ぶためにマジシャンに助言を求めたことから、〝奇術師《イリュージョニスト》〟といわれていた。スミスはすぐさまジャックの友情と、もっと大切な尊敬を勝ち取った。スミスは現場で尾行を察知して回避する技術に長《た》けているだけでなく、ＣＩＡ本部七階の幹部室にいるスーツ組の信頼も厚かった。

「やばい秘密がどこに埋まってるか、ぜんぶ知っていた」ジャックはそう回想する。

ロンドン大学のロシア学科を卒業し、プラハ支局長を務めたハヴ・スミスは、敵の積極的監視、とりわけ鉄のカーテンの背後でのそういった活動に対抗する斬新な手法を編み出したことで、アメリカのスパイ界では伝説ともいえる地位を固めていた。プラハでは、スミスの工作員が押しつぶされることが多かった。つまり、四六時中べったり監視されるため、支局長として彼らが任務遂行できるよう創意工夫せざるをえなかったのだ。こうして、〝隙をつくる〟〝すれちがいざまの受け渡し〟〝車移動中の受け渡し〟といったテクニックが生みだされた。

現場のＣＩＡ局員は毎日決まった時間に行う日課（コーヒーを飲みに行く、散髪に行く、ベビーシッターを家に送り届けるなど）によって敵を油断させ、監視状態に一瞬の隙をつくる。ＣＩＡ局員はいつものように新聞を買いに行くだけだ、と敵が思い込み、ほんの少し気を緩めたとき、監視の隙が生まれる。スミスが考案した次のステップ、〝すれちがいざまの受け渡し〟に進むには、数秒の隙があれば充分だ。現場のＣＩＡ局員はそのわずかな隙にＣＩＡ側の資産《アセット》（人員・装備・資金などの総称）とすれちがい、挨拶や合図のたぐいはいっさい省いて情報などの受け渡しを行う。車でも同様の隙をつくれる。ブレーキランプがつかないように細工した車で角を曲がってすぐに、ウインドウ越しに受け渡しをする隙が生まれる。尾行車はまだ角にさしかかっていないので、こちらが一瞬停車しても気づかない。

カウボーイ・ジャックはこうした手法やほかの斬新なテクニックを大いに取り入れ、海兵隊譲りのタフネスも添えて、鉄のカーテンの向こう側に潜入するルーキーをはじめ、次世代のＣＩＡ

局員にも伝えていった。

だが、容易なことではなかった。スミスとジャックの異端ともいえる斬新なテクニックは、極度にリスクを避けたがる上層部のスーツ組からたびたび不評を買った。官僚的なＣＩＡ幹部と、出世にまるで興味がなく、任務遂行をひたすら求めるカウボーイとのあいだに緊張が生じ、カウボーイがキャリアを積み上げていくにつれ、ますます高まっていった。コールフィールドはいう。「ジャックが抱えていた最大の問題はいんちき野郎に我慢ならないところだった」ステットソン・ハット、ルケーシーの〝西部劇《シットキッカー》〟ブーツ、擦り切れたブルー・ジーンズ、Ｌ・Ｌ・ビーンのハンティング・ベストというでたちで、ジャックがＣＩＡのドレス・コードをほぼ毎日破っていたことも、緊張緩和《デタント》の妨げになっていた。〝カウボーイ〟というニックネームについても、ジャックの服装だけが原因でついたわけではなく、ＣＩＡの同僚が「〝敬意を込めて〟そう呼んでいたわけではなかった」とペイジは説明する。その感情はお互いさまだった。「ネクタイは脳への血流を妨げる」カウボーイはよくそういっていた。「だから七階の連中はああなのさ」服装選びはさておいても、ラングレーの廊下の歩き方ひとつとっても、カウボーイ・ジャックは目立っていた。「ジャックは〝ワープ・スピード〟で移動してたよ」ある同僚はいう。「何年も現場で敵の監視を逃れていたからそうなったんだと思う。『そんなに急いでどこへ行くんだ？』と訊いたものだ。彼はただにっこりして廊下を歩いていったよ」

〝ｆ×××爆弾〟などというお気に入りの四文字語をちりばめたジャックの卑猥《ひわい》な言葉遣いも、

摩擦を強めただけだった。のちにＳＥ（ソ連／東欧）部でジャックの上司となるＣＩＡ局員のバートン・ガーバーは、汚い言葉遣いを巡ってジャックとは何度か腹を割って話をしなければならなかった。「少しトーンダウンするようにいってみたが、ジャックは何のことかわからないようだった。たてついているわけではなかった。ただ自分の話しぶりに無頓着だった」ＳＥ部で同僚だったジャック・リーはこういう。「大目に見てもらえたのはジャックだけだった。あいつはそれだけ有能だったからね」

テクニック面においてジャックが秀でていた理由について、ジャックの長女リーはこのように語る。「父の物腰は一見、ざっくばらんで何も気にしていないような感じですから。あの陽気で落ち着いた態度に騙《だま》されるんです。父はどんなことも見逃しません」同僚のブラント・バセットはこうまとめる。「カウボーイは当時の我々の粋《すい》を体現していた——任務に全身全霊を傾け、母国の力になることだけを考える仕事師だった。出世のことしか頭にない上の連中とは正反対だった。それから、まさに伝統をひっくり返す男でもあった」ジャックの腹心の友であるＦＢＩのジョン・〝マッド・ドッグ〟・デントンはいう。「状況が熱くなればなるほど、ジャックは冷静になった」

立身出世ではなく愛国心に突き動かされるという話はよくあるが、ジャックは官僚機構の上昇志向に対する嫌悪を芸術の域にまで高めた。「本部のくそったれになるか、おれみたいな現場作業員《ストリート・ガイ》になるか、どっちかだ」ジャックはのちのち、報道記者のダン・ラザーに語っている。

ジャックにとっては、「崩れやすい実験国家」アメリカに対する脅威がもっとも差し迫っている場所にいることこそが重要だった。

リーが書いているとおり、「父にとって、［CIA本部は］〝地獄〟みたいなものでした。そこは権力争い、政治のごたごた、まちがってばかりの判断といった、官僚主義に縛られた退屈な場所でした」ジャックはよくこう表現していた。歴代CIA長官は旧OSS（戦略事務局。CIAの前身）の〝パラシュート・メンタリティー〟を持っている。つまり、戦火のヨーロッパにパラシュート降下できたのだから、CIA長官の仕事もできると思っていたんだろう、と。「だが、二年目になると、ラングレーで働きながら、別のポストはないかとアンテナを張り巡らすことになる」

一九六五年、退屈な小部屋からの脱出機会は、切望のオーストリア、ウィーンのポストという形で訪れた。そのころプラット家は、前年に生まれた双子の娘たちミシェルとダイアナを加えて五人に増えていた。「ペイジはおれがどんな仕事をしているのか知っていた」と、ジャックはあっさり認めた。「海外に派遣された工作担当官は、各自で妻に教えるかどうかを判断する。実のところ、ペイジはおれの報告担当官だった」報告担当官はCIA工作員のメモを本部が確認できるように編集し、送付する役目だった。「接待のときも手伝ってくれた。パーティーで、おれはペイジによくいったものだ。『あれがターゲットだ。いちばんいいブラをつけとけよ』とかな。おれの三〇歳の誕生日には、ペイジからスミス&ウェッソン357マグナムをもらった。おれはマーリン336と30‐30ウィンチェスター弾を使用するモデル1894も持っているが、ゲンナジーはおれよりはるかに銃の扱いがうまかった」

　ペイジは果てしなく続くオーストリアの〝スマイル・パーティー〟について教えてくれた。だれもが酒を飲み、妻たちは顔が痛くなるまで笑顔をつくるパーティーだ。妻たちは夫の目となり耳となった。「みんな飲みすぎていました」ペイジはいい、自分はあまりお酒が飲めないし、母を奪ったアルコール依存症のことがどうしても頭から離れなかったのだと認める。

　数年後に帰国すると、プラット家はメリーランド州ロックヴィルのマイヤー・テラスに二階建ての赤煉瓦《あかれんが》の家を買ったが、ジャックは引き続き海外勤務を求め、オファーがあれば――本部から離れられるならどんなポストでも――受けていたので、もっぱら人に貸し出していた。ただ、危険な紛争地ベトナムには派遣されないように願っていた。家族も連れていけないだろう。それだけは避けたかった――父親がいないせいで家族がばらばらになったCIA局員を、ジャックは何人も知っていた。

　CIA上層部の友人のとりなしでラオスの作戦担当というポストをもらった。ラオス人の資産《アセット》、仲間やその家族を救出し、アメリカ移住の手配をする仕事で、ラオス派遣に向けての慣らしだった。CIAの語学スクールに入り、家族を連れてラオスのビエンチャン支局対ソビエト工作チームに加わるまで、一年近くフランス語を学んだ。ラオスは二〇世紀前半までフランスの保護領で、地方ではまだラオ語が話されているが、首都ビエンチャンではフランス語が主流だ。

　ラオスでは、一九七二年から一九七四年まで、ジャックは〝カンガルー〟として知られるラオスの少数民族、黒タイ族のスパイの一団と緊密に連携していた。カンガルーの仕事は、外国人、とりわけロシア人が来たら、ＣＩＡに知らせることだった。ジャックは〈パープル・ポーポイズ（「紫のイルカ」の意味）〉という現地で人気のバーによく行った。バーのオーナーはモンタギュー・〝モンティ〟・バンクスという人好きのするマジシャンだった。そのバーは映画『カサブランカ』に出てくる〈リックス・カフェ・アメリカン〉のアジア版といったところで、世界各国のスパイやら詐欺師やらが集まっていた。モンティがトランプ手品でジャックの子供たちをもてなしているあいだ、ジャックはバーの片隅でカンガルーの資産《アセット》からせっせと情報を引き出していた。子供たちはスパイの世界にすっかり浸っていて、人気の映画がアメリカ軍基地の売店に届くと、好きな作品を家に持ち帰るのだった。リーは父親が彼女の誕生日に持ち帰ったジェームズ・ボンド・シリーズ『００７　死ぬのは奴らだ』を見たことを、特に覚えているという。「たぶん三日で少なくとも二〇回は見たと思います」リーはいう。ビエンチャンにいるあいだ、似た感じの映画が最低月一回は家に持ち込まれた。[*3]

リーにとって、娯楽のはずの映画がどんどんリアルに感じられていった。ジャックはラオスに流入してきた中国共産党の工作員の写真を撮るとき、リーを口実にした。不審がられても、幼い娘を連れて休暇旅行にやってきたふつうのアメリカ人の父親だといって切り抜けていた。その作戦はうまくいっていたが、やがてラオスが赤化し、カメラは中国人民解放軍の将校に没収された。

プラット家のラオス勤務が終わろうとしていたとき、家を出るなり、それまで集めてきた調度品が敵の手にわたるのではないかと思い、ジャックは自分の家に泥棒を招き入れることにした。帰国前夜は一家で何時間か外出するから、スーツケース以外何でも好きなものを持っていってくれと、たくさんのラオス人の友人に触れ回った。ひとつだけ、戦利品の一部をどうか貧しい隣人にも分けてほしいという条件をつけた。そのおかげか、翌日、何十人ものラオス人が一家を見送った。

ラオス時代に得たもっとも重要な財産は、同僚のブライアン・オコナーとジョージ・ケニング・ジュニアが発案した諜報技術《トレードクラフト》を教えてもらったことだった。ハヴ・スミスと同じく、このふたりも現場でのすぐれた検知と回避のテクニックを編み出していて、それがジャックの武器にもなった。

ラオスはプラット夫妻の結婚生活の決定的な分岐点にもなった。政治も気候も不安定な状況下で、ペイジは夫が深刻なアルコール依存症だということに気づいた。「アルコール依存症は潜行性といって、ゆっくり進行します」ペイジは、キャンプ・ルジューンの軍用機パイロットが飲酒して、「飛行機を飛ばしたことを思い出したといい、苦悩の表情を浮かべた。「わたしたちの赴任先はどこも、お酒が水のように流れていました」ラオスでは情報員の〝送別会〟が文字どおり三、四日も続き、ラオスとベトナムが政治的に崩壊するにつれ、ジャックの酒量はますます増えていった、とペイジは当時を振り返る。自分の母親のたどった道を思うと、アルコール依存症の人にボトルを捨て去る力が残っているとはとても思えなかった。ジャックに最後通牒《つうちょう》を突きつけるしかないと思ったものの、熟慮を要する大きな問題があった。子供たち。お金。弁護士。夫婦間でコミュニケーションをとれば何でも解決すると思われていた時代だ。しかも、ジャックはスパイだった。コミュニケーション？　無理。スパイは口を閉ざすものだもの。

二年におよぶラオスでの任務が終わるころ、ジャックは地獄——つまりラングレー——に呼び戻されるのはいやだと家族に愚痴をこぼしていたが、思いがけず、パリにCIAの空きポストがあるとの情報が入ってきた。ほかの者が手を挙げる間もなくジャックはそのチャンスに飛びついた。偶然にも、ラオスで同僚のオコナーとケニングも光の都パリに異動になった。こうして、おいしい経験の舞台がすっかり整った。

パリへの配置換えには家族全体が胸を躍らせた——西洋の国で、娘たちを良い学校に通わせられる。ロックヴィルの家はまたもや実際の持ち主ではなく他人が住むことになるけれど。ジャックのこの異動にマイナス面がひとつあったとすれば、プラット家は三八度にもなるラオスでの暮らしに慣れていたから、フランスに入って数カ月、ほとんど一日じゅう〝凍えて〟いたことだった。逆に、ジャックにとってよかったのは、CIAの中でもすぐれた工作担当官のもとで業務を遂行できたことだった。

ジャックがパリでの任務でもとりわけ大切にしていたのは、ケニングとオコナーと連携しながら、ラオス人の資産《アセット》の支援活動を続けることだった。おかげで、彼らの多くとは家族同然になった。パリ支局でラリー・リディックのような同僚と任務をこなしながら、ジャックは何百というラオス人がアメリカに移住できるよう事務手続きを急ぎ、彼らの多くと死ぬまで連絡を取り合った。

　ジャックはたちまちパリ支局のいたずら者という評判を得た。フォーマルな大使館レセプションで、儀《ぎ》仗《じょう》兵の反応を見るだけのために、よく派手な失敗をしてみせた。パリ支局で遂行した任務には、ロシア人科学者（アメリカに雇われている）がモスクワに戻れるよう訓練を施し、支度を整えるというものもあった。一九七六年にフランスのリベラシオン紙によって、パリのアメリカ大使館でひそかに活動している四二名のＣＩＡ局員の名前が流出した件の処理にも当たった。流出したリストには、ジャックの名前も含まれていた。フィリップ・エイジーという不満を抱いていたＣＩＡ局員が、この裏切り行為を画策した。ジャックは何としてもエイジーをつかまえたいと思った。

　リベラシオン紙の暴露から数日後、リーは学校のクラスメイトに、お父さんはＣＩＡなのかと訊かれた。リーは父親が国務省の〝経済部門〟に雇われていて、いろんな大使館に派遣されているのだとばかり思っていた。言葉遣いが悪いからあちこちに飛ばされているのか、ひょっとして、何かの犯罪に手を染めているのかもしれないとも疑っていた。いけないいたくらみを感づかれないように、世界各地を転々と渡り歩いているの？　リーがそんなふうに考えたのは、幼いころからハーディー兄弟（児童向け推理小説に登場する兄弟の少年探偵）やナンシー・ドルー（児童向け推理小説に登場する少女探偵）のミステリーをむさぼるように読んでいたからだった。さらに、スペインへの遠足は許してくれたのに、ソビエト連邦への遠足はだめだといわれて、ますますあやしいと思った。

リベラシオン紙の騒動のとき、両親が電話を盗聴されていたと話しているのを偶然に立ち聞きし、リーは本当のことをいってと父親に迫った。ジャックは自分がCIA局員だと認めた。実際にいった言葉は「おれはスパイだ」だった。ソビエト連邦への遠足に行かせなかったのも、KGBがリーの身元を知れば、誘拐して人質に使う恐れがあったからだとも打ち明けた。高校生だったリーは胸を高鳴らせる（「すっごくかっこいい！」）と同時になで下ろし、一家がしょっちゅう転勤してきたことについてこういった。「パパがすぐ仕事をほっぽり出すからなのかと思ってた」

はじめて正面切って話し合った数週間後、リーはまたジャックの前に行き、ずっと思い悩んできた疑問をぶつけた。「人を殺したことはあるの？」

一瞬の間を置いて、ジャックは答えた。「引き金を引いたことは一度もない」

ミシェル・プラットは、父親のキャリアを知ったときのことをちょっとちがった形で覚えている。ある日、パリのプラット家を訪ねてきたポリーおばさん（〝ハリウッド・ポリー〟）が、ジャックがスパイだと口を滑らせたのだという。ミシェルはびっくりして言葉を失った。父親は外務職員なのかなとぼんやり思っていたのだ。だから世界各地を転々をしているのだと。「家族内で秘密を守るなんてとうてい無理です」ミシェルはいう。ジャックは妹のポリーの口の軽さが気に入らず、本人にもそう伝えた。「名前をスポットライトで照らされたくないやつもいるんだ！」

ダイアナは父親とその仲間がどこかあやしいと感づいていた。父親は〝おじさん〟たちに人前でばったり会ったときの振る舞い方を彼女に教えた。「人前でラリーおじさんを見かけたら、知らない人のように、いま何時ですかと尋ねるんだぞ。ぎゅっとハグしてくれたら、挨拶してハグし返す。知らない子に答えるみたいにただ時間を教えてきたら、その場からそっと離れるんだ」

ペイジも一時《いっとき》ＣＩＡの仕事をしていたが、冷戦期の女性にとってはあまりおもしろい仕事《ギグ》ではなかったという。それでも、ジャックに手を貸すことはあった。「母は常に仕事を持っていました」ミシェルはいう。ラオスでは第二外国語として英語を教え、人材派遣会社、フォーブス誌、コンピュータ会社でも働いた。ジャックはペイジの同僚に偶然どこかで会っても、本名は使わず、ペイジの旧姓を借りてミスター・ゴードンを名乗った。結婚していても、母にはビジネス・センスがあった、とミシェルはいい、「父にはあまりなかったようですけど」と付け加えた。

世界各地への旅行やオーストリアでのスキーなど、楽しい思い出もたくさんできたが、プラット家はブレイディー一家（米国のホームドラマ『愉快なブレイディー一家』の仲の良い一家）のようではなかった。ミシェルいわく「わたしたちは〝鍵っ子〟でした」。夫婦間の緊張が水面下で高まっていた。ペイジはジャックのアルコール依存症に嫌気が差していて、しょっちゅう別れようかと考えていた。独立心旺盛だったのも、そうした事情があったからかもしれない。

プラット家の力学では、ペイジはしつけ係で、ジャックは問題児だった。ペイジは夫に、海兵隊時代にいたときは伝説とまでいわれたこわもてぶりを発揮してもらおうとしたが、徒労に終わった。若い母親だったペイジに「お父さんが帰ったら、知らないわよ」と怖い顔で叱られたときのことを、リーは覚えている。帰宅したジャックは、悪い子リーのお仕置きはおれに任せろと怖い顔でいうのだった。そして、リーをバスルームに連れていき、リーの目に涙があふれるまでくすぐる。ジャックはリーの目が充分に潤んだころを見計らって、お父さんにものすごく厳しく叱られて泣いてしまったとお母さんにいってこいと娘を解放したという。やがて、ジャックが〝家庭前線〟でさっぱり怖くないことが、プラット家の娘たちの友だちに知れ渡った。「みんなうちのパパが自分のパパだったらいいのにっていってました」ダイアナもいう。ジャックの将来のビジネス・パートナーのひとりはこう表現していた。「あきれて目をくるくる回しすぎて、ペイジも目が痛かったと思うよ」

酒《ボトル》との戦いで、ジャックの私生活は混乱が生じていたかもしれないが、酒がジャックの業務に影響したという同僚はだれもいなかった。それどころか、この時点ですでに、ジャックは現場での活躍によりCIAの表彰をいくつも受けている。なぜそれだけの受賞が可能だったか問われると、ジャックはこう答えた。「海外にいるときは、どのポストでも徴募《リクルート》がうまくいったからだろう」

一九七五年、ジャックはきわめて重要な任務を任された。ソビエト連邦史上最大の痛手となった亡命者、元KGB職員ユーリ・ノセンコを連れて世界各地のCIA支局を回るという任務だ。ソビエト側は大統領暗殺犯リー・ハーヴェイ・オズワルドのこと知ってはいたものの、変人だと考えていたから、アメリカ大統領の暗殺に使ったりしなかったはずだ。その情報をウォーレン委員会（ケネディ大統領暗殺の真相究明のために設置された委員会）に伝えたのも、ノセンコだった。ＫＧＢがどうやってアメリカ大使館に入り込み、モスクワの大使館に盗聴器を仕掛けたのかといったことをはじめ、緊要情報を扱うＣＩＡ局員がノセンコの極秘聴取をすることになっていた。ジャックの任務はその聴取の支援だった。それほど重要な資産《アセット》の管理を任されて、ジャックは誇らしかった。また、次の点にも気づいた。ノセンコは純粋にアメリカの暮らしが好きだから――ＳＥ部のジャックの前任者に疑いを持たれて、三年も独房で監禁されていたというのに――進んでＣＩＡに協力しているのだと。ジャックにもうすぐ訪れる別のアメリカ好きのＫＧＢ職員との出会いにも、この教訓は生きる。

一九七八年、プラット一家はパリを離れ、アメリカでの生活をはじめた。カウボーイ・ジャックはＣＩＡの忌まわしきラングレー本部に戻り、三〇〇人のＳＥ職員に加わった。ＳＥはＣＩＡでもっとも精鋭、秘密主義、派閥的な部所だったが、カウボーイは排他的傾向などほとんど持ち合わせていなかった。任務がすべてだった。カウボーイの新しい業務の中でダントツにやりがいを感じていたのは、以前から続けていた、ラオス、ベトナム、カンボジアなど破壊された紛争地域からの移民定住の支援だった。しかし、ジャックの主な業務は防諜の世界にあって、それは移民の支援とはまるでちがっていた。

この当時、ＣＩＡの舵《かじ》取《と》りはジミー・カーターの任命したスタンスフィールド・ターナー提督が執っていて、ほかにも上層部にあまたいるジャックの天敵と同様、ターナーもかたくなに自分の流儀を押し付け、スパイ活動の独創的手法の開発を即座に禁じた。そんなわけで、ジャックは

ＣＩＡの経理屋や出世屋からどうにか距離を置こうとした。そして、半年のＳＥ部勤務を経て、首尾よく新設の国内部所のひとつに移してもらった。それがＤＣ支局で、ジャックはそこで〝ソビエト徴募活動〟を取り仕切った。メリーランド州ベセスダに位置するこの秘密機関は、ウィスコンシン・アヴェニュー七三一五番地の真新しい（一九七二年完成）一三階建てのエアー・ライツ・センタービルに入っていた。ラングレー七階のスーツ連中とはほんの二〇キロしか離れていないが、宇宙ひとつ分にも匹敵する距離だ。コンサルティング会社を装った狭い賃貸オフィス四部屋が活動拠点だった。ジャックのデスクの右下には、ビールをびっしり詰めたクーラー・ボックスがあったが、ジャックにとっていちばんよかったのは、友人であり恩師でもあるハヴ・スミスとまた一緒になったことだった。彼はここの新支局長だった（ジャックのボスのボスはＳＥ部長のディック・ストルツだった。彼はかつてのモスクワ支局長で、ＣＩＡでもっとも尊敬されていた局員のひとりである）。

ＣＩＡの活動が外国にかぎられることは周知の事実だが、この部所は例外だった。それまでにもアメリカに住む重要な外国籍者に狙いを定め、徴募《リクルート》するというただひとつの任務のために、一九六〇年代はじめに国内作戦部（のちの国内資産部）が組織された。ただし、ターゲットが特定されると、ＣＩＡはＦＢＩと連携しなければならず、しかも規則ではＦＢＩが合同作戦を指揮することになっていた。当然ながら、膨大な文書に記録されているとおり、この両局間の取り決めは、幹部同士の対立に埋もれて、思ったほど円滑に運用されているとはいいがたい状況だった。

CIAがDC支局を新設した目的は、ソビエト大使館を拠点に活動しているKGB職員にターゲットを絞り――そして転向させる――ことだった。「おれはソビエト大使館のいわゆる〝公邸分析〟をしていた」ジャックはいった。「こっちで数えたかぎり、あちらさんはワシントンだけでも一〇〇人を超えるスパイを使っていた。KGBかGRU（国防省参謀本部情報部）のどちらかだったが」この活動はFBIのW・レイン・クロッカーと連携して進められたが、四〇年間でひとりとしてワシントンにいるKGB職員を転向させられなかった。とはいえ、クロッカーはロシア語に堪能で、アメリカにいるKGB職員を見破ることにかけては、大きな名声を得ていた。クロッカーのいわゆるKGB分隊《スクワッド》、別名CI-4[*4]に任ぜられたFBI局員一五名は全員、「特定し、浸透し、無力化せよ」のモットーを胸に抱いていた。CIAのSE部と同様、KGB分隊もFBI局内で最高のチームだと評されることが多かった。

核による人類滅亡という化け物が自分たちの肩に取り憑《つ》いているという思いも新たに、CIAの精鋭のスキルを身につければ、FBIはそれまでの連敗を食い止められるかもしれない。ジャックにしてみれば、合同作戦はGメンとの新しい友情を意味した。また、CIAより精力的で効率的にも見えるFBIの官僚文化に対して、敬意が一気に高まった。

とはいえ敵の資産《アセット》の虚を衝《つ》く作戦――ターゲットを追い詰め、こちらのスパイになる話を持ち出す方法――は〝空振り〟に終わると、ジャックはだいぶ前に悟っていた。その好例として、ジャックは自分の部下だったニックというCIA局員の話を披露した。ニックはKGBにキエフの恐ろしげなペチェルスカヤ大修道院（洞窟修道院）まであとをつけられた。ペチェルスカヤ大修道院の狭くて不気味な洞窟は有名で、東方正教の著名なキリスト教徒が何世紀にもわたって埋葬されていた。スーダンでニックと出会ったひとりのKGB職員が、へたくそな尾行で洞窟の地下墓地までついてくると、ソビエト側のスパイにならないかと勧誘してきた。「映画なら」と、ジャックはいった。「ターゲットは身の危険を感じていわれるままに応じる」現実の工作では、せいぜいびびって中身と一緒に屁《へ》をひる程度だ。ニックは不気味なKGB職員に「くそたまげたな」といい放つとそのまま洞窟を出て、ジャックに電話してこういったという。「いまソビエトの連中が何をしようとしたか、信じてもらえないでしょうね」ニックを引き入れるKGBのたくらみは失敗に終わった。CIAは念のためニックをそのときの国務省のポストから外し、ソビエト側にとってまったく役に立たないようにすると同時に、アメリカの情報部に対して、ソビエト側がどういうことをしてくるのか注意喚起も行った。

ラオス時代にジャックが引き入れた最高の資産《アセット》は、〝ラオスのレーニン〟として有名だった高官だった。〝レーニン〟がいちばん役に立ったのは、ラオス支配層の政治動向をCIAに伝え続けたことだった。クーデターの徴候の事前通告に力点が置かれていた。

パリ時代には、ポーランド系フランス人教育係のジャック・ロッシがいた。一時期レオン・トロツキーのそばで仕え、スターリンの通訳も務めたロッシは、一九三六年から一九五三年（スターリン死去）まで、ソビエトのグラーグ（矯正労働収容所）に収容されていた。ロッシはグラーグ制度に関する広範な情報をジャックに提供し、ジャックはグラーグ制度を世に曝《さら》すことが強力なプロパガンダになると考えた。そこで、ロッシにそのことを本にまとめるよう勧めた。やがてロッシはソ連強制収容所についての本を上梓《じょうし》し、労働者の天国のダーク・サイドを完膚《かんぷ》なきまでに暴いた。

当初、ワシントンDCのFBI－CIA合同作戦本部は、一九五一年以来ペンシルヴェニア・アヴェニューNW一一〇〇番地のオールド・ポスト・オフィス（現在はトランプ・インターナショナル・ホテル）にあるFBIワシントン支局（WFO）の一一階に置かれていた。[*5] CI－4分隊の一五名だけでなく、七〇〇〇人を超えるFBI職員がそのビルで勤務していた――どこの国のだれが見ても老朽化が激しいと思うような建物で、電気配線には不具合があり、配水管も漏れていた。天井のプラスターがはがれ落ちてくるため、職員は帰宅前に自分のデスクにビニールシートをかぶせていた。「薄汚いところで、コンクリートがあたり一面にパラパラ落ちてきた」分隊員のダイオン・ランキンはいう。WFOを指揮していたFBI局員はそこを「政府庁舎で最悪のスペース」と表現した。[*6] クレイジー・ホース酋長《しゅうちょう》の亡霊が地下室にいるとの噂もあった。一時期、生前の酋長がそこで幽閉されていた。このビルは何度も取り壊す予定になったことがあり、ネズミ、コウモリ、ゴキブリの巣窟でもあった。「換気機能がなくて、窓をあけっぱなしにしていた。おかげでハトがオフィスに入ってきて、頭上を飛びまわっていた。でも、おれたちはあそこが大好きだった。おもしろいったらなかった」別のFBI局員は、この頑固なビルがただひとつ最新技術に譲ったものがあると話した。「ラングレーとつながっているハイテクで安全な通信線だけは入っていた。我々はそこを〝無感円錐域《えんすい》〟（受信不能空域）と呼んでいた」

ＣＩ－４とそのほかの支局はまもなく、ボーリング空軍基地とアナコスティア川を挟んだバザード・ポイントにある、ハーキンズ・ビルディング（ハーフ・ストリートＳＷ一九〇〇番地）の新しいＷＦＯオフィスの最上階とその下の階に引っ越すことになる。ＷＦＯはそれから一七年のあいだ、死んだ動物の骨をきれいに拾う〝ターキー・バザード〟（ヒメコンドル）にちなんだこの地にとどまった。そこはワシントンＤＣに広がる湿地帯の中でいちばん標高の低い地域で、バザード・ポイントでは〝横の動き〟しかないが、多くの局員は、火事のときには逃げ場のない古い建物にとどまりたいと思っていた。

ベセスダから移ってきたハヴ・スミスの部下たちは、ジャックと同じく、週二、三日、〝ザ・ポイント〟までてくてくと歩いていき、ダイアン・ランキンのような者たちと戦略を練った。法律上、彼らが勧誘作戦を指揮することになっていたのだ。ＦＢＩのハリー・ゴセットによれば、勧誘はＫＧＢ職員が転勤で出国する直前に行われることが多かったという。ＦＢＩはロシア人たちが贔屓《ひいき》にしているコンビニエンス・ストアで働く情報提供者を大勢囲っていた――監視によって好物を探っていた。「情報源には三つのＴで支援をもらった。〝トイレ・ティッシュ・トリガー〟だ」ゴセットはいう。「ロシア人がトイレット・ペーパーを大量に買い込んでいたら、母国に帰るのだとわかった。あっちのトイレット・ペーパーは目の細かい紙やすり並みの肌触りで有名だからな。行けばわかる」

　分隊の面々は仕事終わりに、地元の人々が〝ビルジ（船底の湾曲部）・バー〟と呼ぶ〈ギャングプランク・レストラン〉の一階へよく向かった。近くのポトマック川の横を走るワシントン運河に新しく設けられた、三六〇の埠頭《ふとう》からなるギャングプランク・マリーナという水上のトレーラー・パーク（一九七七年供用開始）に開店した二階建て《ダブルデッカー》のレストラン・バーだ。ワシントンで唯一の水上レストラン（図々《ずうずう》しくも、〝首都最高の水上レストラン〟との広告を打っていた）は、パーティー好きのスパイ、ロビイスト、政治家、ときには宇宙飛行士が集まる店だった。ＦＢＩとＣＩＡの局員にとっては、日々、核戦争を阻止しようと奮闘しているせいでいやでも高まる緊張をほぐすには、持ってこいの場所だった。

　ＷＦＯとの連携がはじまっても、一年程度はほとんど進展はなかった。資産《アセット》として引き入れるのは至難の業だった。「たいていはＫＧＢの連中にしつこく嫌がらせをするだけだった」とダイオンはいう。「駐車スペースを勝手に使ったり、駐車中に車を出せないようにブロックしたり、路上を走っていておれたちを巻こうとしたときには、ハイウェイでその車の四方をこっちの車四台で囲んで速度を落とし、降りたい出口で降りられないようにしたり。ゲンナジーの仲間のＫＧＢ職員、アレクサンドル・クハルがアレクサンドリア（ワシントンDCの南約一〇キロの街）のアパートメントに帰ろうとしていたとき、ワシントンから五〇キロも無理やり走らせたこともあった。すぐに頭に血が上るやつでいつもおれたちをぶっちぎろうとしたが、一度もさせなかった。結局、バージニア州クアンティコの南あたりで勘弁してやったら、二度とやらなくなった。向こうの連中を引き入れられなかったというが、こっちはあいつらに勧誘などやめて国に帰ってほしかっただけだ」

しかし一九七八年後半、ジャックの諜報活動にかすかな希望の光が差した。ある日、一年目の潜入捜査官パトリック・マシューズ（仮名）が、ジャックのもとにある情報を持ってきた。「金の卵を見つけましたよ」マシューズがいった。「若手大使館職員の交流会《ヤング・ディプロマッツ・クラブ》に出たときに知り合った、いかれたロシア人です。ものすごい吹雪《ふぶき》の日で、その自称ソビエト外交官に会場まで乗せていってもらいました。男とはバレーボールの試合でも会いました。こっちに来て一年以上になるようです。ペンタゴン（国防総省）、内務省、ザ・モール（ワシントンDC中心部の公園）近くのバレーボールコート、スポーツ好きの政府系職員がランチタイムや仕事のあとで集まるところには必ずいます。去年の秋には一緒にバレーボールとテニスをしました。とにかく、前にも出たことがあるからといって、私をまたクラブに連れていくというんです。そいつの車に乗ったら、床に未払いの違反切符が一〇枚以上

（提供：リンダ・ハーダリング）

落ちてました。男はいきなりアクセルを踏んで急ハンドルを切ると、一周ぐるっとスピンさせたんです。ただにやりと笑って、『路面が凍ってる』って。ゲンナジー・ワシレンコという男です」

「その男はワシントン界隈《かいわい》で人目を引きはじめていた」ジャックは当時の状況を語った。「このチャンスを見逃すわけにはいかなかった。本部に男の経歴を照会してもらった。六ページにわたる詳細な報告書が届いた。すべてがわかった。家系、KGB入局年時、血液型——ぜんぶだ。結婚していた。義理の父親はソビエト水爆の父でもあった。おれはモスクワにいるウラジーミル・ピグゾフという、最近インドネシアで徴募された男を知っていた。ピグゾフはKGBの学校で教えていて、候補生のすべてのデータにアクセスできたから、その情報をCIAに流していた。ゲンナジーの学内の評価も送ってくれた。ピグゾフはのちのちおれが仕込んだエドワード・リー・ハワードにばらされた。あの野郎のおかげで、ピグゾフは殺された[*7]」

くだんのバレーボール好きのロシア人は一九四一年一二月三日に生まれた。ゲンナジー・セミョヴィッチ・ワシレンコは、ペトロパブロフスク‐カムチャツキーという火山に囲まれたシベリアの街で大酒飲みの父親とおじと三人で狩りをしながら育ち、物心ついたころには両手で銃を持っていたのを覚えている。ステレオタイプの極致のようなソビエトの過酷な暮らしだ。家には電気もガスも通っておらず、三歳から酒を飲みはじめた。子供のころにはじめて飼ったペット——子グマ——をかわいがっていたことも、毎日、凍った川を三キロ以上もスケートして小学校に通ったことも覚えている。

ゲンナジーの両親はポドリスク（モスクワの南にある都市）で出会った。母親はそこで会計士になるための勉強をしていた。ふたりが結婚したとき、ゲンナジーの母親はまだ二十歳前だった。ゲンナジーはひとりっ子だった。戦時中には、夫が戦死して、女性が寡婦になったり未婚のままだったりすることが多いから、ひとりっ子も珍しくはなかった。「生まれただけでも運が良かった！」ゲンナジーはそういって笑う。

ゲンナジーの運動能力は必要に迫られて身についた。スキーを覚えたのは三歳のときだったが、雪中での移動に必要だったからだ。釣りをするようになったのは食べるため。それに、小さな村落ではほかに何もすることがないから、探検をしたり体を使ったりしていないと、「気が変になる」のだった。

ペットのクマは日ごとに成長が

わかるくらい急激に大きくなっていった。それでも、ゲンナジー少年はクマを友だちだと思っていたし、野獣の本性といった通俗的な概念を知るような年でもなかった。ある日、川でクマと遊んでいると、急に襲われて溺れそうになった。さいわいひとりの兵士が通りかかり、もみ合いになっている様子を見て、クマを引き離したので、ゲンナジーは命拾いをした。ゲンナジーの父親が家に帰ると、クマは撃ち殺された。「おれはいつだって運がいいんだ」ゲンナジーはいう。

ゲンナジーの父親もシベリアで生まれ、詩を書く文学教師になった。生きていく中でいろいろあったが、心根のやさしい男で、ゲンナジーはそんな父親が大好きだった。実際、両親のことや子供時代の過酷な環境のことを話すときも、その声に苦々しさはまったく感じられない。ロシア文学を読んだことがあるならわかるだろうが、何百年も続いた戦火だけでなく、陰惨な気候と悲惨な経済状況もあり、ふつふつと煮えたぎる怒りが文化を覆い尽くしている。しかし、プラット家にアルコール依存症の血が流れているとすれば、ワシレンコ家の血には苦境に負けない活力、強靭《きょうじん》さ、現実を見据えた楽観主義が流れていた。

それに、もちろん、ワシレンコ家特有の幸運もあった。

第二次世界大戦中、ゲンナジーの父親は千島列島で砲兵大隊の一員として日本軍と戦っていた。とりわけ過酷な行軍の最中、彼が大声で命令を発しようと口を大きくあけたとき、爆弾の破片が一方の頬を貫き、もう一方の頬から出ていった——驚くべきことに、皮膚以外たいした傷もなかった。「幸運にも、ばっちりのタイミングで怒鳴ったのさ」とゲンナジーはいう。

第二次世界大戦を経験しても、ワシレンコ家の面々は国にも指導部にも腹を立てることはなかった。ゲンナジーによれば、ロシア人はいつだって危険に曝されていて、当時は母国に攻め入ってきたヒトラーの危険が迫っていた。スターリンが残忍な男だということは、もちろん知っていたが、ヒトラーと戦うためだとロシアの民衆は判断した。フルシチョフが一九五〇年代はじめにスターリンを公然と批判したときでさえ、ワシレンコ家もほかのロシア人たちと同様に懐疑的だった。そんな誹謗《ひぼう》中傷はソビエト官僚の戯言《たわごと》にすぎないと思った。スターリンの虐殺政策の数々がデータ・ポイントから動かしようのない現実になるまでには、何世代もの年月がかかった。「ナチスが村の外れまで迫っていたら、ナチスを憎んで〝母国とスターリンのために〟戦うまでだ」

10代のゲンナジー・ワレンシコ

戦後、ゲンナジーの父親はポツダムに転勤になり、そこである女性と出会った。父親はゲンナジーの母親と離婚し、その女性と子をもうけ（二卵性の双子ともうひとり男の子）、黒海沿岸の都市グダウタに移り住み、その地域の軍隊の指揮官になった。ゲンナジーは何度かそこを訪れ、腹ちがいの兄弟に会った。家族の別離でトラウマを抱えていたそぶりは見せず、あのころのロシアではよくあったことだといってやりすごす。大人になり波乱万丈な私生活が続いたのに、くじけなかったのもうなずける。

小学生のとき、ゲンナジーは母親とモスクワ近郊に引っ越した。母親は妹の家の近くに職を見つけた。ゲンナジーは粗削りながら極立った運動能力を多様なスポーツに向けはじめた。スキー、ホッケー、テニス、陸上、バスケットボール、サッカー、体操。田舎育ちでそつのない人付き合いはできなかったとはいえ、〝野生児〟は身体能力の面で都会っ子よりすぐれていることに気づいた。劣等感は消えうせ、しだいにカリスマ性を身につけていったゲンナジーは、大都会で自身の才能を開花させていった。

身長一八八センチメートル、運動神経抜群、しかもハンサムだった青春盛りのゲンナジーは、一九六四年ソビエト連邦オリンピック委員会のバレーボール・チームに選出されたが（夏季オリンピック東京大会ではじめてバレーボール競技が行われた）、肩を負傷して試合には出られなかった。しかし、この長身のプレイボーイ・アスリートはKGBがスポンサーになっているディナモ・チームに入り、徴兵を避けるためにクルチャトフ記念原子力研究所で遠距離電気通信と工学技術を研究した。科学技術の専門家になったわけではないが、何年もあとになって、ソ連側のスパイとなったアメリカ国家安全保障局（NSA）のロナルド・ペルトンの調教師《ハンドラー》になったときには、そこで基礎を学んだことが役に立った。

ゲンナジーがはじめてイリーナ・ゴンチャロワを見かけたのは、研究所へ向かうバスの中だった。「ひと目で気に入ったんだ」彼女の行く先も同じところだった。ゲンナジーは研究所で彼女の姿を捜したが、何十ヘクタールもの敷地に多くのビルが建ち、迷宮のような通路でつながっているところだから、かなりたいへんだった。しかし、やがて、いつものように幸運が巡ってきた。研究所の食堂でイリーナを見つけたのだ。それに、イリーナの同席者の何人かは知っていた。〝ゴンチャロワっていうのか？〟ウラジーミル・ゴンチャロフの〝ゴンチャロワ〟か？　王族の。シベリア生まれの野生児は胸の奥底で不安の疼《うず》きをおぼえた。もっとも、疼いたのは一度だけだった——何といっても、神に祝福され、ずっと運に恵まれてきたワシレンコ家の血筋だ。ゲンナジーだってそうに決まってる。彼はイリーナのことを聞き回り、同じバスに乗り、わざわざ彼女と一緒のバス停で降りて、ソコルの自宅まで歩いて送るようになった。一年半後、ふたりは結婚した。

一九六八年の退所時には妻のイリーナと幼い娘のユリアを連れていたが、ゲンナジーは首尾よくKGBに徴募された。ゲンナジーはくすくす笑っていう。「スポーツ推薦でKGBに入ったのはおれだけだ」義理の父親が有名人だったことも有利に働いた。

ユロヴォのユーリ・アンドロポフ大学で、ゲンナジーは遠隔通信技術、コンピュータ、工学を専門に研究した。教官の中には、数多くのソビエト連邦の英雄がいた。キム・フィルビー、ガイ・バージェス、ローゼンバーグ夫妻といった西側からの転向者とともに活動していたスパイの中のスパイたちだ。そういった教官たちはよく、アメリカ政府は〝主敵〟だが、アメリカ国民はちがうといっていた。

当然ながら、ユロヴォでは実地訓練が重視されていた。その点で、ロシアは世界一熱心、狡猾《こうかつ》、そして厳格だった。訓練生が訓練休みに入り、たとえば身分証のたぐいを持たずにモスクワで休暇を楽しんでいるとき、教官はよく訓練生が罪を犯したという偽の証拠を地元警察にリークし、地元警察はふつうの犯罪者のようにしょっぴいた。「何が起こっているのかわかるかどうか、そして、厳しい状況にどう対処するかを見るための試験だ」ゲンナジーはいう。「警察に自分がKGBだと認めれば、失格になる」合言葉は〝すべて否定しろ〟だった。

一九七四年に退所すると、ゲンナジーはKGBのヤセネヴォ本部、第三総局、アフリカ・アジア部で最初のポストに就いた。〝ザ・ウッズ（森）〟とも〝リトル・ラングレー〟とも呼ばれるヤセネヴォ本部は、モスクワ中心部の南西に位置するボルガ川沿いの森の中にある。高い壁で取り囲まれた敷地に続く道路にはすべて同じ〝衛生区域〟の標識がつき、ゲートのついた出入り口には〝科学情報センター〟の飾り板がはめ込まれている。西側のジャーナリストで唯一〝ロシアのラングレー〟への訪問を許された、作家のデイヴィッド・ワイズはこう書いている。「物理的にも、ライバルのCIAとの類似性は際立っている。CIAと同様、このスパイ部局も首都から離れた森の中にある」

壁の中には牧歌的な公園、テニスコート、サッカーグラウンド、そして大きな噴水があり、そこにはKGB議長ウラジーミル・クリュチコフの大切なアヒルが居着いている。もちろん、議長は自分のやさしい面ばかりを宣伝するわけにはいかなかった。裏切り者の末期の見せしめとして、カラスを撃ち殺して、噴水を取り囲む木に足を括《くく》って吊《つ》るせと定期的に命じてもいた。バージニア州マクリーンにあるCIAの本拠地と同じように、KGB職員が敷地の周りをジョギングする姿が四六時中見られた。

公園の中央にこの複合施設の中核をなすものがある。会議室、ジム、室内プールが完備した二〇階建てのビル（KGB職員のヴィクトル・チェルカシンに〝ゾウルレス（非情の）モダン〟と評された）だ。ゲンナジーはヤセネヴォで、とりわけアフリカ部で、数多くの生涯の友を見つけた。アフリカ部は三人の職員が共有する小さな部屋にすぎなかった。いちばんの親友はアレクサンドル・ザポロジスキーだった。彼はヤセネヴォの任期を終えるとアフリカに転勤になる。何千キロも離れていても、ふたりは何年にもわたって連絡を取り合い、やがてふたつの人生ドラマは重なっていく。世紀の二大スパイ事件に巻き込まれ、三〇年後に完全に重なり合う。

ゲンナジーはたまに、モスクワのジェルジンスキー広場（現ルビャンカ広場）二番地にあるKGBの恐ろしいルビャンカの複合ビルに出張させられた——そこが恐ろしいのは、拷問と即決処刑用につくられた地下刑務所があり、革命期とKGB創設後しばらくは、まさにその用途に使われていたからだ。地元の女性が血だらけの部屋を掃除するためだけに雇われていて、〝地下室のおばあさん《バブーシュカ》〟というＫＧＢのマスコット的存在になった。同様の処刑はモスクワの外れにあるかの悪名高きレフォルトヴォ刑務所でも行われていた。

一九七七年後半、ゲンナジーは外交官の身分を装い、ＫＧＢのワシントンＤＣ〝レジデンチュラ〟（支局）の防諜担当《ラインＫＲ》エージェントという熱望していたポストに任ぜられた。家族のためにバージニア州アーリントンのアパートメントを借りた。ユリアの弟イリヤも生まれ、家族が増えた。スパイのロマンチックなイメージは、ホワイトハウスの四ブロック北、一六番通りＮＷ一一二五番地のソビエト大使館前でタクシーを降りた瞬間に消え去った（何年も経《た》って、こしゃくなアメリカ人は、一九八〇年代に閉鎖都市ゴーリキーに国内流刑となった反体制派のソ連科学者の名前を拝借して、そこの交差点を〝アンドレイ・サハロフ・プラザ〟と名付けた）。ソビエト大使館はワシントン最大の大使館で、五〇〇人以上の職員がいて、多くは夜に出勤する。昼間は〝みんなスパイ活動にいそしんでいるから〟だ。

大使館に足を踏み入れると、ゲンナジーは四階のレジデンチュラに行くようにいわれ、ほの暗い狭い通路を伝い、奥の部屋へ向かった。ゲンナジーや同僚がＣＩＡにこっそり仕込まれたスパイ機器を持ち込ませないように、上着はすべて部屋前のクローゼットにかけておくよう指示された。これといった特徴のないドアの前のデジタル時計に、前もって伝えられていたコードをタイプすると、分厚い鉄の扉のロックが外れ、隔絶した区域が現れた。現実のスパイ任務の退屈さに襲われたのは、まさにそのときだった。

何十人ものエージェントが、七〇平米ちょっとの部屋にぎゅう詰めだった。控室に入ると、メリーランド－DC－バージニア・エリアの大地図の出迎えを受ける。その地図には、次の会合、受け取り場所《ドロップオフ》などが、各工作員のコード・ネームを添えて記されていた。CIAの資産《アセット》がこの大使館にいれば、この地図は宝の山になることまちがいなしだ。KGBエージェントのユーリ・シユヴェッツは回想録 *Washington Station* でレジデンチュラのほかの面をこう記している。

みな……信じがたいほど狭苦しいところで仕事をしなければならなかった。レジデンチュラは薄いパーティションで四つの鳥籠のような極小スペースに分けられ、それぞれにレジデンチュラの四つの部門が入っていた。政治情報、外部防諜、対科学技術情報、そして、科学作戦だ。

こんな状況を見れば、ゲンナジーがすぐにきびすを返して、国防省でバレーボールをするようになったのもうなずけるというものだ。しかし、コンバース・オールスターズの靴ひもを締める前に、ゲンナジーは着任してまもない〝支局長《レジデント》〟、ドミトリー・ヤクシュキンに拝謁した。ヤクシュキンはベレー帽をかぶった、身長一九〇センチを超える驚くほど洗練された巨漢だった。ヤクシュキンはロシア名家の出で、経済科学の学位を持つ教養あふれるスパイだった。人権や軍備管理にも心を砕いていたことで有名だった。仕事人間でもあり、日に一二時間もレジデンチュラにこもっていた。ＫＧＢ通訳官の妻イリーナもそうだが、〝主敵〟のターゲットにされるのに辟《へき》易《えき》してか、人付き合いはまったくといっていいほどしなかった。知られた娯楽といえば、メリーランド州東海岸のセンターヴィルに買ったばかりの一八ヘクタールほどのロシア風別荘——ロシアが米民主党全国委員会の電子メールをハッキングしたあと、当時のオバマ大統領が明け渡しを命じたところ——に、たまの週末に行くことくらいだった。

　ゲンナジーはヤクシュキンと父子のような関係を築くが、しょっちゅう上官の忍耐の限界を試してもいた。昇進後まもないある日のこと、ゲンナジーはヤクシュキンをからかおうと思った。大使館警備員の制服を借りてきて、もらい受けたばかりの星章——いやしくもスパイなら、引き出しにしまっておくようなものだ——を下襟につけた。さらに、ありったけの飾りを制服につけ、ヤクシュキンのオフィスに勢いよく入っていくと、声を張りあげた。「ＫＧＢスパイのワシレンコが、ただいままいりました！」スパイになるとは、これ巧妙な振る舞いをすることだとの思いから、ヤクシュキンは怒鳴りつけた。「この馬鹿者め！」ゲンナジーは上官がなぜそれほど腹を立てたのかわからないようなふりをした。「しかし、はるばるモスクワに帰って、このスパイ用の制服を買ってきたのでありますから！」ゲンナジーは大きな声で訴えた。ヤクシュキンはそのとき冗談だと気づき、吹き出すように笑い、ディンプルというお気に入りのスコッチをあけた。それでも、内心ではゲンナジーが問題児であることに気づいていた。

　ハリウッド映画の影響でアメリカ人がＫＧＢ職員にどんな思いを抱いているにせよ、ゲンナジーはそのどのイメージにも当てはまらなかった。西側の人間は、ロシア人スパイがシベリア並みに冷たくて、個々の人間性がまったくないと思いがちだ——イアン・フレミングのスパイ小説に出てくる暗殺者を思い浮かべたりする。『007　ロシアより愛をこめて』に登場する、彫刻かと思うほどの目鼻立ち、ブロンドの髪、ロボットのような殺し屋グラントとか、脈拍もほとんど上げずに太ももで男たちを絞め殺す『007　ゴールデンアイ』のゼニア・オナトップ。あるいは、ウラジーミル・プーチンとか。こうしたステレオタイプは何十年もアメリカ人の意識に刻まれてきた。どこまでも残虐で無慈悲。

しかし、ゲンナジーは天真爛漫《てんしんらんまん》な魅力に満ちている。映画に出てくる如才ないおべっか使いではなく、親にわかってもらえないんだと打ち明けられる兄貴のように人好きがするのだ。既婚者ではあるが、ゲンナジーは女性が好きで、いつも女性を追いかけていた——戦争で男があらかた死に、男女比一対三〇の村に残されたために覚えた娯楽だった。しかも、ゲンナジーがいうには、その哀れな女たちは肌のぬくもりを求めてやまなかった。それどころか、ゲンナジーは一五、六のころから、毎日のように年上の女たちの餌食になっていた（「村の種馬だった」とは、ゲンナジーの少年時代を表すある友人の言葉だ）。その経験から、一二歳のときには誘惑と性の力が身についていた。当然、大人になると、根っからの女たらしになった。セックスではなく友情を求めているときさえ、たらし込んでしまうのだ。ゲンナジーの笑顔を見れば、売国奴は国を裏切っても気分が浮き立つほどだった。まるで転向など大人のいたずら程度のことだとでもいうかのようだった。
　ゲンナジーには西側的なやさしさがあり、仲間内ではスポーツ好きで通っていたおかげで、ワシントンＤＣに置くには持ってこいのスパイだった。人付き合いの才能を見るにつけ、Ｆ・スコット・フィッツジェラルドの『華麗なるギャッツビー』に出てくるぴったりの描写を思い出す。

　彼は寄り添うようにほほ笑んだ――ただ寄り添っているだけではない。永遠に安らぎをくれるかのような、死ぬまでに四、五回見られるかどうかというめったにお目にかかれない笑みだ。一瞬だけ外の世界すべてに向けられ――あるいは向けられているように見え――その後、自分ひとりだけに向けられて、好意を持っていてくれるのかと思わずにはいられなくなる。こっちがわかってほしいと思うだけわかってくれて、信じてほしいだけ信じてくれ、こっちが与えたいと願う最高の印象をたしかに抱いていると思わせてくれる。

　無理からぬことだが、そんな勢いあまる性の喜びのおかげで、ゲンナジーはスパルタ式のボス、ヤクシュキンの十字線にしょっちゅうとらえられることになる――ＳＥ部のボスたちとやたら衝突していた男、ゲンナジーが〝クリス〟として知ることになる男、そして、ゲンナジーの人生を変えることになる男と、その点はよく似ていた。

「調査資料を読んだあと、［パトリック・］マシューズとじっくり話し合った」ジャックはいった。「『カルロス・ザ・ジャッカルとやり合った話でもすれば親しくなれる。興味を示すだろう。それに、あの男は銃が大好きだ。そこもおれと同じだ。おれの名前はクリスだといっておけ』おれはそういった」チェーンスモーカーのジャックには、バレーボールの試合で対抗するのは無理だから、別のきっかけを編み出した。ジャックは新築でぴかぴかのキャピタル・センターの屋内アリーナにコネがあり、頼めばすぐにチケットを融通してもらえたから、アリーナのスケジュールを確認し、マシューズにはそのロシア人に何を伝えておくべきかを指示した。マシューズはビジネスマンを装い、待ち合わせの手配を整え、「友だちのクリスがグローブトロッターズのチケットを譲ってくれる。息子さんも連れてきなよ」と伝えた。マシューズは前にもゲンナジーの八歳の息子に会っていた。クリスの仕事については、どこで働いているのかよく知らないと嘘をついた。ゲンナジーは喜び勇んで申し出を受けた。

3 コンタクト

〝試合の途中でふと思った。こいつが本当に気に入ったたって〟

二〇〇五年八月二八日
ソーンツェヴォの警察署の独房に勾留されて三日目

またFSBがはじめた。今度は新顔だ。だが、はっきりとはわからなかった。ゲンナジーはもう相手の顔も判別できなかった。拷問しているやつらは人間じゃない。ジッパーの〝歯〟だ。たまにぎざぎざの形がちがうものに出会うが、本質的にはまったく同じものだ。こんなところからどうやって生きて出られる？ これまでのどんな経験を支えにすればいい？ この状況に耐える力となるような金言はあるか？ 待てば海路の日和あり？ 自分に忠実であれ？ （『ハムレット』第一幕、第三場。ポローニアスのせりふ）真実はいつかあきらかになる？ 戯言だ。ここにいる獣《けだもの》どもは、そんな言葉など屁とも思わない。あいつらがこんなことをしているのは、〝愛国〟の大義を借りて人を痛めつけるのが好きだからだ。

ゲンナジーの頬骨が冷たいコンクリートに触れている。湿っている。また血が出たらしい。人間にはどのくらいの血が流れているのか？　どのくらい流れ出たら死ぬのか？

「やめてほしいか？」尋問官が訊いた。「なら、この〝クリス〟というやつの話をしろ。いつそいつの頼みを聞いた？」

ゲンナジーはもう声を絞り出すのもやっとだった。「おれはだれの頼みも聞いていない、クソ野郎」

連中はさらに激しくゲンナジーをなぶった。グラスノスチ（ゴルバチョフ政権下の情報公開政策）のおかげで、こんなことになった。アメリカ人と友だちになったばかりに、こんなことになった。だれも平和など求めていない。連中はこれが好きなのだ。愛国心の美旗を掲げて暴力を振るうことが。その暴力のおかげで、ゲンナジーはわずかに残っていた肺の空気を絞り出し、咳《せき》と一緒に最後の悪態をついた。

一九七九年春

ソビエト連邦の外交官という身分を装い、ゲンナジーはワシントンの遊び人になっていた。彼の任務はアメリカ人——特にＦＢＩとＣＩＡ局員——に近づき、最終的にソビエトのスパイになるよう勧誘することだったが、ジャックも同時期にアメリカ側で同じ任務を担っていた。「もちろん、失敗率は九九パーセントだが、やるしかない」ゲンナジーはカウボーイと同じことをいう。「五年でまともな徴募《リクルート》が一回成功すればいい。国を裏切る連中はたいてい志願してくる。それはCIAも同じだ」

連邦職員と仲良くなるために、テニスとバレーボールのすぐれた運動技能を活かす、というのがゲンナジーのやり方だった。ゲンナジーはさしずめ、六〇年代のテレビシリーズ『アイ・スパイ』のKGB版ケリー・ロビンソンだった。渡米初日に国防省職員とそのゲスト専用のバレーボールコートとテニスコートの使用許可を取った、とゲンナジーは誇らしげにいう。

ワシントンに降り立つとすぐ、ゲンナジーはアメリカ国防省と内務省でバレーボールとテニスの試合が行われていることを知った。そして、外交官の身分で選手として参加することにした。内務省のロビーの掲示板に貼ってあった全出場選手の名前と局内所属部所のリストを見つけたときには、小躍りしたくなった。たなぼただ。はじめは名前を書き留めていたが、すぐに時間がかかりすぎると思った――それで掲示板のリストを引きはがし、たいそう貴重な内部情報だといってボスに見せた。広義では、そういっていいのかもしれない。

ある日、リストをはがそうとしていて、うしろから声をかけられたときに、ゲンナジーは自分のキャリアが終わったと思った。「おい、それをはがすな！」声の主は警備員だった。「そいつは古いリストだ。こっちが新しいやつだ」警備員はそういうと、カチコチに固まっていたロシア人に新しいリストを手渡し、歩き去った。

ソビエトのスポーツ・マスター受賞者であるゲンナジーは、一二チームが参加する大使館バレーボール・リーグのソビエト・チームのキャプテンにまでなった。ワシントン・ポスト紙はゲンナジーを「長身でハンサムなスポーツ・マスター」と評していた。ソビエト・チームはモント・アルトに新設中の大使館に付属する立派な専用ジムで練習しているバレーボールの強豪チームで、ほぼ毎年リーグ優勝していた。一時期、ゲンナジーのチームは四年間も無敗を誇った。ブラジル・チームがやっとのことで勝利したとき、キャプテンのゲンナジーにはすでに腹案があった。次の試合に向けて、たまたま試合の日にワシントンDCにいたオールスター・ゲーム選出経験のあるソビエト連邦代表チームのメンバーふたりを徴募《リクルート》したのだ。はじめ、ゲンナジーのレジデンチュラのチームメイト、イゴール・フィリンは、新メンバーを起用するためにベンチに追いやられて腹を立てていた。だが、ふたりを見るなり、ベンチから転げ落ちそうになった。「ゲンナジーのくそったれ」イゴールはだれにともなくいった。「とんでもない替え玉を連れてきやがった！」

　替え玉のひとり、二一歳の身長二メートルの大男《ベヒモス》は、ブラジルのサーブのたびにそろりとネットに近づき、ボールがネットを越えるのを許さなかった。ワシントン・ポスト紙は「アフガニスタン侵攻以来のソビエトによるもっとも卑劣な作戦」と呼んだ。バレーボール・マガジン誌はゲンナジーの秘密兵器について、こう書いた。「彼の飛行時間は大半のトランスワールド航空《TWA》のパイロットより長い。キャリア全体での決定率《キル》では、記録を見るかぎり唯一ヨシフ・スターリンにおよばないのみ……。ボールがソ連領空を侵犯するはるか前にブロックする」。ソビエト・チームは一五対二で大勝した。

ポスト紙がゲンナジーの所業を報じたとき、彼は意外そうな声をあげて笑った。「ただのジョークだったのにな」そして、他のチームこそ大使館チームとは縁もゆかりもない選手を何人も使っているのに、ロシア人選手への苦情ばかりでうんざりしたのだといいわけした。さらに言葉を継いで、「彼らがどこで働いていて、何をしているのかもわかっている」と危うく本業をばらしてしまうところだった。一週間後、ブラジル大使の公認ヘアスタイリストが、次の試合の前にリーグに苦情申立書を書き送ったあとで、インタビューを受けたときにも「人たらしのワシレンコは笑っていた」という。一カ月後の決勝戦でブラジル・チームを破ったあと、ゲンナジーはブラジル・チームを全員誘ってビールを飲みに出かけた。その夜が終わるころになると、ブラジル・チームは「ソビエト・チームは新しくできた素敵な友人たちだ」というまでに変わっていた。

ポスト紙はとあるソ連通にもインタビューしたが、そのソ連通はゲンナジーの替え玉事件は冗談などではないと上から目線で語った。「ロシア人にユーモアのセンスなどないので、冗談ではないでしょうな」それだけでも、〝ソ連通〟は自分が思っているほど事情通ではなかったということがわかる。ゲンナジーは何十年も経ったいまでもくすくす笑っている。

速射砲並みのスピードで、ゲンナジーはワシントンDC中にスポーツ好きの友だちをつくっていった。たちまち四つ星の将軍とも仲良くなり、家族を交えて夕食をともにするようになった。

友人知人を六人も介せば、世界中のだれもが間接的に知り合いになるといういわゆるケヴィン・ベーコン的握手を二、三回もすれば、アスリートを知っているあらゆる政府職員と友だちになれる日が訪れるのも、時間の問題かと思われた。そして、ゲンナジーとたまに一緒にテニスをしていた、ジャックの同僚のパトリック・マシューズが、グローブトロッターズを使った手を思いついたのだった。

週末のグローブトロッターズの試合に関するワシントン・ポスト紙の記事を読んで、ジャックは鼻で笑った。トロッターズは不運な仇敵《きゅうてき》ワシントン・ジェネラルズに対して、わずか一三〇四六対三二三で勝ち越しているにすぎないと記してあった。ほかの紙面に目を向けると、メイン州選出の共和党上院議員ウィリアム・S・コーエンの手になる酔いも覚めるオピニオン記事のおかげで、まもなくジャックとゲンナジーによって繰り広げられる作戦の見通しが得られた。懸案の第二次戦略兵器制限交渉（ＳＡＬＴⅡ）に反対する理由を明示するなかで、コーエンはアメリカが条約に署名すれば、〝結局のところ、ソビエト連邦の先制攻撃能力の影におびえ、一億人を超えるアメリカ人が一瞬で消えるリスクを冒すより降伏を選ぶことになる〟と書いていた（実際には、その三カ月後に、ジミー・カーター大統領とソビエト連邦のレオニード・ブレジネフ書記長がウィーンで条約に署名した）。

その日は一九七九年三月三日、土曜日だった。カウボーイ・ジャックがワシントンの郊外のせわしないキャピタル・センターのシートにようやくたどり着いたとき、パトリック・マシューズはまだ来ていなかった。スタンドはほぼ家族連れで埋まっていた。父子が圧倒的に多かった。六、七歳の息子を連れた父親がチケットを確認し、カウボーイの座っている列に目を向けているのに、カウボーイは気づいた。父親はカリフォルニアによくいるアスリートのようだった——三〇代後半、長身でたくましい体つき、七三分けにした茶色の髪。息子はがりがりだったが、父親と同じ淡い茶色の髪だった。

テキサス南部の正装に身を包んだカウボーイは立ち上がり、いまや伝説と化した〝クリス・ロレンツ〟を名乗った。偽名を使ったのは、パリ－ウィーン勤務時代の〝ジャック・プラット〟の膨大なデータをソビエト側が持っている可能性が高いからでもあった。また、グローブトロッターズの試合という奇妙な場所を選んだのは、諜報技術《トレードクラフト》を考えてのことだった。「カクテル・パーティーでまたいつもの出会いなど演出したくなかった」カウボーイはそう理由を語った。「ほかの連中はみんなそうやっている。見え透いてる」

それまでロシア人の父親というのは、戦闘準備を大声で命じる将官のように息子に接する傾向が強いとずっと思ってきたので、カウボーイにとってこの父子の情愛は意外だった。一方、ゲンナジーとイリヤにしてみれば、この新しくできたアメリカ人の友人の人となりとジョン・ウェインのような装いが印象に残った。こんなブーツはテレビや映画で見たことがある。この男は……

ひょっとして……カウボーイなのか？

　カウボーイとゲンナジーは互いに対して、入念に練り上げた自己紹介をした。ゲンナジーには、このときすでにCIA／FBI共通のMONOLITE（のちにGT／GLAZING）というコード・ネームがついていた。彼は自分がソビエト大使館の外交官だといった。カウボーイはフランス警察との連絡員としてテロリストのカルロス・ザ・ジャッカル逮捕に協力したことがあったから、ペンタゴンで働いているといった。ベネズエラ生まれの親パレスチナ活動家イリイッチ・〝カルロス・ザ・ジャッカル〟・ラミレス・サンチェスは、当時三〇歳の逃亡犯で、一九七五年のフランス政府の情報提供者殺害とフランス対諜報員二名の殺害事件で指名手配されていた。さらに、一九七五年一二月の石油輸出国機構《OPEC》のウィーン本部襲撃事件を首謀した容疑もかけられていた。その襲撃事件では、六〇人が人質にとられ、飛行機でアルジェリアまで連れていかれてから解放された。〝カルロス〟というニックネームは彼の仲間がつけた。その後、あるジャーナリストがサンチェスの持ち物のそばにフレデリック・フォーサイスの一九七一年発表の小説『ジャッカルの日』があったと報じたのを受け、彼自身が〝ジャッカル〟を加えたのだった。[*8]

　カウボーイはペンタゴンではなくCIA局員だったが、連絡員の話は事実だった。パリ支局時代には、実際にカルロスの件でフランス警察に協力していた。カウボーイはペンタゴンの職員ということにすれば、ゲンナジーにとってよりそそるターゲットになると思っていた。それに、ソビエト側もジャッカルの動向を追っており、その点も忘れてはいなかった。こうしたやり取りには、カウボーイ・ジャック・プラットの信条がよく表れている。できるかぎり事実に忠実であれ――嘘が多くなれば、敵に感づかれ、利用されるかもしれない。

ゲンナジーは思った。〝このカウボーイなら、たしかにカルロスをつかまえられるだろうな〟。また、カウボーイのペンタゴンでの〝仕事〟とは、まさにそのとおりなのだろうとも思った。つまり、現実ではない伝説だと。はじめから、カウボーイの本当の商売は何だろうと思っていた。ゲンナジーとカウボーイがふたりで話せるように、マシューズが席を外すと、ますます疑いが強くなった。「クリスはＦＢＩかＣＩＡだろうと思った。ボスはクリスがＣＩＡにちがいないといっていた」

この日の出来事には、彼らの仕事につきもののばからしさが示されている。どちらも演技をしていて、どちらもそれがわかっていた。「おれたちは二匹の犬がはじめて顔を合わせるときと同じように、互いをちらちらと探り、相手の周りを回っていた」カウボーイはそのときの様子をそう表現した。「見張られてるかもしれないから、一日じゅう演技をしていた。ずっと舞台に立っているが、おもしろくなることもある」あるいは、ゲンナジーはこういう。「転向者の母になり、父になり、友にならなければならない。相手にわざと酒をこぼしたり、相手の車にわざと車をぶつけたりして出会いを演出することもある。自分でも何度もやった」

カウボーイはメドウラーク・レモンかカーリー・ニールがセンターコートからボールをロングパスしたのを覚えていた。そのとき、抜け目なくその〝シューティング〟を称賛した。ゲンナジーは片手で銃をつくった。「彼は銃の使い手なのか？」カウボーイは誤解を解き、それがきっかけとなって銃の話に広がり、すぐさま意気投合した。「ふたりともアウトドア好きだ」カウボーイはいった。「調査資料を読んでいたから、ゲンナジーが銃好きなのに、アウトドアやハンティングに行けていないことは知っていた。いつも狭い部屋に押し込められていた。互いをよく知る必要があった。だから、〝シューター〟って単語をさりげなく会話に入れて、そっちに話を持っていこうとした」

ずっとアメリカのハンティング・ライフルを撃ってみたかった、とゲンナジーはいった。腕と手を動かして、どんなタイプの銃を撃ちたいのかを説明した。そこにはない銃に弾《たま》を込め、ボルト・アクションを操作し、銃床を肩につけ、慎重に選んだターゲットに狙いを定め、引き金を引いた。カウボーイはこの新しいロシア人情報提供者候補の想像上の銃の扱いが、やたらセクシーだと思った。まるで女と踊っているか、上のベッドルームに誘っているかのようだった。

「銃ならいろいろ手に入る。撃ちに行こうぜ、ゲンナジー」カウボーイはいった。

「クリス、どうかゲーニャと呼んでくれ。それから、ああ、絶対に行こう」

「バスケットボールの試合の途中でふと思った。こいつが本当に気に入ったって」カウボーイはいった。

試合のあと別々の方角に別れたときには、彼らはまだ自分たちが本質的にどれだけ似通っているか知るはずもなかった。

カウボーイ・ジャックの鎧《よろい》の唯一の穴はアルコール依存症で、考えられるスパイの弱点として彼自身が作成したリストに入っていたものだった。一九七〇年代後半にはまだ制御下になかった。諜報業界の者たちには周知の事実で、ゲンナジーは「いつかCIAから追い出されるんじゃないかと思っていた」という。「実際に追い出される寸前だった。そうなっていたら、KGBの仕事を紹介できたんだが」もちろんゲンナジーもウォッカには目がなかったが、子供のころから飲まされてきたから、どれだけ飲んでもほとんど影響はなかった。

カウボーイとゲンナジーは性格や仕事の流儀こそちがっていたが、ふたりとも愛国者としてリスクを引き受ける男だった。ふたりとも自分で選んだ職業を大切に思っていたし、業界に住み着いている事務屋やえせ学者には容赦なかった。スパイ業務に占める報告書作成の割合はおおかたが考える以上に大きいとはいえ、この仕事をこなすには報告書を作成するだけでなく、外に出て敵に絡む――その〝絡み〟に友情が含まれるとしても――しかないと信じて疑わなかった。それに、ふたりとも、心底銃《い》が好きだった。

ふたりとも大まじめな〝政府機関の人間〟の世界で〝カウボーイ〟の異名を持っていた。ふたりの絆が強まったのは、ふたりとも独自のルールでプレイするスパイだからでもある。堅苦しい職業に対する独特の流儀を認め合う似た者同士なのはあきらかだった。カウボーイとゲンナジーは官僚主義者を忌み嫌うあまり、ある仮説――だれが立てたかはふたりとも知らなかった――に同意していた。それは、官僚の世界需要がこれほど大きいことを考えれば、実のところ官僚は抜け目ない資本家のたくらみによって工場で製造されているのではないか、というものだった。理由は定かでないが、カウボーイはその工場がニュージャージー州ティーネックにあるという説を唱えていた――ニュージャージー州ティーネックが気に食わないというのが大きな理由だったが。

これ以上重要な局面などありえないとき、東西の溝がこれ以上広くなりえないときに、ふたりはそれぞれのスパイ組織に加入した。冷戦は短い緊張緩和《デタント》の時期をはさみ、一九六〇年代にエスカレートした。両国の挑発をいくつかあげるなら、U－2偵察機が撃墜され、キューバのミサイル危機が世界をハルマゲドンの入り口まで誘い出し、ベルリンの壁が築かれ、オレグ・ペンコフスキーがソビエト連邦の核ミサイルの技術書をアメリカに売り渡した（ペンコフスキーはそのため即決裁判により処刑された）。KGBとCIA両者の最優先課題は、核の先制攻撃を食い止めるために情報を集めることだった。KGBは情報収集活動にコード・ネームまでつけていた。VRYAN（ヴネザプノエ・ラケートナ・ヤジェルノエ・ナパジェーニエ）。〝核ミサイルによる奇襲〟を意味するロシア語の頭文字だ。

ゲンナジーのDCの同僚だったKGB職員、ユーリ・シュヴェッツはこう書いている。「ワシントンのレジデンチュラにいた私と同僚たちに課された最優先任務は、KGB議長の命令と指示という形で示されていた。それは、アメリカによるソビエト連邦に対する核ミサイル先制攻撃を阻止することだった。それ以上でもない。それ以下でもない」

一九九〇年、ジョージ・H・W・ブッシュ大統領の対外情報諮問会議（PFIAB）は、次のように結論づけた。七〇年代後半から八〇年代前半まで、ソビエト側はアメリカ軍とNATO軍による核先制攻撃の可能性が高いと、机上の空論としてではなく本気で考えていた。彼らはこの期間を〝戦争恐慌〟と呼んでいた。

当時、情報収集を最優先させていたのは、今日とちがって必ずしも現実離れした政策ではなかった。現在、機密解除された文書を読めば、古くは一九六一年七月二〇日から、ケネディ大統領の統合参謀本部、CIA長官といった面々が核先制攻撃の計画を提示していたことがわかる。彼らはケネディのタイミングと効果に関する諮問に回答し、さらなる情報提供を約束していた。大統領が他言を禁じたうえでこの会合は休会となり、つい最近まで、会議の内容は明かされなかった。会議に関するメモによると、ケネディは国家安全保障会議に対して、以下の諮問を投げかけていた。

・「先制攻撃でソ連にもたらされる損失の程度について査定しているか？」

・「一九六二年冬に攻撃した場合どうなるか？」当時CIA長官だったアレン・ダレスはこう答えている。「ミサイル数が大幅に限定されるので、攻撃の効果はあまり高くないと思われる」一九六二年一二月時点における米軍のミサイル数は少なすぎたが、一九六三年一二月までには充足する公算が高かった。

・「攻撃後、国民はどの程度の期間シェルターにとどまる必要があるのか？」回答として、二週間と考えられるとの適正予想が小委員会のある委員から返ってきた。ここではあきらかに、米軍によるソ連に対する核攻撃後、米国民が地球全体に降り注ぐ死の灰からどうやって身を護《まも》るかという議題について話し合われていた。

会議を終えるにあたって、ケネディは「出席者は会議の議題すら開示してはならない」との指令を発した。驚くべきことに、この秘密は半世紀以上も守られた。

この指令を発した二年後、若き大統領は核オプションを再考したらしく、アメリカン大学で特別「平和演説」をし、核軍縮の道筋を示した。開口一番、ＪＦＫは核兵器の使用を想定することさえ非難した。さらに、世界の全住民に対して人間として共通の欲求に集中するよう求め、さらに、第二次世界大戦で恐怖を味わい、ソビエト連邦がどれほどの不安に陥っているかにも思いをいたしてほしいと訴えた。ソビエトのニキータ・フルシチョフ書記長はこの演説を、フランクリン・ルーズヴェルト以来アメリカ大統領による最高の演説だと評した。その八週間後、部分的核実験禁止条約が締結された。核の恐怖がぱっと消えると、裏庭につくった死の灰のシェルターは子供たちの遊び場になった。しかし、そんな気まぐれは、〝主義《ドクトリン》の時代〟とでも呼ぶべきもののおかげで短命に終わる。

ベトナムの内戦が〝平和演説〟の精神を捨て去るきっかけになったのはまずまちがいない。アメリカが内戦に介入すると、多くの人々からアメリカとソビエトとの拡大した代理戦争と見なされた。アメリカの破滅的なベトナム侵攻と同時期、ラテン・アメリカの独裁政権を支持するというジョンソン・ドクトリンが発表された。ソビエト側は強硬なブレジネフ・ドクトリンで応え、これが一九六八年八月のチェコスロバキア侵攻の呼び水となった。これに対して、ニクソン・ドクトリンが出され、アメリカには資本主義同盟国を支援する権利がある旨が謳《うた》われた。さらに、カーター・ドクトリンでは、社会主義（特にペルシャ湾での）に対抗して、多くの国をまとめる呼びかけがなされ、最後にレーガン・ドクトリンが出て、軍拡競争や経済戦争といったツールを駆使して、米軍が全世界でソビエト連邦の影響力に対抗する潜在能力を拡大できるようになった。

ソビエト側の立場に立つと、こうした大統領ドクトリンはすべて反共――とりわけ反ソビエト――の薄いベールがかかっていた。さらに、伝えたいメッセージが確実に伝わるように、一九六九年、ジョンソン大統領は〝リフォージャー〟という大規模軍事演習をはじめた。NATOの対ソ軍事作戦支援の訓練のため、何万人もの米軍部隊が西ドイツに展開された。リフォージャー演習はその後二四年にわたって毎年実施され、最大で一二万五〇〇〇部隊が動員された。最近のインタビューで、ジャック・プラットのSE部のボス、バートン・ガーバーはこう述べている。「ロシア側は一九七〇年代の米軍演習を懸念し、たびたび緊張が高まった。献血キャンペーンさえ、CIAによる戦争準備だと解釈していた」

〝戦争恐慌〟時代はロナルド・レーガンのスター・ウォーズ計画だけでなく、軍事行動でも強調されていた。最近ワシントン・ポスト紙に掲載されたデイヴィッド・ホフマンの記事によると、一九八三年一一月のＮＡＴＯの演習は「アメリカ合衆国による核先制攻撃の隠れみの」だと解釈されていたという。機密解除されたトップ・シークレットの報告書では、この作戦が思わぬきっかけとなり、超大国を核応酬の瀬戸際まで追い詰めていたのかもしれないと結論づけられていた。

一九七〇年代後半、カウボーイとゲンナジーがアメリカの首都でそれぞれの作戦命令を受け取っていたとき、両国はほぼ同等の五万発の核弾頭をそれぞれ保有していた。したがって、こんな戦略をとることになる。**敵方のエージェントを寝返らせ、母国の核計画を売り渡してもらう。**シュヴェツはある教官がこういっていたことを覚えている。「アメリカ合衆国には我が国をこの地上から消し去る能力がある。それを疑う者などいないことを願う……。だが、そうする欲求まであるだろうか？……向こうに派遣されたら、まさにその点を探ってもらう」ゲンナジーはアメリカにとってとりわけ魅力的なターゲットだった。というのも、ゲンナジーは、ソビエトの原子力および水素爆弾開発の重要人物のひとりだった高位の科学者、ゴンチャロフの義理の息子だったからだ。

「それで、首尾《プレイ》はどうだった？」ハヴィランド・スミスがグローブトロッターズの試合の翌日にカウボーイに訊いた。

「恫喝《どうかつ》して引き入れていないのはたしかだ」カウボーイは答えた。「ゲーニャがボスのもとに戻って、何が起きたのかを報告する可能性は大いにある」

「ゲーニャだと？」スミスがいった。「もうニックネームで呼び合う仲とはな。じきに結婚式の鐘の音でも聞こえてくるのか？」

カウボーイはくすくすと笑った。「あいつのことは気に入った。息子と一緒にいるあいつを、あんたにも見せてやりたかったよ。そういうところにメッセージが込められている。息子は完璧な英語を使う。木登りが好きだといっていた。今回のニンジンは、アメリカでのよりよい暮らしだ」

ゲンナジーをひとことでいい表すなら〝人たらし〟だろう、とカウボーイはいい、焦ってると思われるから再会はあまり急ぎたくないとも付け加えた。また偶然を装って会い、試し撃ちに誘うのがいいと思う。いくつか銃が要る。それから、邪魔されずに試し撃ちできる場所も。スミスにも奥の手があった。カウボーイとゲンナジーがスパイの求愛ダンスをはじめていたとき、アメリカ側は建設中の新しいソビエト大使館の地下に一〇億ドルのトンネル（コード・ネーム〝MONOPOLY（モノポリー）〟を掘っていた。ちょうどKGBのDCレジデンチュラの暗号解読室の下まで延びるように。近いうちに、このトンネルがソビエト側職員を転向させる武器になることが期待されていた。

現行のレジデンチュラに戻ると、息子の名前を借りて〝ILYA（イリヤ）〟というコード・

ネームを選んでいたゲンナジーも、上官のヤクシュキンに会っていた。カウボーイ（このときのゲンナジーにとってはクリス・ロレンツだった）について、ゲンナジーはこういった。「クリスはカウボーイ・ブーツをはいています」

「アメリカのカウボーイか？」ヤクシュキンが訊いた。そして、ゲンナジーを指さしていった。「おまえはロシアのカウボーイだ。銃遊びが好きだしな。女遊びも好きだが。ぶらついてばかりで、いわれたことはやらん」

カウボーイの弱点がどこにあるのかまったくわからなかったと、ゲンナジーはヤクシュキンに認めた。「彼はイリヤをとても気にかけてくれました」ゲンナジーはいい、こう付け加えた。「それに、銃を撃つのが好きです」

「偶然を装ってまた会ってもいいが、会わなくてもいい」ヤクシュキンは素っ気なく答えた。

適切な時間が経ってから、カウボーイは社交の場で偶然を装ってゲンナジーに会いたいとペンタゴンの友人たちに触れ回った。ゲンナジーが国務省やペンタゴンの職員とどれだけスポーツを楽しんでいたかを考えれば、むずかしいことではなかった。グローブトロッターズの試合から数週間後、ペンタゴンの高官がバージニア州北部でパーティーをひらいた。ゲンナジーが招待されていたので、カウボーイもうまいこと自分の招待状をせしめた。会場ではハイアニス・ポートのレガッタ大会にいるジーン・オートリー（歌も歌う西部劇スター）のように目立っていたので、ゲンナジーに見つけてもらうのにさほど時間はかからなかった。イリーナは同伴していなかったが、このロシア人はひとりではなかった。ホストの二〇代と思われるきれいな娘と腕を組んで会場を歩き回っていた。カウボーイはたったいま見たものをネタに揺すりをかけようかと思った。だが、ゲンナジーは気にするそぶりも見せずに組んでいた腕を外し、声をかけてきた。「クリス！　会いたかったよ。いつ撃ちに行く？」

まあ、この男が街中で女を口説きまくるつもりなら、揺すっても無駄だろうな、とカウボーイは思った。ゲンナジーの情報を記憶にとどめた――人たらし。無頓着。人間としての弱さ、女に弱い。裏切り（妻と家族に対する）もいとわない。意外なほど正直。カウボーイは銃を撃てる場所を見つけたから、週末にでも、一緒に撃ちにいかないかとゲンナジーにいった。

二カ月ほど何度か気軽に会っていると、〝仮面〟が少しずれはじめ、ふたりとも本当の仕事が最初にいっていたものとは少しちがうとにおわせるようになった。「ゲンナジーは『おれの仕事は大使館にやってくるいかれた連中の相手をすることだ』といっていた」カウボーイはいった。「ウィーンで同じ仕事をしていた、とこっちもいった」たしかに、スパイになりたいといってくるやつの多くは、ジェームズ・ボンド映画を見すぎたようなおめでたい連中だが、なかには海軍士官のジョン・ウォーカー・ジュニア（一九八五年にスパイ容疑で逮捕）のように、冷戦期にソ連側のきわめて貴重な資産《アセット》になる者もいた。

ジャックはすでにゲンナジーの本当の〝雇い主〟を知っていて、ゲンナジーもカウボーイがFBIかCIA局員だとほぼ確信していたからか、ふたりは何年もあとになって情報公開政策《グラスノスチ》として知られるものの彼ら独自のバージョン、つまり腹を割った話し合いをはじめた。共通の利益になるような情報ぐらいは共有しようということになった。共通の敵であるテロリズムの情報だ。当時、モスクワで開催される予定の夏季オリンピックでテロが起きるのではないかと、両国ともに懸念していた。ゲンナジーとカウボーイは、双方ともボスの同意を得たうえで、実際に情報を提供し合っていた（一九七九年のソビエトのアフガニスタン侵攻に抗議して、アメリカはほかの六五カ国とともにオリンピックをボイコットすることになったので、当然ながら、この措置はまもなくアメリカにとって意味がなくなる）。

ある週末、カウボーイはソビエト大使館前でゲンナジーを拾い、ふたりでメリーランドのある森に車を走らせた。その土地の所有者であるアメリカ連邦政府は、管理団体に対して、その日は全員で休暇を取り、そこで何が起きているのか決して詮索しないよう命じた。

カウボーイは森の奥深くまで車で入った。ゲンナジーはどこかの公有地に行くのだろうと思っていた。「ここはシベリアか？」ゲンナジーは訊いた。

「似たようなところだ」カウボーイはいい、さらに付け加えた。「人里から遠く離れないといけない。違法な銃が一挺《ちょう》あるからな」

ゲンナジーはその響きが気に入った。このクリスという男は根っからのカウボーイだ。

カウボーイがそこだけぽっかりひらけたところまで行くと、車のトランクをあけて、ゲンナジーについてこいといった。カウボーイはトランクのブランケットを持ちあげ、覆われていた銃をゲンナジーに見せた。そこにはカウボーイのスミス&ウェッソン357マグナム・リボルバーとスミス&ウェッソン・モデル29、そして、人気映画『ダーティハリー』シリーズに出てくる44マグナム・リボルバーがあった。

「ダーティハリーだ！」ゲンナジーはいった。29を手に取り、銃口を原野に向けた。そして、ひどいロシア語訛りで木々に訊いた。「今日はツイてるか、くそ野郎？」（『ダーティハリー』で有名になったせりふのもじり）

カウボーイは別のブランケットを外し、至高のアメリカ製ハンティング・ライフルと考える者も多いマーリン336を出した。グローブトロッターズの試合会場で銃を扱うまねをしたように、ゲンナジーはマーリンを手に取り、銃床を撫《な》で、ボルト・アクションを引き、スコープを目に近づけた。カウボーイの直感が語りかけてきた。〝これは演技じゃない〟。ゲンナジーは演技しているのではない。グローブトロッターズの試合で見せたイリヤへの愛情と同じように。

「これが違法なのか？」ゲンナジーはマーリンを持ったまま、カウボーイに訊いた。

「それじゃない。マーリンは合法だ。だが、こいつは……」カウボーイはトランクにあったまた別のブランケットを取り去ると……バイオリンケースが出てきた。

「バイオリンか？」ゲンナジーは訊いた。

「ちょっとちがうな」カウボーイがケースをあけると、トンプソン・サブマシンガンが出てきた。辺境《フロンティア》のギャングが使い、保安官などの法執行官もギャングに向けて使っていた武器だ。

「トミーだ！」ゲンナジーはいった。ＦＢＩとＣＩＡが土地の管理業者に聞かせたくなかったのは、この銃の音だった。オートマチック銃の銃声ほどあからさまに違法だとわかるものもない。

「こんなの、どこで手に入れた？」ゲンナジーは訊いた。

「一九三〇年代にギャングが持っていたものだ」カウボーイは答えた。「ＦＢＩの友だちに有料で借りた」

ふたりは地面に突き刺してあった木の杭《くい》に、カウボーイの持ってきた的を取りつけた。フェンスの上にいろんな果物だけでなく、空き缶も載せた。空き缶、グレープフルーツ、スイカを抹殺していたとき、ゲンナジーはカウボーイがあまりマーリンを撃っていないことに気づいた。「マーリンは好きじゃないのか？」ゲンナジーは訊いた。

「もちろん好きだ」カウボーイはいった。そして、わざとらしくそわそわしながら、付け加えた。「おれたちアメリカ人がよく耳にする伝説のロシア製カービン銃を持ってきてくれなかったから、気持ちが傷ついただけだ。ロシアの指導者のために、ほんの数挺だけカスタムメイドカービン銃がつくられたというのは本当か？」

「スターリン、ジューコフ、それからブレジネフがカスタム銃をつくらせたと聞いてるが、実物を見たことはない」ゲンナジーは答えた。

「ひとつ取り引きしようぜ」カウボーイはいった。「出世してレアなロシア製カービン銃を手に入れたら、おれのマーリンと交換しようぜ。出世してくれよ」

相手に国を裏切らせる計画を練りながら、ふたりとも自分が仕えている官僚組織にはいらついていた。このときには、どちら側も相手に転向を促すようなことはひとこともいわなかった。そのときはいずれ来るが、初期段階としてはふたりとも満足していた。

その年、一九七九年の末まで、ふたりは気軽に遊んだ。ひと月に一度ぐらい〈ギャングプランク・レストラン〉で夕食をとり、ときどき射撃訓練をしたり。カウボーイはたまに、アメリカに引っ越してきたらいつでもアメリカの銃を撃てるし、マーリン336をやってもいいぞと冗談を飛ばした。一九七九年夏のある日、カウボーイは遠出のときにふつうなら考えられないほどの酒を持ってきた。ふたりとも大酒を飲んだが、ゲンナジーの狙いは外れなかったものの、ジャックは的を大きく外すようになった。

「あんたはいつも政府のために働きたいと思ってるのか、クリス？」

「前ほどそうは思ってないな」カウボーイはいった。「時機を見てるところだ。いつか事業でもやってみるつもりだが、娘三人を大学に入れてやらないとな」

「カネなら出してやれるぞ」思いやるような穏やかな口調で、ゲンナジーはいった。

カウボーイはひどいありさまだったが、責任感は揺らいでいなかった。呂律《ろれつ》こそあやしかったが、カウボーイは答えた。「いったい何をくれる？　パンの施しを受ける列に五時間も並ばせてもらえるのか？　モスクワで広さ九平米の部屋で暮らさせてくれるのか？」

「酒はそのくらいにしておけよ、クリス。帰りはおれが運転するぞ」

次の月曜日、ゲンナジーは職場に赴き、ヤクシュキンに報告した。「クリスは大のビール好きです」カウボーイのハヴィランド・スミスに対する報告は脚色が加えられ、ずばりこんな結論になっていた。「ゲンナジーはアメリカ暮らしが気に入ってる」

4 銃士

〝出てきたときにまだここにいてくれるか？〟

ゲンナジーは射撃場よりバレーボールやテニスのコートで過ごす時間がはるかに長かったので、カウボーイはレイン・クロッカーに対して、この男と話が合いそうなＦＢＩのスポーツ好きが必要だと伝えた。まもなく、刑事部のゲーリー・シュウィン（著者による仮名）がＣＩ－４と新しい〝ゲット・ゲンナジー〟作戦チームに派遣された。大学時代にテニスとバレーボールを含む五つの競技で代表に選ばれた〝ファイヴ・レターマン〟で三〇歳のシュウィンを、カウボーイはテニス好きの「ビジネス・フレンド」だといってゲンナジーに紹介した。実のところ、シュウィンは週末にディスコ・ダンスのインストラクターもしていて（白いトラヴォルタ・スーツもばっちり着込んで）、ＫＧＢ分隊《スクワッド》（ＣＩ－４）のメンバーに〝ジョニー・ディスコ〟とニックネームをつけられた。スクワッドのメンバーたちによると、シュウィンが女性エージェントによく使っていた決めぜりふは「ハッスルする？」だった。

一九七九年九月二五日の夕方、華麗ないでたちの三人組は〈ギャングプランク・レストラン〉に行くと、CIAの暗号翻訳係〝キャプテン・ドギー〟にばったり会った。彼は宿泊設備のついたヨットを所有していて、近くのワシントンで唯一寝泊まりできるマリーナに係留していた。ヘインズ・ポイントに向かって波止場を歩いていて、カウボーイが遠くに見える大統領のヨット、セコイアを指さしたとき、ゲンナジーの目がきらりと輝いた。「ひょっとしてあれは、ケネディがやりまくってたところか？」ゲンナジーは訊いた。

ギャングプランク内の上甲板レストランにいた五〇人近くの客には、とんでもない量のビールとウォッカを飲み、だんだんやかましくなっていった四人組のうち、ふたりがCIA局員、ひとりがFBI局員、最後のひとりがKGBのスパイだとは、知る由もなかった。カウボーイとゲンナジーは酒が強かったが――ゲンナジーの肝臓は鉄でできているという噂だった――シュウィンとキャプテン・ドギーは体を起こしておくだけでもつらそうだった。

不意に、シュウィンが立ち上がろうとして、隣のテーブルのふた組のカップルに向かっていい放った。「こいつは本物のウォッカ、こいつは本物のKGB、そこのふたりは本物のCIA、そんでおれはFBIだ！」カウボーイは顔を赤らめ、この状況が続けば失業するかもしれない――それどころか、すでに手遅れかもしれない――と思った。カウボーイは百ドル札を一枚テーブルに置き、シュウィンとキャプテン・ドギーにそろそろおひらきだといった。そのときになってはじめて、ゲンナジーとカウボーイは、ふたりがへべれけで歩けないことに気づいた。

カウボーイはゲンナジーとカウボーイに指示した。「ジョニー・ディスコを頼む。おれはドギーを運ぶ」カウボーイとゲンナジーはふたりに肩を貸して、キャプテン・ドギーのヨットに運びはじめたが、四人がよろめきながら波止場を歩いていたとき、カウボーイが手を滑らせ、暗号翻訳係を水路に落としてしまった――ギャングプランクの客が落ちるのは、これがはじめてでもなければ、最後でもなかったが。ゲンナジーがキャプテン・ドギーを引き揚げたあと、カウボーイは思った。〝こりゃたいした見せ物じゃないか？　CIA局員とKGBスパイがFBI局員とずぶ濡れのCIA暗号翻訳係をヨットに運んでるとはな〟。何時間も経ってシュウィンが目を覚ましたとき、カウボーイはきつくいってやった。「おまえは酔っぱらって、くされKGB職員にヨットまで運んでもらったんだぞ。二度とこんなことがないようにしろ。これは仕事だ」

見事なまでに重なった不運がカウボーイの身に不気味に降りかかろうとしていた。隣のテーブルについていたふた組のカップルは、空軍情報部の大佐ふたりとその妻たちだった。翌日、ふたりの大佐は夜の出来事を空軍特別捜査局（AFOSI）に報告し、それがFBIに伝わり、CI－4のオフィスにいたカウボーイの友人ジョン・〝マッド・ドッグ〟・デントンに取り次がれた。

一九六九年にFBIに入る前、ニュージャージー州出身のデントンは、カウボーイと同様に海兵隊あがりで、悪ふざけと愛想よく悪態をふりまく悪態のおかげで〝マッド・ドッグ（狂犬）〟のニックネームを得ていた。派手ないたずらのひとつを紹介すれば、夜遅く、でたらめな外国語をぶつくさいいながら、海兵隊基地に侵入するかのようにフェンスをよじ登って、歩哨《ほしょう》をパニックに陥れたこともあった。マッド・ドッグという海兵隊時代のニックネームはFBIまでデントンを追いかけてきた、とCI－4メンバーたちはいう。あるときなど、サイレンで頭がおかしくなりそうだといって、パトロールカーの無線のワイヤーを引きちぎったこともあった。マッド・ドッグとカウボーイの〝海兵隊員〟としての共通の経験と神をもおそれぬ振る舞いのおかげで、防諜パートナーとなるこのふたりのあいだには強固な絆が形成されていった。「ジャックとは懇親会で出会った」マッド・ドッグはいう。「海兵隊《ジャーヘッド》あがりだったのも同じだし、根っからのいかれぽんちなのも同じだった」

ギャングプランクの騒ぎを目撃したふたりの大佐は、〝CIA局員〟だといわれた男は、おかしなことに左手だけに手袋をはめていたと語った――この特徴が当てはまるCIA局員はひとりだけ。カウボーイ・ジャック・プラットだけだ。CI－4本部では、怒り狂ったレイン・クロッカーがマッド・ドッグ・デントンに「［ゲンナジーの勧誘に関して］まだ見込みがあるかどうか確認しろ」と指示した。見込みがあるなら、マッド・ドッグにジャックとパートナーを組んでもらうという。「あいつと組むのは楽しみだった」マッド・ドッグはいう。

マイク・ロックフォードがCI－4スクワッドで働きはじめたのは、これ以上ないほどとんでもない日だった。二四歳のイリノイ南部生まれの田舎者は、国防省語学研修所のロシア語コースを終えたばかりで、これから新しいボスに挨拶に行くところだった。「レイン・クロッカーにお会いしたいと伝えたら」ロックフォードはいう。「あるCIA局員のキャリアを守ってやるので手いっぱいだといわれた」実際、レイン・クロッカーはCIA本部と、ベセスダのCIAワシントン支局にいたカウボーイ・ジャックに電話をしていた。

「本部では、おれがまずい状況になってると騒いでるぞ、とレインはいった」カウボーイはいう。「それで、ハヴ・スミスのところに行って泣きついた」スミスはやれるだけやってみるが、約束はできないといった。カウボーイは一週間ばかり宙ぶらりんで風に揺られていたが、ついに最終決定がくだった。「おれにとって忘れられない日付は一九七九年一〇月八日だ。その日、おまえはもうじき馘《くび》になるとハヴ・スミスにいわれた」カウボーイはいった。「アルコールやドラッグ依存症の治療を拒むCIA局員は解雇されるという法律を、ニクソンが何年も前に通していたとハヴはいった。おれはそのときおいおい泣いたよ」

ある同僚の話では、ギャングプランクの一件はジャックの成績表に記された唯一の違反ではなかった。〝任務完遂〟の意欲に燃えるジャックは仕事を家に持ち帰ることがあった。その中には機密文書も含まれていた。つまり、マリーナでの一件があったときには、すでに首の皮一枚でつながっている状態だった。ウィリアムズ・カレッジの友人カール・フォークトは、現在はDC在住でレオン・ジャウォースキー法律事務所のパートナーだが、ジャックが翌日に取り乱した様子で電話をかけてきたという。「無性にだれかと話したくなった」といって。そして、治療を受ける最後通牒を受け取ったのだとカールにいった。「罰として、おれは二度と昇進できないことになった」ジャックは続けた。「いい知らせは、馘にならずに済んだことだ」

ジャックに辟易していたのはCIAだけではなかった。ジャックにはるかに大きな影響力を持つ人物――妻のペイジ――も、こっそりジャックを見捨てる計画を練っていた。ペイジはフルタイムの仕事を見つけ、自分でお金を稼ぐようになっていた。これが〝出口戦略〟の中核だった。

すると、出し抜けにジャックから電話がかかってきて、昼食時に会ってほしいといわれた。こんなことはいままでなかった。ペイジがテーブルにつくと、ジャックはいった。「いっておかないといけないことがある。おれはアルコール依存症で、明日の朝、矯正施設に入る。出てきたときにまだここにいてくれるか?」ペイジは言葉を失った。離婚専門の弁護士探しもだいぶ進んでいるときに、これだもの。ジャックにどう答えたのかはっきりとは覚えていないものの、この災いに打ち勝てるとは思わないというようなことをいったのは覚えている。大丈夫とはとてもいえなかったのかもしれない。それでも、ペイジはとどまった。

CIAの監督官と夫人のどちらも、ジャックの問題における見立ては正しかった。ジャックもようやくわかった。ギャングプランクではどうにか持ちこたえたが、実際には、ここ数カ月のあいだに何度となく意識を失っていたのだ。「意識を失いはじめたら、アルコール依存症になりかけているということだ」ジャックはいった。「おれは〝天井学者〟になった。酔っ払いは目が覚めると天井を見つめ、いったいどこにいるんだっけと思い出そうとする」

ジャックはキャリアを——そして、崩壊しつつある結婚生活も——救うチャンスに飛びつき、カールとの電話を切ってすぐ、〝ザ・ファーム〟と呼ばれるバージニア州ウィリアムズバーグのCIAの秘密訓練センター内にある医療施設に入院し、二八日間の断酒を敢行したあと、死ぬまでアルコホリックス・アノニマス（アルコール依存者の矯正を援助する会）に参加し続けた。「毎日ちょっとずつしかよくならない。ア《A》ルコホリックス・ア《A》ノニマスはびっくりするほどいいところだ」その日から、ジャックのお気に入りの飲み物はニアビア（アルコール度〇・五パーセント未満の低アルコール飲料）になった。

ジャックが回復し、闘病について率直に語るようになると、娘のリーは父親に対して、いろんな経験の中で浮気したことはあるのかと尋ねた。ジャックは答えた。「ああ、浮気はした。酒《ボトル》とな」しかし、女性との浮気はなかった。「父がいた業界は、懸命に働いてもまったく認めてもらえないところだったんです。ただ、父は認めてもらう必要なんかなかった。必要だったのは母だけでした」

ジャックが治療しているあいだ、FBIとCIAは〝ゲット・ゲンナジー〟作戦を中止し、ゲーリー・シュウィンは異動というFBIでは究極の懲罰を受けた。シュウィンがFBI版シベリア（デトロイト）行きの荷物をまとめていたとき、マッド・ドッグ・デントンはギャングプランクの一件をさらに探り、CI‐4の存在がどの程度つかまれたのかを見極めるため、目撃していた人々だけでなく、シュウィンとゲンナジーのバレーボール仲間にも聴取した。[*9]

マッド・ドッグ・デントンがギャングプランクの一件の損害評価をしているあいだ、FBIの新人マイク・ロックフォードは最初の一カ月をバザード・ポイントで悶々《もんもん》としていた。ゲンナジーと同じレジデンチュラにいる同僚の資料をまとめる任務を仰せつかっていたのは、いつものように、チームに引き入れることができるかどうかを見極めるための下準備だった。しかし、CIAのSE部はKGBファイルをFBIと共有することに難色を示していた。その問題はすぐに解決した。

「デスクについていると、カウボーイの格好をした人がオフィスに入ってくるのが見えた」ロックフォードはいう。「その人は分厚い書類をおれのデスクにどさりと置いて、こういうんだ。『こいつがほしいそうだな。ほら、ちょうどトラックから落っこちたぞ』『あんた何者だ？』とおれは訊いた」ロックフォードはいう。「それがジャック・プラットとの出会いだった」

その日はカウボーイがザ・ファームからアルコール断ちを終えて職場に戻った初日だった。一週間後、マイク・ロックフォードが一緒に公用車を使うように命じられたのは、何を隠そうカウボーイとマッド・ドッグで、彼はふたりを乗せてあちこち走り回った。しかし、主要ターゲットのゲンナジーとの絡みはまだ時期尚早だと見なされていた。

まもなくマッド・ドッグはゲンナジーの引き抜きが充分に可能だと判断したが、上官のレイン・クロッカーはそれでも当面はプロジェクトを凍結することに決めた。しかし、ギャングプランクの一件をマッド・ドッグが調査したおかげで、ゲット・ゲンナジー作戦のワシントンのつて、についてもうけ物が手に入った。クロッカーの気持ちを変え、ゲンナジーに本腰を入れる気にさせる情報が得られたのだ。ゲンナジーの親しい友人の中に、ジョージ・パウステンコというウクライナ生まれの個性的な無線技士がいることがわかった。ロシアのカウボーイにとって〝おじ〟/腹心の友といった存在なのはあきらかだった。パウステンコは二〇年前にアメリカ市民権を取っていたが、「口ひげにロシア帽《ウシャンカ》と、コサックのような風采だった」とマッド・ドッグはいう。

「典型的な東側ブロックの人間で――一緒に酒を飲まないと何もはじまらなかった」

パウステンコの会社――〈スミス・アンド・パウステンコ〉――はラジオ放送とテレビ放送の技術関連業務を行っており、パウステンコ自身も無線と同じく自然界の力そのもので、たいてい朝から〈ブラッキーズ・ハウス・オブ・ビーフ〉に入り浸り、すでにB&B（ブランディーとベネディクティン・リキュールのカクテル）をちびちびやっていた。ソビエトがウクライナを吸収したあと、パウステンコは一九四九年にアメリカに移住し、アメリカに亡命した数百万の同胞ウクライナ人の旗振り役になっていた。[*10] ゲンナジーと知り合ったのは、パウステンコがつくった男子バレーボール・チーム、〈チャイカ〉（ソ連の大型高級車名）を通じてだった。チャイカには、多くの政府機関のアマチュアが参加していて、地元の選手から〝ワシントンのヤンキース〟と呼ばれていた。ジョージとゲンナジーは、思いどおりにならないバレーのボールを追いかけていないときには、もうひとつの共通の趣味、女《スカート》を追いかけることに情熱を傾けていた（パウステンコは知る由もないが、ヤクシュキンはこのコサックの技術屋から目を離すなとゲンナジーに命じてもいた）。マッド・ドッグ・デントンはパウステンコとのビジネス・ランチではいつもマティーニを三杯飲むことになったが、あるランチのあと、ワシントン支局のデスクの下に、同僚の足を引っかけんばかりに通路側に足を投げ出して寝ころび、声を張りあげてへたくそなアメリカ国歌を歌っていた。パウステンコはスクワッドへの情報提供を最初に切り出されたとき、素っ気なくこう答えた。「FBIには手を貸さねえ——腐った組織だからな」それに対して、マッド・ドッグはいった。「まったくそのとおりだ」パウステンコはマッド・ドッグの飾らない物言いが気に入ったらしく、気持ちのコインをひっくり返した。「わかった、あんたには手を貸そう」

パウステンコは、友人のゲンナジーに手を出さないなら、地元ロシア人コミュニティーで耳に入ったKGBの動きを伝えてもいいといった。カウボーイとマッド・ドッグはそれでいいと答えたが、カウボーイはゲンナジーにさらに近づくため、もうひとりスポーツ好きを引き入れる必要があると思っていて、パウステンコにだれか紹介してほしいと頼んだ。パウステンコのほうでは、ゲンナジーの女好きの逸話を伝えることが多かった。たとえば、ゲンナジーがジミー・カーター政権中枢にいる高官の一八歳の姪《めい》とやっていたといったこととか。

パウステンコから有望な情報が入ってくるのを待ちながら、カウボーイとマッド・ドッグはゲンナジーとの交友を続け、機会があるたびにゲンナジーを誘い、ゲンナジーもヤクシュキンの指示にあからさまに逆らって誘いに乗った。昼食、家族ぐるみの夕食、射撃と釣りの遠出。「バージニア州のフレデリックスバーグにはよくキャンプに行った。ラパハノック川がラピダン川と合流する地点からほど近いところだった」マッド・ドッグは当時の思い出を語る。「銃を撃ったり、釣りをしたり、悪ふざけをしたり。図体《ずうたい》の大きな三人のガキみたいだった」ある夜、この三人組が森で銃を撃ちながら、ひらけたところに出た。そこで懐中電灯を持った不安顔のキャンパーに出くわした。デントンたちはFBIのバッジを見せ、政府の極秘任務で、森をうろついていると通報があったエイリアンを殲滅《せんめつ》していたところだと、キャンパーたちに説明した。「一匹残らず退治した」デントンたちはおびえた様子のキャンパーにいった。

やがて、パウステンコからブツが届けられた。カウボーイとマッド・ドッグに、IBMのアーリントン地方担当役員で、しかも一流のバレーボールのコーチ兼任選手でもあるトム・ウェルチの情報を持ってきたのだ。ウェルチはたまたまバージニア州で全米体育協会の六人制バレーボール・チームをつくっているところで、ゲンナジーと同じ三七歳の独身——ゲンナジーの独身は気持ちだけだが——とのことだった。さらに重要なことに、カリフォルニア州出身のウェルチも女とウォッカが好きだった。

一九八〇年春までに、カウボーイとマッド・ドッグはそれぞれのボスを説得し、かつて〝ゲット・ゲンナジー〟と呼ばれていた作戦（いまでは〝ウォッカ《vodka》〟のアナグラムのDOVKAに正式に決まっていた）を再開することになった。時間がない、とふたりはそれぞれのボスに伝えていた。ゲンナジーはアメリカ勤務期間が一九八一年に終わるのを受けて、モスクワに戻る予定だとふたりに告げていた。カウボーイとマッド・ドッグはWFOのレイン・クロッカーを説得して、ウェルチの加入を後押しさせ、ウェルチを正式に作戦に参加させることに成功した。すぐにカウボーイとマッド・ドッグはアーリントンにあるウェルチのIBMオフィスに赴いた。

「ある日、秘書が怪訝《けげん》そうな顔でオフィスに入ってきたんです」ウェルチはいった。

「見知らぬ男性がふたり、面会を求めています」秘書がいった。

「名前は？」

「教えてくれません」

「どこの人たちだ？」

「教えてくれません」

「何もわからないのか？」

「ひとりはロデオをやっているような格好をしています」

「面倒だから通してくれ」

オフィスに入るなり、カウボーイは切り出した。「ミスター・ウェルチ、オフィスのドアを閉めてもらってもかまいませんか？」

ウェルチがかまわないといっているとき、マッド・ドッグは〝失《う》せろ〟と伝えるいちばんましなまなざしを秘書に向けていた。秘書が出ていき、ドアを閉めた。ウェルチによると、カウボーイとマッド・ドッグは自分たちの所属をいっさい隠さず、FBIとCIAの身分証を提示したという。

やはり、カウボーイが切り出した。「ソビエト大使館に勤務している男性がいます。あなたと同じバレーボールが好きな、ゲンナジー・ワシレンコという男です。あなたに、彼とバレーボールをしたり、外に連れ出したり、遊んだり、何でも好きなことをしてもらいたい。要するに、ゲンナジーを楽しませ、転向すべき理由を身をもって教えてもらいたい。こちらで銀行口座をつくり、彼との活動に使う資金を入れておきます」

「CIAはそんなにバレーボール選手が必要なんですか?」ウェルチは冗談めかしていってみたが、カウボーイからもマッド・ドッグからもまったく反応を得られなかった。「私の仕事はスパイの勧誘ではありません、とふたりにはっきりいいました」

「わかりました。それなら、ただ楽しく遊んでください——費用はこっち持ちで」カウボーイはいった。「アメリカがどれほどすばらしいか、ゲンナジーに思い知らせていただきたい。残りはこっちでやります」

自分もちょっとのんきで冒険好きなところがあるからか、ウェルチは引き受けた——政府のおごりで、特に見返りもなく楽しく遊んでいいといわれたら、とても拒めなかった。もちろん、その計画はすべて、そのロシア人を気に入った場合にのみはじめますよ、とウェルチはいった。

「心配無用」カウボーイはいった。「彼を嫌いなやつはいません」

まもなく、ウェルチが自由に使える五〇〇〇ドル(インフレ率を加味すると二〇一七年の一万四〇〇〇ドルに相当）の作戦資金口座が、バンク・オブ・バージニアに開設された。計画を実行するに際して、パウステンコはスクワッドから連絡を受け、疑いもしないゲンナジーにウェルチの新しいチームに応募してみたらどうかと勧めた。

「ゲンナジーが私たちの練習にはじめてやってきたときのことを覚えています」ウェルチはいう。

「あなたのチームでプレイしたいんだが」ゲンナジーはきついロシア語訛りでいった。

「メンバーなら間に合ってるよ」ウェルチは無関心を装い、そう答えた。

「一セットだけでいいから見てほしい」ゲンナジーは頼んだ。

そのとき、ウェルチのチーム・メンバーのひとりが口を挟んできた。「いいじゃないか？　一セットやらせてみようぜ」ウェルチは折れた。内心ほっとしていた。

「ゲンナジーはあきれるほどすごかった――うちのチームでいちばんうまいメンバーよりはるかにうまかった」ウェルチはいう。翌日の試合で、ロシア人の元オリンピアンに代わってベンチに座ってもいい者はいるか、とウェルチはチーム・メンバーの思いを探った。「おれはかまわないよ」チーム・キャプテンのアントニオがいった。「彼を試合に出そうぜ」

その後の数カ月のあいだ、ウェルチとゲンナジーは政府のカネで大いに遊び、大使館主催の派手なパーティーに出たり、ジョージタウンでいちばんいいビストロに行ったりした。ウェルチは、ゲンナジーとふたりでバレーボールの練習をして、そのあと深酒をしたことをよく覚えている。

「練習しようと電話してくるときには、いつも切る前に『トム、酒を持ってこいよ』といいました。もちろん、ゲンナジーも必ずどっさり持ってきました。いちばんいいロシアのウォッカをたんまり。二度一緒にアルコールを飲んだだけで、ゲンナジーは自分がKGBで、ウォッカは転向者勧誘のために支給されたものだといってきました」

理屈のうえでは、ロシアのスパイと遊ぶのは危険なのかもしれない——爆発する万年筆を持っていたり——とふと思ったりもしたが、まさかゲンナジーの運転という平凡な響きの中にその危険が潜んでいるとは思いもしなかった。ある夜遅く、ウェルチはゲンナジーとほかにふたりの外国人のバレーボール選手をずんぐりしたメルセデスで拾い、ノースカロライナ州の試合会場に向かった。深夜零時過ぎ、アントニオとファンが後部席で寝ているあいだに州境を越えたとき、ゲンナジーはのろのろ運転にいらいらが募っていった。

「トム、遅すぎるよ」ゲンナジーはいった。「運転を代わろう」ハンドルを握ると、ゲンナジーはアクセルを目一杯踏み、時速一六〇キロをはるかに超えるスピードでメルセデスを走らせた。ウェルチはアームレストとウインドウをつかみ、声をあげた。「おれたちを殺す気か！」

ゲンナジーは肩をすくめるだけだった。「心配ないって。いつもこんなもんだ」

数分のうちにノースカロライナの警察車両が回転灯をつけ、サイレンを鳴らして追ってきた。ゲンナジーは時速二二〇キロ超までスピードをあげ、エンジンが苦しげなうなりをあげると、バックミラーから警察車両の姿が消えた。ゲンナジーはドイツの技術をわざとらしく褒め、時速一六〇キロに戻した。

数キロ走ると、星座のように点々と配置された回転する赤いライトが前方に見え、四人のバレーボール選手たちは、二〇台ほどの警察車両にハイウェイをブロックされた。ゲンナジーもそれに気づいて、ブレーキを踏んだ。ウェルチは同乗者三人に英語が話せないふりをするように指示した。警官はゲンナジー、ウェルチ、アントニオ、フアンに両手を頭上にあげて車から降りてこいと命じた。ウェルチは警官たちにいいわけを試みて、自分たちは大使館の職員で外交特権があるから逮捕されないと説明した。ほかの三人はそれぞれの身分証を提示した。信じられないといいたげな警官たちに向かって、ウェルチはこれからバレーボールのトーナメントに出るために会場に向かっているのだといった。「証拠を見せろ」ウェルチはそういわれ、メルセデスのトランクをあけ、四つのボールとゲンナジーの極上ウォッカ一二本を見せた。

〝外交官〟を逮捕できないので怒り狂っていたが、警官隊のリーダーはゲンナジーに対して、制限時速一〇〇キロのハイウェイで二二〇キロを出した一二〇キロ・オーバーのスピード違反の切符を切った。警官たちが車両に戻っていくとき、ゲンナジーは完璧な英語で声をかけた。「会えて嬉《うれ》しかったよ、おまわりさん――それから、くそでも喰らえ！」

一九八〇年の夏がやってくると、ウェルチは故郷カリフォルニアの両親宅を訪ね、ラ・ホヤのアル・スケイツ・サマー・キャンプに参加する支度を整えはじめた。一九五九年からUCLAのコーチを務める伝説のスケイツは、バレーボールのプレイを一から再構築し、*11五〇年のキャリアで勝率八一パーセントの記録を打ち立て、三期の無敗シーズンを誇り、一二個の全米チャンピオン・リング（UCLAバスケットボールのレジェンド、ジョン・ウッデンよりふたつ多い）を持つ。一九の全米タイトルはすべての大学スポーツのコーチの中で二番目に多い。

ウェルチはスケイツとちょっとした知り合いで、UCLAのスケイツに電話し、キャンプで元ソビエト代表オリンピアンに講習会でもひらかせてくれないかと頼んだ。スケイツは快諾した。「ゲンナジーに最高のアメリカを体験してもらうには、南カリフォルニアがうってつけだと思った」ウェルチはいう。「気候もいい、ビーチに女の子もいる、ぜんぶ揃ってる」もちろん、ゲンナジーがヤクシュキンを説き伏せて了解してもらうのが大前提となるが。

カウボーイとマッド・ドッグはすぐにカリフォルニア行きの話に乗り、自分たちも旅の計画を立てはじめた。今回の任務は、ウェルチからゲンナジーを引き継いで、カリフォルニアで大いに楽しむことだった。「カリフォルニア行きの理由は」マッド・ドッグはいう。「転向する可能性のある対象をヤクシュキンの統制下から引き離すことが常に重要だった。あちらさんは自分たちのエージェントの手綱を恐ろしいほど強く引いている」

ゲンナジーはウェルチの招待にものすごく乗り気だった。アル・スケイツのことはゲンナジーもよく知っていた――それにカリフォルニアのビキニのことも。大使館に戻ると、ゲンナジーはドミトリー・ヤクシュキンのもとに行き、一週間ばかり南カリフォルニアに行きたいと願い出た。南カリフォルニアの軍事基地を偵察したり、オリンピックのアメリカ代表チームを視察したりできるかもしれないとボスににおわせたが、口に出さない本当の目的は、噂ではよく耳にしていた〝カリフォルニア・ガール〟を味見することだった。煮え切らないヤクシュキンを見て、ゲンナジーは費用はすべてウェルチ持ちだと駄目を押すと、ヤクシュキンは折れたが、七日だけくれてやるが、それ以上は一分たりともやらんぞと釘《くぎ》を刺した。

その後まもなく、ゲンナジーは喜び勇んでいつもの店に行った。「なあおい」彼はいった。「おれ、カリフォルニアのサンディエゴでバレーボールをすることになったよ、八月に」それに対して、カウボーイは表情を変えずに答えた。「すごい偶然だな。おれも同じころ会議でLAに行くんだ。行けたら会いに行くよ」

出かける前にパズルの最後のピースをはめなければならなかった。愉快な仲間に不可欠なメンバーだ。ゲーリー・シュウィンが退場し、マッド・ドッグもノックスヴィルへの異動が決まっていたので、新しいFBIのCI－4工作担当官がゲンナジーのDOVKA作戦に割り当てられた。ダイオン・ランキンが選ばれたのは、マッド・ドッグによれば、「ダイオンはいちばんゲンナジーに似た男だったから」だった。

ダイオン（スペリングは〝Dion〟）はジョージア州オーガスタ生まれの三四歳で、ウォーキングホース種の馬を飼育していた（近所に住んでいたソウルの象徴、ジェームス・ブラウンに売ったこともあった）。ダイオンは追跡の名人でもあった。陸軍中尉としてイギリス陸軍ジャングル戦闘訓練に志願したときに、彼はその技術をマレーシアの未開地で身につけた。マレーシアからベトナムを経て、心理学の学位を取得したのち、一九七二年にＦＢＩに入局、マーティン・ルーサー・キング・ジュニアを暗殺したジェームズ・アール・レイがテネシー州のブラッシー・マウンテン州立刑務所から逃亡したときには、その追跡に協力し、ＦＢＩから称賛された。一九七五年のパイン・リッジ事件でも、追跡の技量をいかんなく発揮した。ネイティブ・アメリカン活動家のレナード・ペルティエがふたりのＦＢＩ局員を殺害し、まだ逃亡していたとき、ダイオンは現場に駆けつけたのだった。同僚のあいだでは、ばかどもを放っておけない男で通っていたダイオンは、七つのＦＢＩ支局で尋問官、ポリグラフ操作担当、銃器教官として勤務したのち、一九七七年にＣＩ－４に加わった。ＣＩ－４に入ってからも、一九七九年には、国を裏切ったＣＩＡ局員デイヴィッド・ヘンリー・バーネットの逮捕にかかわった。そのときの捜査で、ダイオンとその同僚はウラジーミル・ピグゾフから重要な証拠を得ていた。ゲンナジーの背景資料の収集で、カウボーイに協力した男だ。ダイオンは共通の友人が企画したパーティーでカウボーイに会っていた。「あいつはなかなか傑作な戯言をほざいていた」ダイオンはいう。「口は汚かったが、憎めないやつだった」

こうして、それぞれの機関――ＣＩＡ、ＦＢＩ、そしてＫＧＢ――でカウボーイで通っている者たちが、正式にＤＯＶＫＡ作戦に加わることになった。もっとも、カウボーイ、ダイオン、ゲンナジーは自分たちのことを三銃士と称していた（三銃士にふさわしいシャツまでつくっていた）。異動が決まっていたマッド・ドッグは〝名誉〟銃士になった。運転手役のロックフォードも、こうした面々の〝スパイの英知〟をスポンジのように吸収していった。「みんなAタイプ（積極性や攻撃性を特徴とする性格のタイプ）の性格ばかりで」ロックフォードはいう。「どうやって話を合わせているのか、私にはさっぱりわからなかった」

ロックフォードは全員とうまく付き合っていたが、ぱっと見は粗野に見える海兵隊あがりのカウボーイ・ジャックが大好きになっていった。「ジャックの家族にはじめて会ったとき、ジャックがどんな人かよくわかったんだ」ロックフォードはいう。「ジャックの家のクリスマス・パーティーに行ったときだった。ジャックは私の三歳になる娘メガンに気づいた。メガンはひとりぼっちで、おどおどしていた。ジャックはメガンの横に座り、メガンの手を取って、クリスマスツリーの前に連れていった。『好きなものはあるか？』ジャックは訊いた。メガンが自分の背丈と同じくらい大きなクマのぬいぐるみを指さした。ジャックはそのぬいぐるみを取って、『メリー・クリスマス』といってメガンにくれたんだ。ジャックの娘のミシェルへのプレゼントだったのに。メガンは三八年経ったいまも、それを持ってるよ」

マッド・ドッグの移動前の最後の任務であるカリフォルニア旅行を、レイン・クロッカーは――とりわけジャックの当時のSE部のボス、デイヴ・フォーデン――ゲンナジー勧誘作戦だと考えていた。銃士たちはそれぞれのボスに対して、サンディエゴで二重スパイの勧誘を試みると伝えていた。それができなければ、せめて亡命の話を切り出すと約束していた。

ゲンナジーとウェルチは、着陸後に丸一日遊べるように夜間フライト《レッドアイ》を使った。初日、サンタモニカのホテルにチェックインしたあと、ビーチに直行し、二人制バレーボールのスター・チームと対戦した。ゲンナジーは対戦相手を粉砕した。「ゲンナジーは『邪魔するなよ』といってきた」とウェルチはいう。「砂のコートの九〇パーセント以上があいつの守備範囲で、ほとんどひとりで地元チームをやっつけてしまった」その夜、ウェルチはきらびやかなビバリーヒルズのレストランに五〇人ほどを集めて、ゲンナジーの歓迎パーティーを――ＦＢＩ〝提供〟で――ひらいた。

一方、マッド・ドッグ、ダイオン、カウボーイはサンディエゴへ向かう飛行機の中で、いつどうやってゲンナジーを勧誘するか戦略を練っていた。そして、上からの作戦開始命令など放っておけばいいということになった。「フォーデンなどくそ喰らえ」カウボーイはいった。「ロシア人のようにやろうぜ――時間をかけて、気長にな」カウボーイとダイオンを結びつけていたのは、ふたりとも上からの指示に背いても叱責されないことだった。

「おれたちはふたりとも、前もって許可をもらうより、事後に了承をもらうほうが楽だと思っていた」ダイオンはいう。そんなわけで、ふたりが決めたのは、ゲンナジーをダイオンとマッド・ドッグに紹介して、末長い関係を築けるよう手を尽くし、その際、ゲンナジーにアメリカ合衆国がどれだけ楽しいところか見せつけるということだけだった。

マイク・ロックフォードは、アメリカ側のチームとターゲットのゲンナジーとのあいだで何が起こっていたのか、こうまとめている。「勧誘とは無関係だった。ゲンナジーが勧誘に乗るかどうかなどどうでもよかった。関係が続いていればいずれ機会が訪れるとしか考えていなかった。ロシアにはそれをいい表す言葉がある。〝ブラート〟。〝ネットワークを通して貸し借りする〟という、いわば関係の魔力を意味する。官僚はまるでノルマでもあるかのように、勧誘しろとせっついてくる。しかし、それは愚かだ。信頼、友情、忍耐が大事なんだ」

ジャックも同意し、こう付け加えた。「やつが母国を愛しているのはわかっていたが、政府のことは愛していないかもしれない」そんな計算があって、勧誘するのは現実的ではないが、ゲンナジーもいつかアメリカに移り住んで、まだ予想もできない形で協力してくれるかもしれないということになった。

銃士たちはサンディエゴ湾沿いの高級ホテル、ホテル・デル・コロナドにチェックインした。ファースト・クラスの部屋にしたことについて、ダイオンは説明する。「今回はスクワッドにとって優先度が高い作戦だった。費用に糸目はつけなかった」自分の部屋のベッドにスーツケースを放り投げたあとすぐに、ジャックはサンタモニカのホテルにいたゲンナジーに電話し、翌日に再会のパーティーを決めた――ゲンナジーには七日間のみ有効なパスしかないのだから、無駄にできる時間などない。ジャックは次にウェルチに電話し、マッド・ドッグとふたりで車で北へ行くことを伝え、あとで話をする段取りを決めた。

ウェルチはゲンナジーをまたビーチに連れ出した。当然、ゲンナジーはビキニ・ギャルひとり、ふたりと熱心に話し込むだろうから、ウェルチはこっそり抜け出し、サンタモニカの有名なハンバーガー・ショップ、〈ファーザーズ・オフィス〉でジャックとマッド・ドッグに落ち合える。「どんな調子だとジャックは訊いてきた」ウェルチはいう。「ものすごく楽しんでる、と私は答えた」三人は、ゲンナジーがキャンプで講習会をひらいたあと、ラ・ホヤで合流することにした。

翌日、南のラ・ホヤに車を走らせていると、ゲンナジーはウェルチに対して、友人から電話があり、キャンプが終わったあと一緒に銃を撃ちに行くことになったと伝えた。ウェルチは驚いたふりをした。この時点では、ゲンナジーはジャックがウェルチを知っていることに気づいていなかった。キャンプに向かっていたとき、ビーチとキャンプ・ペンドルトンの岸から少し離れた海上で、海兵隊の大規模上陸演習が実施されていた。「ゲンナジーは『車を停《と》めろ！ 停めろ！』と大声でいった」それから九〇分ほど、ゲンナジーはボスのヤクシュキンのために、岬から演習の様子を写真に収め、カリフォルニアでの旅行の名分が立った。

車に戻ると、ゲンナジーはウェルチの不安を消そうとした。

「トム、おまえはいいやつだ」ゲンナジーはいった。「心配するなよ。アメリカはいいところだ。ロシア人は心配要らない。中国人を気にしたほうがいい」

スケイツのキャンプに行くと、ゲンナジーは自分がバレーボール天国にいることに気づいた。講習会をやり、のちのオリンピック・レジェンドで、当時スケイツのアシスタントとして働いていたシンジン・スミスとカーチ・キライとやり合ったりした。講習会のあと、カウボーイが現れると、ウェルチはゲンナジーを頼み、ＬＡに車で戻った。「そいつらはびっくりするようなおもちゃを持っていた」とカウボーイはゲンナジーにいい、腕を曲げたり、揺すったりして、オートマチック銃を撃つまねをした。「パン・パン・パン・パン・パン・パン・パン」ゲンナジーの目がきらりと輝いた。やる気満々だ。良心からやましさが吹き飛び、思う存分アメリカ人のガンマンと遊べるのは無上の喜びだった。

翌朝、カウボーイ、ダイオン、マッド・ドッグの三人はＦＢＩのセダンに乗ってホテルを出発し、ラ・ホヤのカリフォルニア大学サンディエゴ校の寮に向けて州間高速道路５号線を北上した。カウボーイは勧誘計画が頭から離れず、友だちに会いたいあまり、片方の黒い手袋を持たずに来てしまった。途中で引き返して、取ってこなければならなかった。「おれにいわせれば、手袋をはめる意味なんかひとつもなかった」マッド・ドッグはいう。「指が一本ないのと同じくらい目立っていた。わけがわからん」カウボーイはまだ〝クリス〟の名前を使い、ダイオンとマッド・ドッグをＦＢＩ局員だといって紹介した。「嘘は少な

バレーボール界のレジェンド、アル・スケイツ（左）、ゲンナジー（中）、身元不詳のアシスタント・コーチ

いほうがいい」カウボーイはいった。
「おれたちにはじめて会ったとき、ゲンナジーは警戒して、少しぴりぴりしていた」ダイオンはいう。「だが、すぐに緊張をほぐしてやった」その夜、四人はハイソな海辺のメキシカン・レストランでしゃれ込み、そのときダイオンははっきり悟った。「ゲンナジーを酔わせるのは不可能だ」

作戦に新しく加わったふたりのFBI局員は、ゲンナジーがなぜ勧誘可能だと見られていたのかすぐにわかった。マッド・ドッグがいうには、「彼は大半のロシア人とはちがっていた――西側的な趣味とユーモアのセンスを持っていた。カウボーイは〝KGBでいちばん歳《とし》を食ったティーンエイジャー〟とかいっていた」西側の服、銃、そして特に西側の女が大好きだった。しかし、服や女とはちがい、銃はソビエトではほぼ禁止されていた。デントンはサンディエゴ支局に連絡し、このKGBスパイのためにどんな武器を調達できるか問い合わせた。こんなことを問い合わせたのは、それまで一度もなかった。

まもなく銃士たちがコロナドに戻ると、FBIのシボレー・ブレイザーが置いてあり、彼らはさっそくそれに乗ってエスコンディード市警察の射撃練習場へ向かった。マッド・ドッグはいう。「射撃訓練場に着くと、ゲンナジーのために銃がバイキング料理のようにテーブルの上に並べてあった。ゲンナジーは目を野球のボールのように真ん丸にしていた」ダイオンはこのロシア人からはじめて不安を感じ取った。「武器を持ったFBIの連中に囲まれて、少しぴりぴりしているいうか」

FBIが好きに使えるいちばん強力な銃で標的を木っ端みじんに吹き飛ばしたあと、彼らはブレイザーに戻り、砂漠の砂丘を子供のように嬉々《きき》として攻略した。カウボーイはマッド・ドッグのFBIのバッジを着けているゲンナジーを写真に収めている。彼らはゲンナジーが生まれてはじめて完全なる自由を感じていると思った。

　翌日になると狂乱は収まり、カウボーイがサンディエゴのシティ・ハイツ地域まで送ってくれといってきた、とマッド・ドッグはいう。地元民にはリトル・カンボジアとして知られているところだ。「戦後にジャックが移住を手伝ったカンボジア人とラオス人だらけだった」マッド・ドッグ・デントンはいう。「団地の住人が丸ごと外に出てきて、あいつをハグした。まるでキリストか、映画『ロード・ジム』の一シーンのようだった*12」

ゲンナジーはダイオンに狙いを定めるKGB暗殺者のように見える

ようだった」ダイオンはいう。「みんなで標的を抹殺しはじめたら、落ち着いた。撃ち解けたと

その日、四銃士は、深海釣り用のボートを持っている引退した地元のFBI局員に会いに行った。ボートで遊覧に出ていたとき、ダイオンはちょっとだけ人間釣りをやってみた。わざと船首に陣取り、ゲンナジーが不思議に思って寄ってこないものかと思っていた。「四〇キロばかり沖に出たとき、ゲンナジーが船首にいたおれに近づいてきた──話がしたいときた」ダイオンはいった。「あいつはそわそわしていた。おれのことをよく知りたいだけ、おれがどんなやつか探りたいだけだった。『これからどうするつもりだ？』ゲンナジーが訊いてきた。楽しむだけだ。仕事の話はしない、とおれは答えた。それで、家族の話をした」それが生涯続く友情のはじまりだった。

陽光が頭に降り注ぐなか、ジャックがボートの船首側に現れ、話に加わった。「なあ、ゲンナジー、今回は最高の旅だな。任務にこだわってつまらん小細工をしていないからだ。おれはこう考える。もう任務など関係ない。少なくともおれたちのあいだじゃな。実のところ、おれはCIAで、おまえはKGBだ。やっぱり、おまえはアメリカにいるほうが楽しく暮らせると思うが、この期におよんでも納得できないのなら、〝おまえに売れる車じゃない〟ということだ」ジャックの言葉は実直そのものだった。スパイの基本原則のひとつは〝相手をいじめるな〟だった。いずれにしても、ターゲットが逃げるようなまねだけはしてはいけない。ゲンナジーがアメリカ側につくとすれば、自分で徐々にその気になってもらうしかない。小手先の干渉でやるべきではない。

ゲンナジーも同じ考えだった。「いい関係を築こう。仕事は忘れよう。それで行こう。約束だ《ディール》」友情を続けるという約束だ。三〇年以上の年月を経ても、ジャックとゲンナジーはこの旅を〝約束の旅《ディールメイカー》〟という。その後、彼らは海中生物の爆破に意識を戻した。釣りをしたり、海中で動くものをデッキから銃で手当たりしだいに撃ちまくったりと、文字どおりバンバン楽しんでいたせいで、時間がどれだけ経ったのかを忘れてしまっていた。不意に、ゲンナジーはLAX（ロサンゼルス国際空港）に戻らなければならないことに気づいた。時間どおりにレジデンチュラに戻るよう、ボスに厳命されていたことを思い出した。彼らはヨットのスロットルを全開にしてハーバーに戻った。そこからマッド・ドッグのFBIの車に乗り、湾岸道路でロサンゼルスに向かった。

ジョン・〝マッド・ドッグ〟・デントン、カウボーイ・ジャック、ダイオン

「LAXへ向かっていたとき」マッド・ドッグはいう。「道に迷ったと思って、チーチ・マリン（アメリカの映画俳優）みたいな風采のヒッピーが乗っていたフォルクスワーゲンのマイクロバスの左横に車をつけた」助手席のダイオンがウインドウを下げて訊いた。「LAXへの道順

を知らないか？」

「知ってるぜ」ヒッピーは元気よく答えた。そして、そのまま走り去った。*13

「限界だった。おれはくたくただった」マッド・ドッグはいう。「ダイオンに運転を代わってもらった」ダイオンは四〇年近く経ってから、はっきりといった。「マッド・ドッグの運転だというのに、おばあちゃんみたいだった」

405号線（サンディエゴ・フリーウェイ）の工事渋滞につかまると、ゲンナジーは汗をかきはじめた。「飛行機に乗れないと、ひどくまずいことになる」このとき、ジャックが〝トラッカー〟と呼んでいたダイオンが、シートの下から赤い警察の回転灯を出し、電源を入れてルーフに乗せた。そして、クラクションを鳴らしながら、路肩に寄せて思い切りアクセルを踏んだ。

LAXに近づいたころ、パトロールカーがシエネガ・ブルヴァードを爆走している車両を発見し、追跡を開始した。「くそ！　警察だ！」ジャックはいった。地下社会の逃走専門の運転手がFBIから逃げるときの常套《じょうとう》手段を使って、トラッカー／ダイオンは車を脇道に入れ、FBIのバッジを見せて洗車機の前に並んでいる車の前に割り込んだ。「空けろ！」FBIは何でそんなに洗車を急いでるんだ、とほかの客は思ったことだろうが、ダイオンは巨大なブラシと滝のような水流のあいだに車を隠した。警察の車両を巻いたと思ったとき（自分たちだって、ふたりは警官ではあるが）、四人は洗車機から車を出し、LAXに着いたときにはエンジンがオーバーヒート気味だった。ボンネットから煙を立ちのぼらせて、ダイオンは猛スピードでLAXに乗りつけ、トランクをあけて、全員が降りた。

「『外交官だ！　外交官だ！』と叫びながら、空港内の人の列を突っ切っていった」マッド・ドッグはその〝外交官〟に、さっき別れの贈り物をあげていた。「ゲンナジーには、文鎮代わりの銃弾の入った箱形弾倉《クリップ》をやった。それを持ったまま機内に入っていったという。やっぱり、時代を感じるというか」ゲンナジーは持てる運動神経をすべて使って飛行機にダッシュし、搭乗口が閉まりかけていたときに滑り込んだ。

「ゲンナジーが飛行機に乗ったあと、おれたちは車に戻った。そしたらどうだ、煙があがって、ブレーキがぶっ壊れているじゃないか」ダイオンはそういい、声を殺して笑う。酷使されたFBIの車がどうなったのか、その無残な姿について本部にどんないいわけがなされたのか、だれも覚えていない――だが、きれいではあった！

DCに戻ると、三人はそれぞれのボスに報告し、律義に作戦報告書を提出した。「射撃練習場報告では、ゲンナジーが〝興奮の極致《オルガズム》〟に達していたと書いた」デントンはいう。「すぐさま言葉遣いを直せとのお達しがあった」カウボーイはソビエト側の職員を勧誘しなかったことについて、フォーデンに厳しく叱責された。だが、ゲンナジーとの接し方はあれで正解だったのだと確信していたから、いくら口汚く罵しられても、まったくこたえなかった。

ゲンナジーのほうはというと、ヤクシュキンと顔を合わせるなり、カウボーイらとは連絡をいっさい取るなと命じられたが、この指令も一方の耳から入り、すぐにもう一方の耳から出ていった。その後まもなく、ゲンナジーは〝おじ〟のジョージ・パウステンコを電話で昼食に誘った――ゲンナジーには知る由もないが、〝偶然の〟車での長旅のおぜん立てに手を貸したおじだ。

ゲンナジー：FBIの連中とカリフォルニアで大いに楽しんできたよ。
ジョージ：ほお、そうか？
ゲンナジー：あんたも会ってみろよ。昼飯を食いながらウォッカでも飲もうぜ。
ジョージ：やなこった！　殺されちまう！

昼食後、ウクライナ人のパウステンコはマッド・ドッグ・デントンに電話し、「〔ゲンナジーを〕痛めつけたりしないでくれ。あいつはいいやつなんだ」と頼み込んだ。そのときから、ダイオンはパウステンコをソビエト大使館のゲンナジーに連絡を取りたいときのパイプ役として使うようになった。ゲンナジーから連絡を取る場合には、パウステンコが盗聴されていると想定して暗号を使った。ダイオンはいう。「ゲンナジーがおれたちに会いたい場合、ジョージに電話して『ジャンクヤードに行こうぜ。車のパーツが要るんだ』とか『目薬《バイシン》が必要なんだ』とか『シボレー・ブレイザーがセールになっていないか見に行きたい』などという」そういった発言が何を意味するのか、銃士たちならすぐにわかった。ジャンクヤードは、ゲンナジーが銃士たちと安い車のパーツを探しに出かけたことを意味する。ブレイザーはシボレー・ブレイザーでカリフォルニア州の砂漠に行った思い出を呼び起こす。そして、バイシンはジャックの冗談で、〝赤目《レッド》を消す〟治療に由来する。

ダイオンはゲンナジーとよく遊びに出かけたことを覚えている。「ゲンナジーの車で、彼の住むアーリントンに昼飯を食べに行った。ワシントン記念塔の近くに行ったときだ――きのうのことのように覚えてる。不意にゲンナジーが車の速度を落とすと、一台の車が運転席側に横付けしてきた。その車の助手席側に座っていたのは、おれが監視していたＫＧＢ職員だった。そいつがおれに気づいたかどうかはわからなかった。それでも、おれは思った。〝罠《わな》にはまったか。これでおれたちも終わりだ〟。ちょうどそのとき、ゲンナジーは後部席に手を伸ばして紙袋をつかむと、ウインドウ越しにＫＧＢ職員に手渡した。横付けしていた車が走り去った。あらかじめ決まっていた受け渡しだった」

ダイオン：さっきのは何だ？

ゲンナジー：弾の入った袋だ。

また別の日には、ジャック、ダイオン、ゲンナジーがパウステンコの運転するメルセデスに乗り、デラウェア州ベサニー・ビーチにあるパウステンコの家に向かっていたとき、〝Ｒ〟の外交ナンバー（ＫＧＢ）をつけた車がうしろから近づいてきた。「このときはゲンナジーの顔が真っ青になって、あいつはシートに深く身をうずめた」ランキンはいう。「だが、その車は停まらなかった。こっちには目もくれず、追い越していった。単なる偶然だった。たぶんチェサピーク湾のソビエトのアジトに行くところだったのだろう。肩をすくめてやりすごさなかったのは、ゲンナジーにしては珍しいことだった」

「ジャックの奥さんのペイジも、ワシントンの繁華街が会場となったチェリー・ブロッサム・パレードで、ついにゲンナジーと出会った」ダイオンはいう。彼も妻のジェニファーとそこにいた。「そのときはジャックのガールフレンドという体《てい》で、〝トーマス・ゴードン〟なんて男っぽい偽名を使っていた」

ジャックはこんな人ごみでゲンナジーをどうやって見つけたらいいのかと心配していた。だが、ペイジはそんな心配はみじんも抱いていなかった。「向こうは熟練のKGBスパイなのよ。こっちが一カ所にとどまっていたら、向こうから見つけてくれるわ――ほら、犬だってそうでしょ」

そのとおりだった。

その後しばらくして、ゲンナジーは、アレクサンドル・クハルをはじめとするKGB職員の天敵、ダイオンと会うなというヤクシュキンの指示に逆らい、メリーランド州クロフトンのダイオン宅でのディナー・パーティーに行った。

「ゲンナジーの奥さんのイリーナが、子供のイリヤとユリアを連れてきた。子供たちは、海外生活が禁じられている一四歳にはまだなっていなかった。イリヤが電子レンジに置いてあったおれの身分証とバッジを見つけて、バッジを着けた。『これはふたりだけの秘密だぞ』おれがいうと、イリヤもそうすると答えた。もちろんイリヤは招待客が集まっている地下の部屋にすぐさま降りていき、『ミスター・ランキンとふたりだけの秘密があるんだ!』と触れ回っていた」ダイオンはゲンナジーを表に誘い、こういった。「今日のことを息子と話してみたらどうだ」

ジョージ・パウステンコと自慢のメルセデスベンツ（提供：タマラ・"タミ"・パウステンコ）

ゲンナジーをジャックの家族に紹介することは、ちがった危険をはらんでいた。ゲンナジーをはじめてプラット家に招き入れるとき、ジャックはこの女好きなロシア人に対して、おれのかみさんと未成年の娘三人には近づくなと釘を刺しておいた。ジャックの話では、三日もしないうちにプラット家の女性四人すべてに誘いをかけていた。もちろん、ゲンナジーにいわせれば、仲良くしようとしていただけだった。

互いの信頼がしだいに強くなり、ゲンナジーもますます西側の文化が好きになっていったが、マッド・ドッグ・デントンによると、アメリカ側の三人はゲンナジーを引き入れるのは無理だろうと思いはじめてもいた。「ゲンナジーの家族はじきにロシアに戻らないといけないし、当時のソビエトの法律では、子供たちを連れてアメリカに再赴任することができなかった。そういう事情がなければ、いずれ転向させられたかもしれない」デントンはいう。「当時、一四歳を越えた子供たちは両親の海外赴任についていくことはできなかった。両親が敵国に寝返らないようにするための人質のようなものだった」

銃士たちは新しいロシア人の大親友の旅立ちに向けて覚悟を決めると同時に、二度と会えないかもしれないとも思っていた。

この先、最大の冒険が待ち受けているとは、まったく思いもしなかった。

5 IOC

"お母さんには絶対にいうな!"

二〇〇五年八月二七日　ソーンツェヴォ警察署

独房で監禁されて二日目になると、殴る蹴るの暴行を受け、ゲンナジーの体で痛みを感じない部位はなかった。分厚いソールの軍用ブーツが凶器だった。独房の石を敷いた床に横たわり、血染めのFBIロゴのスウェットシャツ姿で腹を抱えて丸まっていた。左の膝はきっと折れている。額の傷に触れ、疲れ切って混乱しながらも、これは新しい傷ではないと思い出した。一九八八年にハバナで同僚に痛めつけられたときの傷だ。こいつらはおれの頭にふたつ目のくぼみをつけたのか?

ゲンナジーはまだ一杯の水さえ、まして食事などまったく与えられず、時間感覚が完全に麻痺《まひ》していたが、看守が独房の鉄格子に設けられている窓口から缶に入った水を差し出したとき、外はまだ暗かった。苦労して体を起こすと、ゲンナジーはひと口飲み、すぐさまそのひどい液体を吐き出した。

「どうした？　小便は口に合わなかったか？」看守は笑いを噛《か》み殺しながら歩き去った。

看守の姿が廊下から消える前に、ＦＳＢのごろつきが食べ物をいっぱいに載せたトレイを持ってやってきた。看守が戻ってきて、ＦＳＢ職員をゲンナジーの監房に入れ、職員のために椅子を持ってきた。職員はゲンナジーにはいっさい分け与えずに、ゆっくりゲンナジーをからかった。卵料理とトーストを食べ、大きなグラスに入ったジュースをごくごくと胃に流し込んだ。ゲンナジーは飲み物をくれと乞うた。

「ああ、これは失礼。おれとしたことが」ＦＳＢ職員が答えた。「イワン」エージェントが看守を呼ぶと、看守がやはり食べ物をたっぷり載せたトレイを持って現れ、独房の鉄格子のすぐ外に置いた。

「一緒にディナーを楽しむ前に、いくつか質問がある」職員がほほ笑み、自分のトレイをゲンナジーの手が届かない（片手は確保されたときに怪我していた）床に置き、分厚い革のベルトを外した。「心配するな。柔らかい革だ」そういいながら、職員は〝鞭《むち》〟を打ちつけた。

「クリスをモトリンに紹介したのはいつだ？」バシッ。

「マルティノフは？」バシッ。

「食い物が冷めるぞ、売国奴ワシレンコ」弧を描いて飛んでくるブーツのかかとがゲンナジーの唇を直撃した。

「何の話かわからん」ゲンナジーはか細い声を絞り出した。「単なる偶然だ。嘘じゃない」

「それなら、年金もないのにどうやって田舎にダーチャを買った？　ＦＢＩのカネか？　ＣＩＡのカネか？　いくらもらった？」

バシッ。

「彼らのカネなど受け取っていない！　子供たちの命に懸けて誓う！」

一九八〇年一〇月

ワシントンに戻ると、ゲンナジーはヤクシュキンにＵＣＬＡのベースボール・キャップをプレゼントした。この土産はいかめしい支局長《レジデント》を笑顔にしようと思って買ってきたのだが、無言のままごみ箱に放り投げられた。数日のうちに、ゲンナジーは真のＤＣ的施設で人と交わるということも、彼の雑多な業務に加わったことに気づいた。その施設とはジョージタウンのウィスコンシン・アヴェニュー沿いにある〈マーティンズ・タバーン〉というレストランで、そこのほの暗くて居心地のいい板張りブースで、ハリー・トルーマン、ジョン・Ｆ・ケネディ、リンドン・ジョンソン、そしてリチャード・ニクソンが話に花を咲かせてきた。この日、新種の〝冷戦の戦士〟は〈マーティンズ〉での特大ブランチ会を開催した。集まったのは、ゲンナジーとレジデンチュラの新顔、ヴァレリー・マルティノフとセルゲイ・モトリンの三人だ。

新顔ふたりに要旨説明を行ったあと、ゲンナジーはレジデンチュラの控室に張ってある大きな地図の意味を教えた。KGB職員がレジデンチュラに入って真っ先に目に入るのがこの地図だ。ゲンナジーは喜んでこのふたりに街を案内した。とりわけ付き合いのいいモトリンには、最高にキュートな女の子たちがいるところを教えた。モトリンは名うての女好きでいたずら好きで、多くの点でくそまじめなマルティノフよりゲンナジーと似たところがあった。ふたりとも身長一九〇センチ弱の長身で、アーリントンのテニス好きや隣人と遊びまくった。モトリンは西側の音楽も好きで、かなり詳しかった。やがてモトリンはゲンナジーともうひとつの絆を結ぶことになる。ふたりとも上からの指示に背いてばかりで、ヤクシュキンのいけ好かない部下リストにしょっちゅう名を連ねていたのだ。

次にゲンナジーは〝ソビエト大使館秘書課の独身女性〟の授業に移った。いつからか、ゲンナジーとモトリンはアメリカ人女性で不振が続くと、「冷蔵庫をあさりに行こう」と冗談を飛ばすようになる。やがてあきらかになるのだが、モトリンは女性に関するかぎり、ゲンナジーに劣らず向こう見ずだった。娼婦《しょうふ》を車に乗せてワシントンを流していて、派手に衝突したこともあった。FBIは保険の損害査定人の報告書からそのことを知った。

ヴァレリー・マルティノフには、ゲンナジーの娘と同じ年格好の若い家族がいた。やがて、ゲンナジーと同じようにアメリカ好きになり、スパイのためだけでなくアメリカに対する純粋な親近感から、どのKGBエージェントより熱心に英語の勉強にいそしむようになった。

ゲンナジーはなるべくレジデンチュラにいる時間を少なくしていたが、そこにいたとき、のちに彼の人生を、さらにはスパイの歴史さえも大きく変えるスパイたちと同じ小部屋を使っていた。ひとりはゲンナジーと同じくアメリカ音楽の愛好者で、B・B・キングが大好きな若い職員、アナトリー・ステパノフ（仮名）だった。二世KGBで、防諜担当ラインKR職員の息子だった。「変わったやつだった」ゲンナジーはヤセネヴォで一緒だったときのステパノフを思い出して、そう評する。「チーム・プレイヤーではなく、自分のやりたいようにするやつだった」当時はステパノフの利己的な態度も多少いらつく程度のことだったが、その後何十年もゲンナジーを苦しめることになる。

一九八〇年の春、ひとりのあやしげな離反者がソビエト大使館にやってきたとき、ゲンナジーは退屈な小部屋からやっと解放された。ロナルド・ウィリアム・ペルトンは、浸透不可能で有名な――エドワード・スノーデン以前だ――国家安全保障局（NSA）を引退したばかりの元高官だった。一九八〇年のある日、ペルトンは通りを歩いていて大使館に駆け込み、協力を申し出た。ゲンナジーの同僚ヴィタリー・ユルチェンコによる聴取のあと、ゲンナジーのボスはペルトンが罠――二重スパイ――だと判断し、ペルトンにかかずらっている暇はないという意向だった。「おれに確かめさせてくれ」ゲンナジーは申し出た。筋は通っている。どちらも技術畑出身で、それを足がかりに打ち解けた話に持ち込めるかもしれない。ゲンナジーにしてみれば、ペルトンの勧誘は人たらしの手際を見せつけるまたとない好機だった。彼はピザ・レストランとショッピング・モールでペルトンと顔を合わせていくうちに、見込みありと踏んで、ペルトンが喜びそうな言葉をかけた。懐具合が苦しくて、家の修繕が必要なのにできずにいる、そして、NSAのボスたちに自分の才能の数々を認めてもらえなかったという話を聞いて、ペルトンを慰めてやった。

数カ月後、ゲンナジーはペルトンをオーストリアのウィーンで接待し、秘密情報を聞き出そうとした——ジョン・フィリップ・スーザ（〝星条旗よ永遠なれ〟や〝自由の鐘〟などの行進曲の作曲者）ではなく、モーツァルトやベートーベンの調べを聞かせるほうが、ターゲットの気持ちも和らぐだろうし、ピザ・レストランに比べたらかなりのグレードアップだ。見返りはとてつもなく大きかった。最終的にペルトンは、数ある情報の中でもアイヴィー・ベル作戦の情報を漏らした。そのアメリカ側で計画されていた作戦は、ソビエト連邦の潜水艦活動を含む軍事通信を傍受するというものだった。ペルトンは盗聴作戦の解明でソビエト側に協力し、ソビエト側は偽情報の流布などの対策を講じることができた。レジデンチュラの防諜部長ヴィクトル・チェルカシンは、ゲンナジーの手柄をこうまとめている。「ワシントンは……その作戦に何億ドルも投じたが……ペルトンが三万五〇〇〇ドルで丸ごと潰した」まさに大手柄だった。

ゲンナジーにはペルトンをはじめとする〝駆け込み〟への対応という重要な役目ができたので、ジャックやダイオンとの込み入った関係は、当面のあいだ不問になった。銃士たちのソフトな勧誘作戦は、一九八一年、ゲンナジーがソビエトの規則に沿って家族とともに母国に戻ったときに終わりを迎えるかと思われた。六月のワシレンコ家出国の前に、ダイオンは上司のレイン・クロッカーに最後の試みを談判した。「ゲンナジーにアメリカにとどまるよう働きかけてみたい、とクロッカーに話した」ランキンはいう。「ジャックとおれは、ゲンナジーをすぐに二重スパイにするのは無理だが、転向させることはできるかもしれないと思っていた」イリーナ、イリヤ、ユリアがアメリカにいるいまこそ、最高のチャンスだ、とふたりは結論を出した。クロッカーはダイオンもDOVKA作戦も完全に支持していたから、CIA側の同意を取りつけようとした。

「ゲンナジーの家族全員分の四枚のグリーンカードと四万ドルの現金が入った大きな茶色のショッピング・バッグを渡された」ダイオンはいう。当時の四万ドルは現在の一〇万ドル以上の価値がある。「ゲンナジーとの会合を手配するまで、その袋は一週間ほど我が家に鎮座していた。妻のジェニファーは不安でまいってしまった」

ジョージ・パウステンコが、DCの〈ブラッキーズ・ハウス・オブ・ビーフ〉という店で集まれるように手配した。ダイオンはジャックとゲンナジーとの食事会場としてジョージが予約した個室に、大切な茶色の袋を持っていった。昼食の前にダイオンはパウステンコに〝目をくれ〟て、ちょっと席を外せと訴えかけた。パウステンコが席を外したあと、ダイオンとジャックはゲンナジーに〝戦利品〟を見せ、こちらの誠意のほんの一部だと露骨ににおわせた。「袋の出所にはもっとたくさんの用意があるとも伝えた」ダイオンはいう。

「アメリカにとどまってくれるだけでいい――スパイ活動はしなくていい。あっちよりいい暮らしをしてほしいだけだ」ダイオンは説明した。

ゲンナジーは予想どおりの反応を示した。「ランチとシャンパン一本分だけ出してくれ」ゲンナジーはそういった。彼は西側的なものとふたりの新しい友人への愛情に勝る個人的な問題を抱えていた。「どうしても帰らないといけない」彼は説明した。「イリーナの父親の具合がよくない。それに、おれは祖国を愛している。さあ、食おう」一時間後、三人が駐車場にいるとき、ゲンナジーは真顔で付け加えた。「そっちからは連絡を取らないでくれ。国外に出たら、こっちからどこにいるか教える」

ダイオンは粘り強くさらに何度かパーティーなどでゲンナジーに翻意を促したが、あきらかにゲンナジーがいらいらしはじめたので、ダイオンはそこで切り上げ、互いに別れを告げた。

その後まもなく、今度はジャックがロシア人カウボーイに別れを告げる番だった。ワシレンコ一家をダレス空港に送っていき、イリーナと子供たちがジェットウェーを伝って見えなくなったあと、ジャックは親友に〝ロシアン・ベア〟ハグをした。ジャックはもう一度訊いた。「本当に家族揃ってアメリカにとどまってくれないのか？」

ここまで来ると、繰り返される転向の勧めは、国を裏切る誘いというよりは、長年連れ添った夫婦間のささいな口喧嘩のようなものになっていた。ゲンナジーはただこう答えた。「もうやめてくれないか？」

「落ち着いたら連絡しろよ」ジャックはいった。

「無理だ」ゲンナジーは答えた。「モスクワでＫＧＢを続けるなら、それはできない。だが、いずれまた会える。それは約束する。前にもいったが、国外に出たら、こっちからどこにいるか教える。アメリカのすべての女子に待ってろといっておいてくれ」ゲンナジーはそういって笑い、飛行機に乗った。

駐車場に戻ったとき、ジャックはゲンナジーが車の後部席に長い箱を置いていったことに気づいた。手書きのメモが付いていた。


クリス、こいつは七挺しか製造されていない。どうやって手に入れたかは訊くなよ。もちろん、これを贈るからには、おれはまだ女の子を追いかけられるということだ！　また会うときまで。GV

箱をあけると、カスタムメイドのロシアのカービン銃が入っていた。銃床は手彫りのウォルナットだった。ジャックはのちに、これが共産党の大物だった人物のために製作されたレア物のMCC551だと知ることになる。

それから三年間、ゲンナジーは〝リトル・ラングレー〟と呼ばれるKGBのヤセネヴォの第一総局に戻り、本部ビルの五階半分を占める大所帯の北米部でデスクワークに従事した。ゲンナジーの親友〝クリス〟も、本物のラングレーで似たような仕事に就いていた。それから五年のあいだ、ジャックはCIAの実戦訓練の見直しを任された――これもできるかぎり本部ビルの外にいられるありがたい口実になった。かつてアルコールの問題を抱えていたジャックはまだ信頼できないから、現場に出すわけにはいかないと考えるCIAの幹部もいたから、その役目になったという同僚もいる。だが、それはちがうという同僚もいる。過酷なベルリンの前線で編み出されたハヴ・スミスの実戦テクニックを受け継いでいたのはジャックだけだったから、わざわざその任務に選ばれたのだと。それに加えて、ジャックには、ラオス時代の同僚、ブライアン・オコナー、ジョージ・ケニング・ジュニア、それにカンガルーとして知られる〝黒タイ族〟の工作員たちの実戦を通して身につけた数多くの経験もあった。いつにも増して、そういったさまざまな専門的な知識が必要とされていた。スパイ活動の嵐が巻き起こりつつあり、やがて三銃士の気楽な日々は遠い記憶に追いやられることになる。

一九八〇年代、カウボーイ・ジャックをはじめCIAの面々は、鉄のカーテンのスパイ活動という過酷な新しい現実と向き合っていた。国防総省が二〇〇八年にまとめた研究によると、一九八〇年以降、アメリカのスパイによる〝諜報の企て〟の成功率が三〇パーセント下落したとされる。同時期における諜報員の離婚率は倍増した。また、CIA工作員は頻繁に身分を特定され、〝拒否地域〟から追放されるようになった。しかし、もっとも重要なのは、業務が急激に危険に――まさに死と隣り合わせに――なったことだった。

ハヴィランド・スミスはかつてその困難さを赤裸々に語っている。「海外で人的諜報活動に携わっているCIA工作員の業務は、勤務国の法律を破ることだ。大半のアメリカ人が考えもしないのはそこだ。冷戦期、モスクワでうちのスパイであるソビエト国民にたまたま会っただけでも、こっちはソビエトの法律を破ることになった。アメリカ政府の非軍事組織で、他国の法律を破るのが任務となっているところはほかにない」

KGBは常にスパイ技術に長けていたが、それはソビエトがずっと閉鎖的な社会であって、その防衛と公安機関に無制限の自由が与えられてきたことが主たる理由だろう。八〇年代になると、〝ホーム〟における監視体制がやたら息苦しくなった——スパイの疑いが持たれてる者だけでなく、あらゆる非ソビエト国民が監視対象だった。カメラとマイクの製造工場は、モスクワのあらゆるホテル、レストラン、美術館や博物館に設置したいというKGBの要請に応えるために、一日三シフト態勢で操業していたと思われる。ニューヨーク・タイムズ紙のリポーター、サージ・シュメーマンはこの時期にモスクワ勤務に家族を連れていったが、彼の娘アーニャ・シュメーマンは、家族が絶えず監視下にあり、尾行されたり、電話やアパートメントに盗聴器が取りつけられたり、郵便物が開封されたりしていたという。シュメーマン家はソビエト政府の用意した家政婦がKGBに家族の動きを逐一報告していることを事実として受け止め——それを前提とした振る舞いを心がけていた。

アメリカ側のスパイたちは、KGBが危険な追跡用ツールを安易に使っている証拠を入手した。そのツールとは、CIAには〝スパイ・ダスト〟と呼ばれ、KGBには〝メトカ〟（〝印〟を意味するロシア語）といわれるトレーサー用粉剤である。この物質——ニトロフェニル・ペンタジエナール（NPPD）を基本とし、それにルミノールが加えられることもある——を目に見えない微細な粉剤としてターゲットに吹きかける。KGB職員が、粉剤を吹きかけたCIA局員の服を特殊なライトで照らすと、粉剤が発光し、夜間や人ごみなどでの追跡が容易になる。

しかし、KGBも完全無欠ではなかった。GRU士官のドミトリー・ポリャコフ（CIAのコード・ネームは〝バーボン〟）がCIAのためにスパイ活動を行っていたことに、ほぼ四半世紀のあいだ気づかなかった。ポリャコフの上官たちは、重病だった幼い息子を治療のためにアメリカへ連れていく機会をポリャコフに与えなかった。息子は死に、ポリャコフはその復讐として、ソビエト軍の実戦兵器やソビエトと中国共産党との薄っぺらな関係に関する貴重な情報をCIAに流していたのだった。ポリャコフの情報に加えてピンポン外交[*14]の成果も相まって、リチャード・ニクソン大統領が一九七二年、ついに中国に手を差し出す準備が整った。スパイ業界にはそう考える者もいる。CIAのある古参職員はポリヤコフの報告書は〝まるでクリスマス〟のようだと評した。元CIA長官のジェームズ・ウルジーは「ポリャコフは〝王冠にはめ込まれた宝石〟（〝きわめて貴重なもの〟の意）だ」と評した。そのポリャコフも、一九八八年に国賊として処刑された。

ホチキスの針といったささいなことがスパイの発覚につながることも多かった。細部まで綿密に似せたCIAの偽造パスポートも、KGBで訓練を受けた税関によく見破られていた。本物のソビエト連邦のパスポートは、すぐによれよれになるロシア製の銅コーティングの針で綴じられているからばらけやすいが、偽造パスポートはアメリカ製のステンレス・コーティングされた高価な針でしっかり綴じられていたからだった。しかし、そういったことよりも、KGBがすぐれた監視技術を確立し、情け容赦のない尋問を行い、そして、無尽蔵にも見えるほど続々と職員を市中に送り込んでいたからこそ、数多くのスパイを見破ることができたのだろう。アメリカのスパイはこの過酷な――そして、残酷なまでに結果を出す――ソビエト型諜報活動を〝モスクワ・ルール〟(〝拒否地域〟で活動する際の掟《おきて》)と名付け、この危険な新世界に対処するため、一九八〇年には、CIA上層部がスパイの訓練体制を強化する必要があると決断していた。

このときまで、現場の工作担当官はCIAに入局したばかりの職員が受ける訓練しか受けていなかった。その訓練を受ける場所は、バージニア州ウィリアムズバーグ近郊、州間高速道路64号線とヨーク川に挟まれたあたりにある、当時まだ秘密だったCIA施設〝ザ・ファーム〟だった。地図上では、〝キャンプ・ピアリー〟という架空の軍事基地となっていて、フェンスで囲まれたセキュリティーが厳重な出入り口には、〝陸軍実験訓練活動〟の看板が掛けてあるが、この敷地四〇〇〇平方メートルほどの施設を所有・管理していたのは、アメリカのスパイ組織だった。

敷地には営舎、倉庫、ジム、射撃場、それに、グーグル・マップでは〝キャンプ・ピアリー空港〟と出る専用滑走路まである。新入局員は最初の四カ月間でCIAのオペレーションズ・コース(OC)を修了する。そこで監視回避、スパイの勧誘・調教、偽装、基礎的な軍補助機能を会得する。一九四七年のCIA創設から数十年のあいだまでなら、ザ・ファームの訓練プログラムで充分だったが、鉄のカーテンの向こう側でKGBの戦術が進歩した――さらに、CIAが出し抜かれてばかりいた――ことをかんがみれば、それだけでは不充分であることはあきらかだった。こうして、向こう側の渦の中に飛び込むスパイには、OCだけでなくさらなる準備が必要だということになった。

OCができたきっかけのひとつは、ハヴ・スミスがベルリンに赴任していた一九六一年に〝壁〟が巡らされたことだった。いわゆる〝ウサギ〟をソビエト・セクター（東ベルリン）に送り込むのに、まったく新しい手法が必要になったのだ。ウサギを守るためではなかった。守るべきは資産《アセット》だった。アメリカの工作担当官を資産《アセット》との接触場所まで尾行されれば、工作担当官は拘束され、多少は痛い目を見るかもしれないが、アメリカに強制送還される。だが、苦労して手に入れた資産《アセット》はほぼ確実に殺される。

スミスはOCを立ち上げるためにアメリカに戻った。初期の修了生のひとりがデイヴ・フォーデンだった。ニューヨーク市のグランド・セントラル駅で訓練が敢行された。駅に〝ウサギ〟が放たれ、スミスは駅構内の動きを観察できるように、駅ビル二階のバルコニーに陣取る。新しいすれちがいざまの受け渡しテクニックは、駅の階段の昇り降りを繰り返して完成された。

新しい人間同士の接触を伴うスパイ・テクニックは、一九六〇年代には企画担当副長官だったリチャード・ヘルムズの強い反対に遭ったが、一九八〇年代になり、〝モスクワ・ルール〟が功を奏すると、さらに複雑な訓練の必要性が浮き彫りになった。訓練コースを増設するにあたり、デイヴ・フォーデンは――このときはSE部のトップになっていた――厚顔で、ときに巧妙な手を思いつき、海外の敵対する〝否定地域〟での長年の経験を持つ者が必要だと思った。意外でもないが、フォーデンは海兵隊あがりのジャック・プラットに目を向けた。ジャックの師匠、かつてのスパイ・マスターのハヴィランド・スミスは、最高の監視探知テクニックをジャックに伝授していた。二〇一〇年にジャックは元訓練生で作家のマイケル・セラーズに語っている。「おれたちはおれたちより前に同じコースを走った偉大なる先達の肩に乗っているんだ」

ジャックはスミスの後任、ガス・ハサウェイと協力して、CIAの新実戦訓練プログラム、国内オペレーションズ・コース（IOC）の立ち上げに取りかかった。鉄のカーテンの背後やほかの否定地域に勤務する赴任前の全若手局員、暗号翻訳係、秘書官、NSA監視員は、IOCの受講が必須となった（熟練工作員はKGBにすでに特定されている可能性が高かったので、そういった熟練工作員の派遣には、実のところ問題が多いとの判断があった）。ラングレーの全部長クラスが自分の目で見て選んだOC修了生の〝第一選抜者〟は、必ず重要度の高いSE部に配属された。ジャックは同部の古参職員だった。厳しい訓練を終えた選抜者だが、ジャックの厳しいIOCで振り落とされる割合も高かった。IOCはワシントンの街中、郊外、その周辺の田園地帯などの場所で行われた。

何年もあとになって、カウボーイ・ジャックはIOCの戦略をこう要約していた。「CIAをパリス・アイランド（サウスカロライナ州南部の海兵隊基地）の小型版にしたかった。重要なのは生きて、生きて、生き延びることだ。地獄に、独裁の警察国家に送り込まれるんだ。車は壊されるし、家には侵入される。何でもありだ。そんな環境で生きていくには、前もっていじめておくしかない。海外に派遣されるやつは、必ずＦＢＩに逮捕してもらった。ＦＢＩには、こう伝えていた。『本気で取り押さえてもらいたい。地面に押し倒し、尋問を九〇分続けてもらいたい。とことんきつく絞ってくれ』これまでに三四〇人の職員を訓練したが、そのうち女性は六人だけだった」

カウボーイは彼らを〝パイプライナー〟と呼んでいた。主にソビエトや東ヨーロッパのホット・ゾーンでの〝アクション〟任務を希望する若きスパイたちだ。〝ゼファー〟というのが正式呼称であるパイプライナーは、ザ・ファームのＯＣを最優秀で修了した中から選抜された精鋭の新工作員だった。カウボーイはＣＩＡとＦＢＩから教官を徴募《リクルート》し、そうして集まった教官たちを〝ダーティー・ダズン〟と名付け、若い精鋭局員を鍛えさせた。教官の中には、ジム・〝ホース〟・スミス、ボブ・〝ザ・ビアード〟・ミラー、ジーン・ラシターがおり、さらに、カウボーイの銃士仲間ダイオン・ランキンが加わることもあった。六週間の訓練期間中、ルーキーたちは命令にしたがって、バージニア州ロズリンのノース・フォート・マイヤー・ドライヴ沿いにあるＣＩＡのエイムズ・ビルディングに毎朝出頭する。彼らはすぐに、深夜零時前に個人的な予定を入れてはいけない日々が二カ月近く続くことを知る。

訓練初日、カウボーイはパイプライナーたちに限界を超えてもらうと伝えた。過酷で、決してフェアではない。「おれたちを憎むことになる」カウボーイは警句を発した。厳しい試練だ。作家のマイケル・セラーズはこの訓練コースを〝組織化された大混乱〟だといった。妻と生後六週間の息子（カウボーイはこの幼子に〝もっとも若くして修了した〟ことを証する書状を与えた）まで巻き込んだことを表現したものと思われる。ワシントンDCのマリーナに戦略的に放棄されたミルク・カートンを回収するという任務をチームとして命じられたときのことを、セラーズは語る。回収していると、「一五人のFBIの連中が私を地面に突き倒してうつぶせにした。本物の麻薬押収の現場に立ち入ってしまったのかと思った」拘束されるトラウマに耐えられない者もいる。結局のところ、コースの成績などはなかったのだが、カウボーイはこっそり訓練生のボスに会い、訓練生のコースへの対応状況を伝え、現場に向かないと判断すればそういった。

　プログラムでも図抜けて重要なのは、敵監視の探知および回避（〝ドライ・クリーニング〟）、情報の投函《とうかん》所への投函、すれちがいざまの受け渡し、走行中の車からの受け渡し（ム《M》ービング・カ《C》ー・デ《D》リバリー）であり、厳しい尋問を切り抜けることであった。IOC教官だったトニー・メンデスは二〇〇二年出版の著書*Spy Dust*で、どのようにして向上心にあふれる工作員にモスクワ・ルールを教え込んでいたかを回想している。ソビエト側に「ターゲットを見失ったのは、こっちの技量が高いのではなく、あちらが悪かったせいだと思わせるのが肝心だ。KGB職員は自分のミスを報告するようなまねはしないからだ」

　メンデスはどのようにして訓練生に金科玉条《マントラ》をたたき込んだかも語っている。イアン・フレミングのジェームズ・ボンド・シリーズの『007　ゴールドフィンガー』で有名になったスローガンのことだ。〝最初は行きずり、二度目は偶然、三回目からは仇同士〟。監視されている者は、ハヴ・スミスをまねてほんの一瞬の〝隙〟をつくろうとする。文書を——あるいは人間を——投函できるくらいの隙を。ジャックが訓練生に教えた、より映画的な回避テクニックの中に、偶然にも〝ジャック・イン・ザ・ボックス〟（ＪＩＢ）と呼ばれる手法がある。イアン・フレミングの〝Ｑ〟も知らない低価格ガジェットを使ったテクニックだ。それは、平らな段ボールを人間の胴体の形に切り抜いたもので、運転手がレバーを引くと、箱から（あるいは、実際にあった例では、空の菓子箱から）飛び出て、ふつう二街区《ブロック》うしろについているＫＧＢの追跡者には同乗者に見える。当然、助手席に乗っていた者は〝隙〟に乗じて車からすばやく降り、そこからＪＩＢに切り換え、たまに人形の糸を引いて、段ボールを動かしたりもする。脱出した同乗者も脱出前に偽装し、敵に姿を見られても感づかれずに歩き去ることができるようにする。エドワード・リー・ハワードという、まもなく悪名を馳せることになるパイプライナーは、ＣＩＡとはまったく無関係なＪＩＢをよく使ったとのちに認める。ダレス空港周辺の複数乗車車両レーンを走るときなどだ。

しかし、ＪＩＢを駆使しても、ハワードと妻のメアリーはジャック・プラットの訓練コースの激烈な圧力からは逃れられなかった。あるときハワード夫妻は、ワシントンのマリーナ近くの投函所から貴重なマイクロフィルムの回収を命じられた。ＦＢＩ局員のコートニー・ウエストがハワード夫妻の監視に就き、感づかれずに監視していた。「私たちは取り押さえようと尾行した。するとと突然、ジョージ・ワシントン・メモリアル・パークウェイでハワードがアクセルを踏みつけ、時速一六〇キロを超えるスピードを出した」ウエストはいう。「突然スピンして、一八〇度のUターンを決めると、『ざまあみろ』とあけたウインドウ越しに叫びながら、私たちの横を疾走していった」そのとき、カウボーイ・ジャックの無線が入り、ウエストに「あのくそったれの車を停めさせろ！」と指示した。結局、ハワードはとらえられ、バザード・ポイントにあるワシントン支局へ連行された。

夫婦は別々に厳しい取り調べを受けた。「この間、メアリーは泣いていたが、何も喋《しゃべ》らなかった」ウエストはいう。「夫妻の所持していた粉末が高純度のヘロインであるという鑑定結果を持って、FBI局員が尋問室に入ってきても、つまり長期の懲役刑を喰らう証拠を突きつけられても、メアリーは耐え抜き、逮捕後も自分の身分を明かさなかった。だが、夫はまるでちがった」メアリーが尋問されている最中に喘息《ぜんそく》発作を起こし、息遣いが荒くなったときのことを、ウエストは語る。メアリーは、別室で取り調べを受けている夫のエドワードから薬の名前を教えてもらってほしいとウエストに頼んだ。ウエストはエドワードの冷酷な答えに啞然《あぜん》とした。「知るか」メアリーは折れなかったかもしれないが、この尋問が訓練の一環だと知らされたあとも、恐怖は刷り込まれたままだった。「エドワード・リー・ハワードのことはよく覚えている」カウボーイはいった。「エドワードもメアリーも、ふたりともおれが訓練した。メアリーは大いに気に入った」ウエストはカウボーイがエドワードに関して否定的な報告書を作成したことを覚えている。「あの報告書のとおり、彼をCIAに置いておくべきではなかったんだ」ウエストはいう。「CI

Aがハワードを解雇していたら、いくつもの命が救われ、モスクワ支局が二〇年も停滞することもなかった。

モスクワ・ルールを実際に経験した工作担当官がゼファーたちに講義することもあり、その中でいちばん有名なのはマーサ・〝マルティ〟・ピーターソンだろう。三五歳のマルティ・ピーターソンは、一九七五年にCIA史上はじめてモスクワに駐在した女性局員である。カウボーイと同様、彼女もラオスで暮らした経験があった。当時は、グリーン・ベレー除隊後にCIAに入局したジョン・ピーターソンの妻としての滞在だった。一九七二年、CIA局員としてラオスに赴任中、ジョンは乗っていたヘリコプターが撃墜されて亡くなった（CIAの聖なるメモリアル・ウォールに刻まれた星のひとつは、ジョンのものである）。弱冠二七歳にして、打ちひしがれたマルティは寡婦となった。英雄となった夫の意志を継ぐ気持ちもあり、彼女は一九七三年にCIAに入局した。

マルティはモスクワで最悪のモスクワ・ルールを味わっていて、カウボーイの要請でその経験をゼファーたちに伝えた。朝まで電話がやまないなど、嫌がらせの連続だった、とマルティは話した。彼女は書記職員という表向きの立場でアメリカ大使館に勤務していたが、マイクロ波放射で電子機器間の通信を妨害され、マルティの同僚職員には命にかかわる癌《がん》になる者もいた。支局の外で連絡を取り合うことは禁じられていたから、孤独な任務でもあった。

マルティは表向きの仕事に一日八時間従事した。大使館の書記職員はほとんど女性だった。まさに彼女が女性だという理由でモスクワ赴任が決まったことは、知らなかった可能性が高い。支局長が判断したとおり、当時は女性差別が激しく、KGB側はマルティがスパイであるはずがないと高を括っていたのだ。そのおかげで、マルティは昼休みや勤務時間後を使い、CIA史上最大の資産《アセット》とのあいだで情報の投函や回収をすることができた。KGBエージェントのアレクサンドル・ドミトリエヴィッチ・オゴロドニク、コード・ネームTRIGON（トライゴン：三角琴）は、それまで数年にわたり、〝主敵〟に写真撮影された秘密外交電信を大量に提供していた。それによって、アメリカ側はソビエト側の方針や交渉スタンスをある程度知ることができた。トライゴンが盗んだ情報はカーター政権時のホワイトハウスに日々伝えられていた。とらえられたときのために、トライゴンに青酸カリ・カプセルが隠された特殊なペンを渡したのも、マルティが手配したことだった。

マルティは一年以上もモスクワ各所でトライゴンへの投函を成功させた。多くはスパイ・カメラのフィルムだった。しかし、一九七七年七月一五日の夜遅くに投函所から戻ると、一〇人を超えるKGB職員が一台のバンから続々と降りてきた。マルティは無理やりバンに乗せられ、恐怖のルビャンカ刑務所に連行され、三時間におよぶ厳しい尋問を受けた。KGBの男性職員が身体検査をして、マルティのブラジャーに仕込まれた無線受信機を発見したものの、マルティは何も認めずに釈放された。そして、翌日、いちばん早い飛行機でモスクワを離れ、二度と戻らなかった。

地下鉄の三駅に出入りし、何キロも歩いて監視を振り払ったりと、何時間もかけての陽動でもまだ充分ではなかったのか、とマルティは思った。CIAは何年もあとになって、マルティの作戦がCIAの契約翻訳係によって売られていたことをつかんだ。翻訳係はトライゴンの特徴に合致した売国外交官に関する情報をKGBに流していたのだ。マルティはトライゴンと一度もじかに会ったことはなかったが、こうしてトライゴンはとらえられ、自白調書への署名を強要されると、マルティの手配したペンを手に取って端をかじり、中に隠してあった青酸カリのカプセルを呑み込んだ。トライゴンはまもなく死んだ。

カウボーイのSE部では、貴重な資産《アセット》を失い、多くの涙が流れた。マルティはやがて、CIAの前身OSSの創始者の名前を冠した諜報界の栄誉賞であるウィリアム・J・ドノヴァン賞を、その後、卓越した防諜活動によりジョージ・H・W・ブッシュ賞を受賞した。

マルティはみずからの経験に基づき、カウボーイの訓練生たちにも同じような逮捕と尋問を体験させた。「苦境に陥ったときにどんな反応をするかということは、いざというときが来るまで、自分でもよくわからない」彼女は訓練生にそう語った。そして、こんな助言を送った。「何をいっているのか自分で把握できるように、必ず英語で話すこと――そして、冷静でいること」しかし、ゼファーたちの脳裏に焼き付いたのは、自分の管理する資産《アセット》を失った場合に耐えることになる深い悲しみのほうだった。

基本を教えられたあと、ルーキーたちは現場でのテスト任務を与えられ、成績がつけられる。

海外派遣には夫婦が好まれるので、ゼファーたちはたいてい夫婦というチームで活動した。たいがい、チームはこんな指令を受けた。何時間もの移動中に監視を探知し、尾行を巻いたうえで投函所に行き、投函してある荷物を回収し、やはり気づかれないように別の投函所に投函せよ。二〇人を超える市民や民間の監視専門家（特別監視グループ略称ＳＳＧ）――引退したＦＢＩ局員が目立たない買い物客、年輩夫婦、休暇中の船員などに扮《ふん》して活動することが多い――がエイムズ・ビルディングと投函所（ＣＩ－４職員御用達のギャングプランク・マリーナ）とのあいだに配置される。そこがむずかしいところだった。

ときどき、カウボーイと教官のボブ・〝ザ・ビアード〟は、パイプライナーたちを放つ午前八時に姿を見せなかった。ロックヴィル高校に立ち寄り、またしても家庭問題が持ち上がったとの理由で、授業を受けていたプラット家の双子ミシェルとダイアナを連れ帰るためだった。真の理由は家庭のメロドラマなどではなく、きわめて探知されにくい監視役――子供――にルーキーたちを監視させたいからだった。ＳＳＧの参加者は偽装に長けているものの、本物の一六歳にはなれない。だれも子供がスパイだとは思わないというのがミソだ。カウボーイはＩＯＣ訓練生に対して、軍人のような物腰の白人男性だけがスパイだと思うなとよく忠告していた。

父親が訓練生の訓練や試験に双子の特性を利用していたことを思い出しながら、ダイアナ・プラットはにやりと笑う。尾行に気づいた訓練生には銅星《ブロンズ・スター》が与えられた。若い女性に尾行されていたことに気づいた訓練生には銀星《シルバー・スター》。だが、ひとりだけ、おずおずとカウボーイにこう報告した訓練生がいた。「若い女の子にあとをつけられていて……ええと……いかれた話だと思われるかもしれませんが、双子なんじゃないかと思います」カウボーイは大喜びした。この訓練生は鋭敏な観察力により金星《ゴールド・スター》が授与された。

ミシェルとダイアナは実際の荷物回収を阻止したことはないが、ゼファーたちの戦略を立ち聞きしたりと、別の面で手柄をあげた。「しちゃいけない話をしていたら、立ち聞きするんです」ミシェルはいう。「あの年齢でしたから、彼らは見くびっていました」アナポリスやジョージタウンの街中でスパイごっこをするために、学校をさぼれるのだから、娘たちはもちろん大はしゃぎだった。彼女たちの父親はというと、こんなまねはパイプライナーたちだけでなく、直属の上司デイヴ・フォーデンにも、さらにもっと上の連中にも知られてはいけなかった。「父はあることを特に強調していました」ミシェルはいう。「お母さんには絶対にいうな！」カウボーイの〝雇い主〟についてもミシェルは考えを披露する。「CIAは父が自分の子供たちを使って監視をしていたと知ったら、かんかんに怒ったでしょうね。でも、そうやってリスクを引き受けたり、ルールにしたがわなかったりしたからこそ、父は結果を出してきたのです。それに、当時はあれくらいのリスクは引き受けられました――いまとちがって、常時の監視もポリティカル・コレクトネスもありませんでしたから」

あるとき、二〇代になったばかりのころ、ダイアナはバージニア州アーリントンのショッピング・センター近くの藪《やぶ》に潜んでごそごそやっていて、警官につかまったことがある。売春で有名な界隈だったから、その警官は売春の客引きでダイアナを補導した。補導されるのを見て、カウボーイのチーム・リーダーで、かつては海兵隊のスナイパーとしてならしていたジム・〝ホース〟・スミスが介入し、警官に対して、きみはCIAの訓練プログラムを邪魔していて、伝説のCIAスパイの娘を補導したのだと説明した。「おまわりさんはえらく怒っていました」ダイアナはいう。「でも、帰してくれました」

　訓練生は平凡な用事をこなすことで監視をすり抜ける方法も教えられた。大型デパートに入り、偽装してから裏口から出たり、監視にわずかな隙をつくることができれば、MCD（車での受け渡し）を行ったりする。カウボーイと教官たちは――何年も前にハヴ・スミスがグランド・セントラル駅でしていたように――最初から最後まで、ふつうは屋上だが、高所から観察していた。訓練生たちは、尾行に気づいても振り切れないときには、作戦を中止するように指示されていた。現場ではそれが正解だから、その判断には好成績がつけられた。

　当時訓練生だったジェイソン・マシューズがメンズ・ジャーナル誌に対して語っている。カウボーイたち教官は、ゼファーたちを敵対するKGBの監視や尋問に備えさせるため、心理戦を仕掛けた。たとえば、マシューズの家に侵入し、トイレで排便し、車のシリンダー・ブロックにアンチョビ・オイルを入れたりした。「SEALの地獄の一週間《ヘル・ウィーク》（選抜訓練の一環）の心理版といった感じだった」と。ただし、こちらは八週間続いた。「訓練は終日続いた。訓練生の心が折れるかどうかを確かめるため、圧力をかけてきた。一日の訓練が終わると、バーかレストランに集まり、ジャックがその日の出来を伝えていた」カウボーイはパイプライナーたちがどれほど抜け目ないかを見極めたかったのだ。何人の監視人《エージェント》がいたのか？　どんな人相かわかるか？　どんな車に乗っていたか？　ナンバー・プレートは？

カウボーイの長年の友人であり、ＳＥ部の同僚でもあったジャック・リーは、カウボーイがそうした研究会によく顔を出していたという。「風采こそ荒っぽい海兵隊員のようだが、ジャックは人の気持ちをよく察し、問題があれば自分のことのように考えてくれるから、同僚たちも気を許していた。みんなジャックを喜ばせたいと思っていた。ジャックの期待に応えられなかったとしても、彼は叱ったりしないで、もっとよくなるように一緒に考えてくれる。人の心を折ろうとするＩＯＣの過酷さとはまるでちがうが、ジャックは彼らの成功を願っていた。みんなジャックが大好きだった」

しかし、この時期にフォーデンの後任としてＳＥ部長に就任したバートン・ガーバーは、ジャックが下品な言葉遣いをやめられず、訓練を受けていた既婚女性の中には快く思っていなかった者もいたという。それでもガーバーは、ジャックのＩＯＣが大きな成果を生むと確信していた。「ＩＯＣにあれだけ貢献したのだから、ジャックはＣＩＡの宝だった」ガーバーはそう振り返る。「精力的でタフな男だったが、人の力になってもくれた。要するに、やる気を起こさせるすばらしいリーダーだった」

試験最終日には、ゼファーたちは飛行機にまでつけ回された。ＩＯＣはＣＩＡにとって多額の予算を食うプログラムだったが、そのコストを見れば、鉄のカーテンの向こう側での諜報活動がどれほど重要視されていたかがよくわかる。

IOCでもきわめて重要な最終訓練は、ゼファーたちに必要な資質が備わっているかどうかを見極めるものだった。彼らは八時間から一〇時間のあいだ街に出て、偽装した志願者による監視の目をすり抜けて、監視員を振り切ったあと、荷物を回収する（あるいは、探知された場合には任務を中止する）。それでも、最終的にはロズリンに戻る途中、FBIに取り押さえられる。訓練生は手錠をかけられ、FBI車両に乱暴に乗せられ、ワシントン中心街の留置所にぶち込まれた。実は拘置場所は本物ではなく、バザード・ポイントのワシントン支局の地下室だった——その点もビルに入るときに訓練生に気づいてほしいとカウボーイは思っていた。気づいた者はほとんどいなかった。

その地下室で訓練生は、回収した荷物の中にコカインが入っていたと告げられる。次に、訓練生の夫婦チームは別々の部屋に連れていかれ、文字どおり体が縮み上がるほど厳しい取り調べを何時間も受ける。夫は裸にされて体中をくまなく調べられ、夫婦ともに、パートナーは白状しているといわれる。やがて、カウボーイは尋問室に入り、この逮捕は訓練の一環だと伝えた。KGBのように留置して、だれが重圧に負けて自分がCIAだというかを見定めるのが目的なのだと。それを吐いた者は、海外赴任しても補欠《ベンチウオーマー》になる可能性が高い。大きな屈辱だ。

何度かIOC教官を務めたジャック・リーはいう。「IOCの訓練生のほとんどが本当の取り締まりだと思っていた。訓練だとは思っていなかった。ＦＢＩは実際に逮捕していた。訓練生が重圧に負けるかどうかをする。隠れみのの中にとどまらなければならない。それができたのはひと握りだ」偽の逮捕はＩＯＣの大きな秘密であり、ゼファーの気概を測る究極の試練だった。

ダイオン（左）とFBIチームがジャックのIOC訓練生を取り押さえる

「どういう訓練をするのかを後輩の訓練生に漏らさないよう、我々は誓約していた」ブラント・バセットはいう。

バセットも合格者のひとりだ。彼は最近になって、ＩＯＣを経験した利点を語っている。特に妻とふたりで三人の幼い子供たちを抱えながら厳しい訓練に耐えた経験が大きかったという。バセット夫妻が赴任地のブダペストに到着したときには、〝ドライ・クリーニング〟マニアになっていた。彼らは一度もつかまらなかったが、どれだけの困難が伴ったかを考えれば神業といえる。バセットが監視役の局員たちから学んだことの中には、ヨーロッパを舞台とする第三次世界大戦における米軍の戦闘計画が、ペンタゴンの高級将校連がまだ見てもいないうちにソビエト側の手に渡っているという事実も含まれていた。その結果、ソビエト側は陸上および航空部隊の配置や任務をたびたび変えた。しかし、バセットが自由に動けていたおかげで、CIAの同僚たちは協力してやがてアメリカ側の裏切り者がクライド・コンラッドだと特定することができたのだった。バセットはいう。「ジャック・プラットには感謝の気持ちしかない」

クライド・リー・コンラッドは一九八〇年代にアメリカ陸軍の一員としてブダペストに駐留していたあいだ、最高機密に指定されていたソビエト・ブロック、ハンガリーに対するNATOの戦争計画を一〇年以上にわたって売り渡していた。バセットもいうように、ジャックがバセットのような工作員を鍛え上げたおかげもあって、コンラッドはアイスバーグ作戦でとらえられ、終身刑を言い渡された。コンラッドの判決を宣告したとき、裁判長はコンラッドの逮捕がどれだけ重要かにも言及した。「NATOとワルシャワ条約機構とのあいだで戦争が勃発していたなら、西側は確実に負けていたであろう。NATOはすぐさま、降伏するかドイツ領土で核兵器を使用するかの選択を迫られていた。コンラッドの裏切りによって、ドイツ連邦共和国は核戦争の戦場と化すところだった[*15]」

CIAの秘密の作戦本部に三三年在籍した作家のジェイソン・マシューズも、カウボーイのIOCの修了生だが、最近になってこう語っている。「CIA局員であっても、そう多くの者ができることではない」しかし、修了生は可能なかぎり準備を整えた状態でラングレー＝モスクワの〝パイプライン〟に入った。カウボーイの訓練生のひとりは、IOCで教わったテクニックを駆使して、ＫＧＢ側に駆け込み、まんまと敵側に転向した。

それでも、カウボーイ・ジャックはＩＯＣでの自身の働きをＣＩＡ入局以来最大の業績だと胸を張った。当時の彼を知る者の目には、情熱をかけたプロジェクトだと映っていた。昼夜を問わずに敢行されたジャックの訓練コースについて訊かれると、ＳＥ部長バートン・ガーバーは家族との時間はあったのだろうかという。「ジャックはぜんぜん休みをとらなかったようだ」

ジャックの手で訓練は大幅に進歩したが、鉄のカーテンの向こう側での作戦は潰され続け、資産《アセット》は次々に殺されていった。訓練コースが改善されたおかげで、ＣＩＡ幹部は、敵監視探知技術が見破られているといったスパイ技術の問題ではないと確信できた。やがてＣＩＡ長官のウィリアム・ケイシーは運用副部長《DDO》に尋ねることになる。「人的浸透の可能性は？　こっちにスパイがいると思うか？」

6 裏切り者

〝人の鍛え方なら知ってるといっただろうが〟

一九八四年、ゲンナジーはようやくヤセネヴォの退屈なデスク・ワークから解放され、一四年前にソビエト連邦と国交を結んでいたカリブ海のガイアナへの赴任が決まった。「本部はニューヨーク派遣を約束していた」ゲンナジーはいう。「ところが、最後の最後になって［ガイアナの］ジョージタウン赴任が決まった──安全保障上の緊急事態というようなことだった」ゲンナジーは不満で、上官にもそう伝えた。それでも、キャリアのため、最終的にはそのポストを受け入れるしかないこともわかっていた。ボスはあとで埋め合わせをするとも付け加えた。

この〝水の国〟は、中央アメリカとカリブ諸国におけるソビエトの戦略的パートナーと考えられていた。アメリカの戦略ミサイル潜水艦に対抗する作戦拠点であるだけでなく、中部および南大西洋におけるアメリカの後方連絡線を分断する拠点でもあった。同国にはまた、世界有数のボーキサイト埋蔵量があった。ボーキサイトはアルミニウム（ソビエトの主要産業）の主要原鉱石であるが、ソビエトの供給量は足りていなかった。そうはいっても、こういったことは現実よりも紙上のデータとして見るほうが、迫力があるものだ。

「ジョージタウンには大きな支局があったが、防諜機能はなかった」ゲンナジーはいう。「大使館を守るため――それにアメリカ側の動きを探るため――いろいろとすることがあった。一年だけそこにいたら、ニューヨークに派遣するという約束だった」DCへの再赴任は規則で禁じられていたが、ニューヨークならほかの銃士たちにも近い。このとき、彼らとの連絡は三年間も途絶えていて、ゲンナジーは彼らが恋しかった。モスクワ勤務中に連絡を取ったりすれば、文字どおりの自殺にはならなくても、キャリア的には自殺だっただろう。

ゲンナジーは新しい赴任地には不満だったかもしれないが、彼にしかできないやり方で、この機会をできるかぎり有効に活用した。大使館の会計士が銀行に行って多額の資金を預金したり引き出したりする際の付き添いも、彼の日常業務のひとつだった。あるときの付き添いで、シェリーというとびきり美人の若い窓口係に気づき、一目惚《ぼ》れした。ある日、ゲンナジーは「送ってやろうか」とシェリーを誘った（「結局、一年間も送るはめになった」といって、ゲンナジーはにやりと笑う）。その後、シェリーと付き合うようになり、バレーボールの試合に招待したりした。あるとき、ソビエト大使がゲンナジーを大使館の片隅に呼び寄せ、そんな若い女性とは付き合うなど注意した。「いいか、別れなければ、刑務所に入れられて国際問題になりかねない」別れたのだろうか？「別れるわけがない」ゲンナジーはいう。「まあ、すぐにはね」ゲンナジーは注意されたあと何度か会ってから別れたという。

女の子に負けないくらいに大切なのは、ほかの銃士たちとの友情だった。まもなくゲンナジーは連絡を取る方法を思いついた。一九八四年におけるゲンナジーの日常業務には、ガイアナのソビエト大使とニューヨークにいる国連ソビエト代表部との連絡も含まれていた。カウボーイによると、ゲンナジーは国連代表への電話連絡――NSAが傍受し、ガイアナの海岸から一・五キロほど西に位置するアメリカ大使館に伝えられると確信して――の際、スパイの大原則を破り、アメリカ側で通話翻訳をしているやつがいくらぼんくらでもまちがえようのない声色で本名を（コード・ネームのイリヤではなく）名乗った。

ゲンナジー：もしもし、こちらゲンナジー・ワシレンコ――G－E－N－N－A－D－Y、V－A－S－I－L－E－N－K－O。ガイアナのソビエト大使館からかけています。G－U－Y－A－N－Aです。一九七七年から一九八〇年までワシントンのソビエト大使館に勤務していました。そうです、ワシントンDCのです。

おまけに、「バイシンとシボレー・ブレイザーのパーツ」が必要だとも付け加えた。「会いに来いよ！」を意味する三銃士専用の暗号だった。この秘密のコードは、電話をかけている者がたしかにゲンナジーであり、ゲンナジーを語る囮《おとり》ではないことも示していた。アメリカ側はゲンナジーの発信場所を探知し、通話内容はゲンナジーの意図した宛先に迅速に伝えられた。つまり、ダイオン・ランキンとカウボーイ・ジャックに。ゲンナジーがいうには、ゲンナジーの居場所はジャックとダイオンの仲間で、ガイアナのジョージタウンにあるアメリカ大使館に勤務していたマッキム・サイミントンによって、すでに特定されていた可能性が高いのだった。

ゲンナジーの知らせはまずワシントン支局のダイオン・ランキンのもとに届いた。ダイオンは、ゲンナジーのDCでの最後の言葉から、まだ二重スパイとして徴募《リクルート》できるかもしれないと信じていた。それが無理でも、転向させることはできると。ダイオンはすぐさまジャックに電話した。ジャックは休暇を取り、IOCのあるロズリンからバザード・ポイントまで車を走らせた。ダイオンはやってきたジャックに通話の書き起こしを読みあげ、罠かどうか自分で判断させた。ダイオンがまだ読み終えてもいないうちに、ジャックはいった。「ゲーニャがジョージタウンにいる。行くぞ！」

ダイオンもカウボーイと同じくDOVKA作戦をまだあきらめておらず、すぐに上司にガイアナ行きを打診した。「ことゲーニャに関するかぎり、レイン・クロッカーには何の不満もなかった」ダイオンはいう。「ガイアナ行きの許可を求めると、その場で『わかった、行ってこい』といわれた」

〝それくらい楽ならどんなにいいか〟とカウボーイ・ジャックはうらやんだ。実のところ、カウボーイはCIA本部七階にいる幹部連中とはコブラとマングースの関係で、これが大きな障壁として立ちはだかった。公金で酒を飲み、リスを撃ち、ただのらくらするのが好きな不良スパイの道楽みたいなものだと、この作戦は一蹴された。もうたくさんだ。SE部長バートン・ガーバーも、防諜部長ポール・レドモンドも、彼らにいわせれば〝CIAの業務に見せかけた個人的な休暇旅行〟などにカネを出すのは終わりだと、カウボーイにはっきりいっていた。ガーバーは最近のインタビューで、三銃士の友情は個人的なものだと感じていたから、ゲンナジーとの交際に戦略的な価値も、戦術的な価値もないと思っていた。単なる友情だ。理屈としてはゲンナジーにも見込みはあるが、国をまたいだ射撃練習の費用を工面してやるつもりは、ガーバーにはなかった。同様の理由――贈り物や銃そのものに反対だというわけではないが、今回にかぎってはそんな価値はない――から、ゲンナジーへの贈り物のハンティング・ライフルの購入にも反対した。「そんなことをしてもどうにもならんだろう」ガーバーはカウボーイにいった。「抱き込めるとは思えん」

ジャックがガーバーを飛ばして七階のポール・レドモンドに直訴しに行ったとき、ダイオンも付き添った。そのときのことは一生忘れられない体験になった――まさにカウボーイの振る舞いだった。「ジャックとおれは、レドモンドのデスクと向かいにある小さなカウチに腰を下ろしていた」ダイオンはそのときのことをいう。「狭い部屋だったが、壁際にふたりの副部長が座っていた。まずレドモンドがガイアナの件には反対だというと、〝カウボーイ〟のいでたちのジャックが、これ見よがしにゆっくりとベストのポケットからタバコを取り出した――このときのカウボーイはチェーンスモーカーだった」当然、部長室での喫煙は規則違反だったから、全員の目がマルボロに釘付けになった。「そして、タバコに火をつけながら、ガイアナ行きの許可を訴え続けるわけだ。ジャックの声をのぞくと、針が落ちる音さえ聞こえるほどだった」すべての視線がジャックのタバコに向けられていた。灰皿もない幹部室で、いったいどうするつもりなのかと固唾《かたず》を呑んでいた。

ジャックがガイアナにいるゲンナジーについてやたらゆっくりと喋りながら、灰をレドモンドの磨き抜かれたタイル張りの床にとんとんと落としているさまを見て、ダイオンは笑いを必死で噛み殺そうとした。「そんな調子で二〇分ぐらい続いた」ダイオンはいう。「コメディーの一シーンのようだったが、そう思ったのはおれだけだった。レドモンドも副部長ふたりも、ひとこともいわなかった。あきれ返っていた。それでもジャックは喋り続け、やがて床には灰がこんもりたまった」ジャックは吸い殻を床に落とし、ブーツの底でもみ消した。「それでも飽き足らなかったのか、踏みつぶした吸い殻を拾い上げて、レドモンドのソファのクッションの下にひょいと投げた。そして、『お考えいただきありがとう』といって、ふたりで廊下に出た」

「あれはいったい何のまねだ?!」エレベーターに乗るとき、ダイオンは訊いた。

「くそ喰らえ!」ジャックは吐き捨て、エレベーターに同乗していた六人ほどの秘書課の人たちがびくりとした。ジャックはにやりと笑って、こういった。「おはよう、レディーのみなさん」

「愛さずにはいられない男だった」ダイオンはいう。

もちろん、本部七階の住人のだれもがダイオンと同じ見解ではなかった。バートン・ガーバーも、ジャックの実力を認めていたとはいえ、その無愛想な態度を快く思っていない幹部仲間が多くいることも承知していた。あるCIAの同僚があけすけにいっている。要するに、CIAの幹部連中はジャックを恐れていただけだという。「あの性格はCIAでのジャックの立場を危うくしていた」ガーバーはいう。「うまく隠していたら、もっと上に昇っていたのだが」それに対して、ジャックは出世などに興味はなかったと答えていただろう――邪魔されずに、ただ国のためになる任務をさせてほしかっただけだ。常に忠実であれ《センパー・ファイ》（アメリカ海兵隊のモットー）。

CIAは組織の経費勘定のほうが心配なのだ、とダイオンとジャックは思った。幹部連中はゲンナジーからの連絡が罠だと思ったから、リスクを取りたくなかったのではないか。だが、ジャックは、幹部連中には大局が見えていないと思った――いや、確信した。ゲンナジーの頭にどんな情報が眠っているかは神のみぞ知るのだ。彼の義理の父親がソビエトの核開発プログラムの〝賢人〟のひとりなのだからなおさらだ。情報源の開拓は自動販売機とはちがう。コインを入れてレバーを引けば、きれいに包まれた二重スパイが出てくるようなものではない。スーツ連中はそんなこともわからないのか？　ジャックなら罠に引っかかったりしないと信頼してくれないのか？　ひとりの人間としてロシア人の友人に会いたい気持ちはあったが、ジャックもダイオンも、ゲンナジーがいつかアメリカの地で暮らすはずだと信じてもいた。そのときが来れば、ゲンナジーは両局にとって大きな資産《アセット》になる。

実際には、ジャックはロズリンに戻り、ルーキーたちが海外で活動できるようにする訓練を続けた。その間《かん》、ダイオンは六週間にわたってCIAでガイアナ行きに備えた訓練を受け、情報をもらった。ダイオンはひとりでガイアナに行き、〝ドナルド・ウィリアムズ〟という外交官として、ジョージタウンのペガサス・ホテルにチェックインした。ペガサスからは、カリブ海と海面下にある国土を守る約四五〇キロもの護岸を一望できる。アメリカ大使館からほんの二街区《ブロック》先に位置するので、そこは出張中の政府役人御用達のホテルだった。皮肉にも、まごうことなき非政府の者たちも集まってきていた。『カサブランカ』の一シーンのようだった――スパイ、麻薬密売人、ペテン師がみんなそこに泊まっていた」ダイオンはいう。「もっとも、まともなホテルはそこしかなかった。ガイアナの水を飲むと体の具合が悪くなる――カクテルなどは、汚れた水でつくった氷が溶ける前に飲み干さないといけなかった。ホテルのビュッフェはラスク、ドライ・ベーコン、卵の白身――鶏が栄養不良だから白身だけ――だった。卵料理は鼻水料理みたいだ。国民は極貧だった」

ダイオンは一・五キロほど東のソビエト大使館へ行った。ペレ・ストリートがカリブ海に接する大きな正方形の一街区《ブロック》を丸々占有している。敷地にはバスケットボールコート、テニスコート、大きなプール、そしてバレーボールコートもあった。ダイオンは旧友がそうした娯楽施設に入り浸っている姿を想像した。大使館に入ると、ダイオンは受付係にゲンナジーを呼び出してもらった。「数分もすると、おれが待っていた会議室に入ってきた」ダイオンはいう。「監視されていることはわかっていたので、ふたりともよそよそしい態度を取った。おれはペガサスに泊まっているとゲンナジーにいった。ホテルに戻ると、その夜一〇時にぎざぎざの護岸で会おうというメッセージを受け取った。タクシーがビーチでおれを降ろして走り去ると、あたりは真っ暗だった。おれは三キロほど歩いて、いるかもしれない監視を振り切って――ジャックも喜んだことだろう――待ち合わせ場所にたどり着いた。ゲンナジーは時間きっかりに現れた。おれたちは再会を喜んだが、まだばか話はせず、よそよそしい態度を取り続けていた。向こうの最初の言葉は『クリスはどこだ？』だった」

一時間ほどして、ゲンナジーは車でダイオンをホテルの数街区《ブロック》手前まで送り、ダイオンはそこから徒歩でホテルに戻った。ジョージタウンには一週間とどまり、ふたりは毎日顔を合わせ、護岸から標的を撃ったりした。ダイオンは笑っていう。「はっきりしていたことがひとつあった。ゲンナジーは何ひとつ変わっていなかった。現地のガールフレンドが少なくともふたりいて、うちひとりは薬剤師だった。ある日、おれがやつのアパートメントに行くと、イリーナがいた。年に二度の訪問で来ていたらしい」イリヤとユリアはいなかった――一〇代《ティーンエイジャー》だから、ソビエト連邦から出られなかった。イリーナは〝外交官〟の妻だから出られた。「しかし、イリーナはおれと遊んでいて面倒に巻き込まれるんじゃないかとおびえていた」ダイオンはいう。実のところ、ゲンナジーは人を怒らせるのは得意だったから、その点ではだれかの手など借りる必要はなかった。

毎晩、別れたあと、ふたりはタイプライターと向き合い、同じような時間に報告書を書いていた。ヤセネヴォにいるゲンナジーのボスは、アメリカの銃士たちとの交友歴をよく知っていたから激怒した。「銃士たちとは口をきくなといわれていた。これは罠だと」ゲンナジーはいう。「知るか、とおれは答えた。『おれが信用できないなら、本国に送り返せばいい。どのみちこんなところになどいたくない』」

その後もダイオンが帰るまで、ふたりは会い続けた。こうして、ゲンナジーは銃士たちとの交友を続けるために、KGBを欺くしかなくなった。それがのちのち重大なミスだったとあきらかになるのだが、ジャックと同じように、ゲンナジーもこの友情にはそれだけのリスクを取る価値があると感じていた。ダイオンが帰る日、別れを告げたとき、ゲンナジーはこう付け加えた。

「とっととここに来いとカウボーイに伝えてくれ！」

ダイオンはワシントンに戻ると、すぐにカウボーイに連絡し、ゲンナジーが元気にしていて、何度もカウボーイは来ないのかと訊かれたことを伝えた。カウボーイはバートン・ガーバーがDOVKA作戦に我慢し切れなくなっていると確信し、ガイアナ行きの別の理由を思いついた。ガイアナがアメリカ市民の目に入ったのは一九七八年だった。この年、ジム・ジョーンズというアメリカの共産党系カルト集団の指導者が、九〇〇人を超える〝ピープルズ・テンプル〟（人民寺院）信者にシアン化合物入りのフレーヴァー・エイドを飲ませて集団自殺させたのだ。ジョーンズも自分の名を冠した〝ジョーンズタウン〟生活共同体《コミューン》で、おそらく自分で頭を撃ち抜いて信者

ゲンナジー、イリーナ、ダイオン。ガイアナにて

と一緒に死んだ――アメリカ当局が彼のカルト集団を捜査していて、ジョーンズは捜査チームの足音でも聞いたのだろう。死んでいたのはほぼ全員がアメリカ人だった。のちの報道では、〝クール・エイドを飲んだ〟者の多くはマルクス主義に傾倒したジョーンの取り巻きに銃を突きつけられて飲まされた可能性もあるとされた。この集団自殺が起こる前には、アメリカ人がみずからの意志に反して拘束されているとの報告を受けて、調査のためガイアナに行ったアメリカ下院議員レオ・ライアンが暗殺されていた。

　カウボーイは、ＣＩＡとＫＧＢがしばらく前からこのカリブ海の小国に興味を持っていたことを知っていた。実際には、現大統領Ｌ・フォーブ

ズ・バーナムはCIAの支援を受けて一九六四年に首相の座についていた。ジョーンズタウンの事件を受けて、KGBとクレムリン（ソビエト政府）は揃って、九〇〇名あまりの死をアメリカ文化の退廃と病理に起因すると発表した。しかし、自分たちがそのカルト集団と秘密裏につながっていたことは発表しなかった。ソビエトの代表団が何度もピープルズ・テンプルを訪問していたことが、まもなくあきらかになった。生き残った者たちは、ジム・ジョーンズが定期的に地元KGBの連中と会っていたとジャーナリストたちに語っていた。集団自殺が起きたすぐあとに、バーナムはジョーンズに会っていた地元KGB職員の詳細情報を記したメモを公表した。そこには、拠点を黒海に移す相談をしたと記されていた。書簡も公表され、ジョーンズタウンで集めた七二〇〇万ドルの資金が、ジョージタウンの地元銀行に移され、ソビエト大使館が引き落とせる状態になっていたこともあきらかになった。

ほかはどうあれ、ソビエト側がジョーンズタウンの虐殺に手を貸したと本気で信じる者はひとりもいなかったが、その悲劇はやる気のあるCIA工作員がガイアナに目を向け――訪れる――きっかけになった。ジョーンズタウンの虐殺のような事件をまた起こすわけにはいかない。〝使えるものは何でも使え〟とカウボーイは思った。カウボーイから休みなく〝口撃〟を受け、ガーバーはついに折れ、一九八五年二月にカウボーイのガイアナ行きに同意した。ゲンナジーの見立てどおり、ガイアナの暮らしは、何かが起こるのを待っているばかりだった――そして、やっとその何かが起こりそうだった。

一九八五年二月、ガイアナでの三銃士の再会はサプライズにする予定だった。その月はジャックの誕生月だし、遅くなったが、一二月はゲンナジーの誕生月でもある。ガイアナ行きの際、ジャックは海外用の偽名〝チャールズ・ネラー〟を使い、ダイオンはまた〝ドナルド・ウィリアムズ〟にした。ペガサス・ホテルにチェックインしたあと、ジャックはホテルにとどまり、ダイオンはソビエト大使館へ歩いていき、たまたまゲンナジーとばったり会い、仕事帰りにホテルで一杯やらないかと誘った。

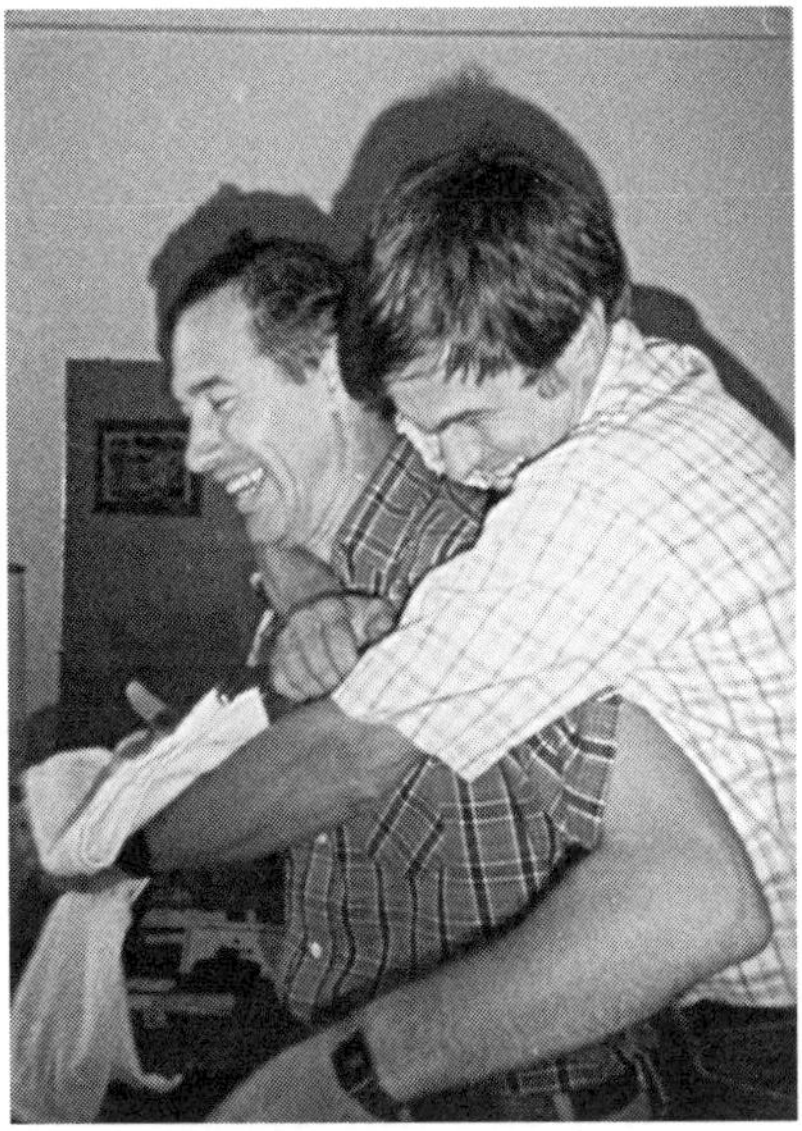
ガイアナのペガサス・ホテルでジャックがゲンナジーにサプライズを演出する

その夜、ゲンナジーはダイオンの狭い部屋にやってきたが、落ち着く前にダイオンはスーツケースからカメラを取り出し、ゲンナジーにポーズを取ってくれといった。

「何だよ、FBIはおれの写真をまだ撮り足りないのか？」ゲンナジーは訊いた。

「まあ、今度は特別な一枚になるのさ」ダイオンは答えた。

そのとき、ゲンナジーはうしろから、クローゼットに隠れていた何者か（暴漢か？）に抱きかかえられた。その瞬間、ダイオンはニコンのシャッターを押した。〝罠だったのか？〟という疑問がゲンナジーの脳裏をよぎった。目を下に向けると、左手の一本の指が半分欠けている男に抱きかかえられているのがわかり、ゲンナジーは満面の笑みを浮かべた。その場面をダイオンのカメラがとらえた。

「カウボーイ！　ずいぶん遅かったな？」ゲンナジーは笑った。「いや、クローゼットから出てくるのがさ」そしてふたりは正面から抱き合った。

「ぜんぜん電話してくれないのね」ジャックは冷たくあしらわれたティーンエイジの女の子のまねをした。

「よし、ご婦人方、もういいだろう」ダイオンが割って入った。

三人はその後、数時間をかけて近況を報告し合い、ジャックとダイオンの四日間の滞在で何をするか計画を練った。翌日から数日のあいだ、ジャック、ゲンナジー、ダイオンの三人は護岸で落ち合い、ピクニックしたり、空き缶を撃ったり、ジョージタウンでいちばんのビストロで食事したりした。滞在期間が終わると、ジャックとダイオンはきっちり報告書を提出したが、ゲンナジーは何もしなかった。だれも引き込む誘いはかけなかった。しかし、ジャックとダイオンは、ゲンナジーとの友情を育んでさえいれば、いつかいいことがあるような気がしてならなかった。

一方、その年の春のワシントンでは、ダイオンとジャックの業界が激動の渦に呑み込まれていた。なかなかなびかないロシア人カウボーイがガイアナに残り、バレーボールをしたり、〝ベルビス郡ビーチ六三番地〟でビキニ美女たちに囲まれて肌を焼いたりしているとき、ダイオンとCI－4分隊、ジャックとSE部はもっと重大な案件にかかわっていた。最近になって、アメリカ国民がアメリカ政府に対するスパイ活動に手を染める件数が目立って増えていた。CIAの腕利きスパイ・ハンター、サンディー・グライムズが何年もあとになって作成した報告書によると、対ソ活動に従事していたCIAスパイ三〇人程度の身元が完全に暴かれていたと記されている。

ダイオンとゲンナジーがカリビアン・ピクニックを楽しんでいる。これがスパイ流

KGBはモスクワ勤務のCIA工作担当官マイケル・セラーズとエリック・サイツを逮捕し、両者をアメリカに強制送還した。GRU（ソビエトの国防省参謀本部情報部）のセルゲイ・ボカン大佐はそれまでCIAのために一〇年間も働いていたが、裏の顔を暴かれたために、秘密裏にアメリカに連れ帰らなけ

ればならなかった。一九八五年の一時期、ＣＩＡは鉄のカーテンの向こう側で活躍していた資産《アセット》（外国に浸透しているエージェント）を六人も失った――処刑されたことがわかった者もいれば、〝失踪〟した者もいた。

その後、五年もの年月をかけて準備していたＣＩＡ＝ＮＳＡの合同の貴重な技術的成果が失われた。ＧＴ／ＴＡＷというコード・ネームがついたこのプロジェクトは、モスクワのＫＧＢ本部とモスクワ南部の核兵器研究施設とをつなぐ主要電話線のそばを通る下水道に、高性能テープレコーダーと電子盗聴器を設置するというものだった。

「ＣＩＡの本部が丸ごと崩れていくようだった」伝説のＣＩＡ防諜部長ポール・レドモンドはいった。「次々につかまっていく」熟練のＣＩＡ工作担当官が細心の注意を払って――ロシア製の服、ロシア語、それに、イアン・フレミング的な最新のガジェットまで使って――計画してきたというのに、何人もＫＧＢに出し抜かれていた。わからないのは、どうしてそうなったのかだった。

しかし、苦しんでいたのはアメリカ側だけではなかった。ソビエト側にも修繕が必要なほころびはあった。ジョン・ウォーカー・ジュニアとロナルド・ペルトンを失ったことは、とりわけ大きかった。どちらも、ゲンナジーが開発したＮＳＡの資産《アセット》だった。

裏切り者がいるかもしれないというＣＩＡ長官ケイシーの推測は正しかった。ただし、それでも甘すぎる見立てだった。裏切り者はひとりではなかったのだ。もうすぐカウボーイ・ジャックは、最悪の裏切り者のひとりが彼のIOCを修了したゼファーだということを知る。一九八五年八月末、いつものようにバザード・ポイントの銃士仲間ダイオンとレイン・クロッカーに会いに行ったとき、パイプラインの苦行を通過した夫婦がCIA史上最高のソビエト資産《アセット》の情報を漏洩《ろうえい》したと疑われていることを知った。ジャックは肩を落とした。容疑をかけられている妻のほうは、モスクワ支局へ派遣する準備を整えてやっただけでなく、娘のような存在でもあったからだ。疑われている夫婦はエドワード・リー・ハワードとメアリー・ハワードだった。「エドはいつも厄介ばかり起こしていたが、メアリーまでそんなことをしたとはとても思えなかった」ジャックはいった。

ハワード夫妻はふたりとも一九八一年にCIAに入った。何年も前に平和部隊にいるときに出会い、一九七六年に結婚した。エドワードはジェームズ・ボンドの映画が大好きだった。ただし、ボンドと同じくアルコール好きだが、ボンドとちがって娯楽としてのマリファナ、ハシーシ、コカイン、LSD、クエイルード（鎮痛剤、催眠剤）にも興味があった。大半のCIA局員は、あとになって改めて考えてみると、そもそもエドワードを入局させるべきではなかったという。だが、信じがたいことだが、エドワードとメアリーのハワード夫妻は入局しただけでなく、エリートとされるSE部に配属もされた。そこで訓練を受けたのち、身分を秘匿してもっとも過酷な支局に派遣された。モスクワへ派遣されたのだ。エドワードがアドルフ・トルカチョフに関する要旨説明を受けていたという点は、きわめて重大だった。トルカチョフは技術者で、ソビエトの戦闘機用レーダー防御システムの情報を——年に二〇万ドルを彼のエスクロー口座に入金する代わりに——それまで五年にわたって提供していた、CIAにとって貴重な資産《アセット》だった。ハワードがモスクワに行けば、トルカチョフの工作担当官になる可能性が高かった。

しかし、ジャックの訓練を修了し、夫婦でモスクワに派遣される前の一九八三年五月、ハワードは四度のポリグラフ・テスト（CIA職員が三年に一度受けることになっているテスト）に合格できず、解雇された。薬物摂取や盗癖についての質問に正直に答えなかったことがわかったのだ。五カ月後、ハワードは生まれ故郷のニューメキシコに戻っていたが、DCのソビエト領事館に赴き、自分の紹介状を手渡した。自分はCIAに不満を持つ元局員であると記してあった。その後一年半ほど、何度もオーストリアのウィーンへ飛び、KGBの調教師《ハンドラー》と接触していたとされる。

一九八四年になると、飲酒が激しくなっていたが、ハワードはCIAに〝めちゃくちゃにされた〟と大勢の元同僚に漏らしていた。ハワードが当時サンタフェ近郊のエルドラドに住んでいて、アルコールの問題を抱えているだけでなく、ソビエト領事館に行ったことを認めてもいるという情報は、CIA本部にも届いていた——CIAにとっては中毒性の強い〝カクテル〟だが、同局はこの時点でまだウィーン行きのことはつかんでいなかった。ハワードはCIAモスクワ支局に関する秘密情報をあまりに多く知っていた。

しかし、最大の損失は、エドワード・リー・ハワードが調教する準備を進めていた極秘資産《アセット》だった。一九八五年六月一三日、技術者／資産《アセット》のトルカチョフは、アメリカ側工作担当官ポール・〝スキップ〟・ストンボーとの会合場所に現れなかった。スキップはトルカチョフへの投函はできず、投函場所でKGBエージェントにとらえられ、ルビャンカ刑務所に連行された。トルカチョフは数週間前に逮捕されており、レフォルトヴォ刑務所に連行され、一年後に処刑された。

同じころ、KGBの転向者でゲンナジーの同僚ヴィタリー・ユルチェンコは、CIAに協力していた。彼はロナルド・ペルトンがアイヴィー・ベル作戦の情報を漏らしていた[*16]ことをCIAに伝えた。さらに、ジャックのパイプライナーだったエドワード・リー・ハワードがKGBに協力し、モスクワ支局の情報を流していることを、SE部長バートン・ガーバー（ジャック・プラットと天敵同士だった）に確信させた。ユルチェンコは説明がうまかったが、CIAには問題児がもうひとりいた。ハワードのCIA時代の親友、ビル・ボッシュ――通貨取り引き詐欺を働き、ボリヴィア支局で不適格と判断され、ハワードの一年後に解雇されていた――だった。そのボッシュがハワードの不穏な情報をCIAに伝えてきた。ボッシュはハワードとよく連絡を取っていて、あるときふたりで会ったとき、不当に馘にされた者同士、復讐してやろうとハワードが誘ってきたというのだ。二〇年前のリー・ハーヴェイ・オズワルドと同じように、ハワードもメキシコシティーのソビエト大使館に駆け込み、中央情報局に関して知っていることを洗いざらいぶちまけるつもりだった。ボッシュはちょっと考えさせてくれと答えた。しかし、実際には、ハワードのアルコール問題が悪化していて、スパイ行為に誘ってきたことをSE部に伝えた。

一九八五年八月、その重大な知らせを受けたジャックは、FBIワシントン支局のレイン・クロッカーたちに警告を発した。ハワードはIOCコースを修了しているから、ハワードが逃亡するつもりなら、FBIの精鋭でなければ、つかまえる見込みはない。アルバカーキから派遣された局員が遠くからハワード夫妻の監視をはじめた。主に電子監視装置を自宅に向けての監視だった。九月一〇日、FBIはハワードの精神科医から、尋問で圧力をかけられたら折れる可能性が高いとの情報を得た。ワシントン支局の局員六人に加えて、経験豊富な尋問官であり、ポリグラフ操作官でもあるダイオン・ランキンもニューメキシコ行きのために荷物をまとめた。

CIA局員ふたりも出発の準備を整えていた。ひとりはハワードのSE部の元上司で、ハワードも一目置いていたトム・ミルズだった。ただし、ハワードはミルズの自宅の車道《ドライブウエイ》で解雇された怒りを大声でぶちまけていた。今回のミルズの仕事は、FBIに協力するようハワードを説得することだった。もうひとり西へ向かうことになったCIA局員はカウボーイ・ジャック・プラットだった。ジャックの仕事は、メアリーとの特別な関係を利用してメアリーの説得にあたることだった。さらに、ジャックはハワード夫妻をどちらも知っているから、その知識がふたりの反応を予測する際に非常に重要になるかもしれない。また、ジャックにとっては、自分の服装規定が適切だとして受け入れてくれるところにいられるチャンスでもあった。

ダイオンはハワードに関する報告書を入念に読み、ボッシュとハワード夫妻に対するポリグラフ用の質問を何時間もかけて準備してから、ジャックとダレス空港で落ち合った。「ジャックとおれは一緒にアルバカーキに飛んだ」ダイオンはいう。「おれはエドワードをポリグラフにかけ、その後テキサス州サウス・パドレ・アイランドに飛んでボッシュにもポリグラフをかけることになっていた。ジャックはチームとサンタフェに残り、メアリーのお守りをする」一九八五年九月一九日、ふたりがハワードに連絡し、話ができるようにサンタフェのヒルトン・ホテルに来てほしいと伝えた。FBI局員たちがロビーで出迎え、ハワードを三二七号室に連れていった。その部屋は三二九号室と壁が接していて、ダイオンとジャックは三二九号室でもうひとりの局員と静かに待機していた。隣の三二七号室からの合図を受けてポリグラフをすることになっていた。

ジャックとダイオンが壁に耳をつけていると、すぐに激しい言い合いが聞こえてきた。ハワードが尋問官に声を荒らげ、ポリグラフを拒否しているようだった。解雇されて恨みと飲酒が募り——あるいは、スパイ行為でつかまるかもしれないと思ったのかもしれないが——いらだっていた。「ハワードが激昂したとき、こっちの部屋に一緒にいた三人目の局員が銃を抜いた」ダイオンはいう。「そいつはうっかりおれの腹に銃口を向けた。ジャックとおれは、だれかがまちがって撃たれないうちに銃をしまわせた。その話で何年も笑わせてもらった」ジャックとダイオンは、ハワードが部屋を出たことが確認されるまで、隣室にとどまっていた。

そのあと同日のうちに、ハワードは本当にたまたまサンタフェのスーパーマーケットでFBI捜査チームのメンバーと出くわした。そのときは落ち着いていて、また会って話をしてもいいといっていたという。そのFBI局員はびっくりしたものの、尋問官がまだヒルトンにいるから待たせておくとハワードに伝えた。急遽《きゆうきよ》、ホテルで短い予備会合となり、ハワードは月曜日（四日後）にポリグラフを受けるが、週末は弁護士と相談させてくれといった。局員たちは突破口がひらけたと思い、安堵《あんど》のため息をついた。

同夜、ダイオンはビル・ボッシュのポリグラフを行うため、ＦＢＩ現地支局のビル・クープマンとともに三時間のフライトでテキサスへ行き、ジャックはサンタフェにとどまり、ハワードの監視とＦＢＩへの助言を続けた。土曜日、ダイオンとクープマンは、サウス・パドレ・アイランドのバイア・マール・リゾートで八時間ほどかけてボッシュの尋問とポリグラフを行った。「ハワードがモスクワで調教していた我が国の資産《アセット》ひとりが、やはりモスクワで処刑されたのだと我々は伝えた」ダイオンはいう。「ボッシュはすべて認めた。ハワードはヨーロッパでＫＧＢからカネを受け取ったことをボッシュに漏らし、ボッシュをスパイ活動に誘ってきたという話もした」長い一日が終わりつつあるとき、ボッシュは緊張に耐え切れず取り乱した。「過呼吸になり、ヒステリーを起こしたかのようだった」ダイオンはいう。「しかし、ポリグラフは終わっていて、ボッシュは楽々合格していた」ダイオンは仕入れた情報をワシントン支局のレイン・クロッカーに伝え、クロッカーは月曜日に逮捕する決定を下した——令状取得に二日かかるからだった。だが、二日ばかり遅すぎた。ハワードはすでに逃亡していたのだ。

まさに土曜の夜、ハワード夫妻はいつものベビーシッターに二歳の息子リーのお守りを頼み、夕食に出かけた。しかし、それは表向きの話だった。実際には、夫婦は前夜、ジャックに教わった回避テクニックをすべておさらいしていた。エドワード・ハワードが息子におやすみのキスを、おそらく永遠の別れのキスをしたあと、メアリーとふたりで出かけた。たまたまＦＢＩの見張りは別のところに目を向けていた。

Ｇメンに尾行されているものと勝手に思い込み、メアリーの運転する車で、この夫婦スパイは四時三〇分に家を出て、最後の晩餐《ばんさん》をとった。そこから涙をこらえたメアリーが、日中に偵察しておいた下車地点で夫を降ろした。レストランからの車移動は、彼らがゼファーだったころにジャックから教わった一級品の回避テクニックのオンパレードだった。ＦＢＩ精鋭チームによる監視を巻くために、何時間も車を走らせて監視の〝隙〟をつくり、ジャック・イン・ザ・ボックス（ＪＩＢ）をやり、車での受け渡し（ＭＣＤ）をした。もちろん、実際には尾行などついていなかったから、走っている車から飛び降りて、危うく腕の骨を折りそうになり、エドワードは二重の意味でばつが悪かった。メアリーもＪＩＢを使って家まで戻った。アメリカ当局はそれ以来、二度とエドワード・リー・ハワードの姿を見ることはなかった。

自分の訓練生が国を裏切り、トルカチョフに続いてモスクワの貴重な資産《アセット》だった善良な男を処刑させたと知って、ジャックはまだ動揺していた。しかし、それから数日のあいだ、ダイオンとふたりで、自分が特別な関係を築き、信じてきた妻のほうは売国奴ではないことがあきらかになってほしいと願っていた。ジャックがメアリーに電話し、ハイ・メサ・インまで来るよう伝える一方、ダイオンはポリグラフ用の質問を用意した。メアリーは母親と連れ立ってやってきた。すぐにはポリグラフに同意しなかったが、ジャックと、ロサンゼルスから来た女性FBI局員に背中を押される形で、やがて応じた。もっとも、協力しなければ、息子のリーが両親のいない環境で育つかもしれないことも、メアリーはおそらく知っていた。「緊張が緩むと、メアリーはすべてを話した」ダイオンはいい、ポリグラフにも問題なく合格したと付け加えた。

メアリーは心をひらくと、理想的な証人になり、ジャックやダイオンをはじめ、チーム全体が思いもしなかったほど詳細な情報をもたらした。ある夜メアリーは、エドワードがスイスの銀行口座を持っていて、多額の預金があった（あとでスイスの情報提供者に教えてもらったところでは、一五万ドル）ともいった。口座番号はわかるか？　いいえ。ほかに情報は？　あります。エドワードがニューメキシコの砂漠に緊急用の持ち出し品を埋めたとき、メアリーも一緒にいて、持ち出し品はまだそこにあるはずだという。いつでも都合のいいときに、そこまで案内できます。局員たちはみんな同時に答えた。「いま、いま、いまから行こう」

ダイオンは月のない砂漠の真っ暗な夜に車を走らせ、小川を渡ると、メアリーが一本の木を指さした。チーム・メンバーのひとりが小さなスコップを持ってきていて、ダイオンは懐中電灯を向けていた。著書 *The Spy Who Got Away* のためにメアリーにインタビューを敢行した作家のデイヴィッド・ワイズによると、スコップを持った局員が地面を掘っていたとき、メアリーは泣きじゃくっていたという。局員がほんの数分掘ったところで、緑色の軍用弾薬箱にスコップの先が当たった。中には、銀の延べ棒、さまざまな額のアメリカ紙幣、カナダの硬貨、そして二枚のクルーガーランド金貨、すべて合わせて一万ドル相当のものが入っていた。そして、スイスの銀行口座番号が記された預け入れ伝票が入った封筒もあった。

空路でワシントンへ戻る前、ジャックとダイオンは、もう一度メアリーとのミニ・ドラマを経験した。別れ際の会話で、エドワードがMCDによる逃走の数日後に、特定の時刻、特定の場所に電話してくるのだとメアリーは漏らした。ジャックもダイオンも正確な日付は覚えていないが、場所については、夫婦がよく息子のリーと遊んでいた自宅の近くの公園に設置された公衆電話だった。時間きっかりに電話が鳴ると、ダイオンはメアリーのいるブースに体を無理やり押し込み、受話器に耳を押し付けた。ダイオンははっきりとは覚えていないが、ジャックもブースのガラスに耳を押し当てていたようだ。

「彼はこっちにいる」受話器から聞こえてきたのは、そのひとことだけだった。きついロシア訛りだった。実際のところ、エドワード・ハワードはまだロシアに入っていなかった。九カ月、九カ国におよぶ長い流浪《オデュッセイア》がはじまったばかりで、降り立つ地を探しているところだった。ハワードによると、こんな旅路だった。ツーソン、ニューヨーク、コペンハーゲン、フランクフルト、ミュンヘン、ヘルシンキ、偽名で六カ月いた南アメリカ、ウィーン、ブダペスト、そしてようやく一九八六年六月にモスクワにたどり着いた。

ジャックとダイオンは一九八五年一〇月後半にニューメキシコに戻り、メアリーから聞き出せることをすべて聞き出せたかどうか確認した。メアリーは再度ポリグラフにかけられ、やはり合格した。まもなく、メアリーを共犯者として告発するかどうかという問題が持ち上がった。すでにジャックは、メアリーはアルコール依存症者を抱えてまずい立場に陥った善人だと確信していた。アルコール依存症については、自分でも多少はわかっていたから、ジャックはメアリーの側に立って強力なロビーイングを展開した。「メアリーはアルコール依存症者と共存関係にあって、相手の異常な行動に巻き込まれただけだ」ジャックはそういっていた。「メアリーは被害者だ。解放してやらないと。それに、メアリーには子供もいる」ジャックはエドワード・リー・ハワードについて、ザ・ファームとSE部での業務態度や業績に関する彼の報告を読むかぎり、厄介なやつだったともいっていた。メアリーが告発されることはなかった。

一九八三年、ハワードはCIAのスパイとしてモスクワに行けなくなり、心を病んでいた。二年も入念に準備していたのだからなおさらだった。一九八六年、ついにモスクワ入りしたが、そのときはKGBの計らいだった。ジャックが訓練してきた男は亡命の身となり、偶然にもゲンナジーのかつてのホーム、KGBのディナモ・スポーツ施設でよくバレーボールに興じていた。メアリーはモスクワのエドワードに何度か会いに行ったものの、やがて一九九六年に離婚した。ジャックはその後何年もメアリーと連絡を取り合っていた。ハワードは二〇〇二年七月一二日、五〇歳で死んだ。謎に包まれた墜落で首の骨を折ったのだった。ダイオン・ランキンも、ジャックがかつてハワードを厄介なやつだといっていたことを覚えていたが、やはりその死に疑いを向けている。役に立たない厄介者になり、「おそらく突き落とされたんだろう」。

生前、ハワードは自身の回想録*Safe House*で無実を訴えていた。ソビエト側の本物の二重スパイ——あるいは二重スパイ・グループ——の探知を防ぐために、FBIとCIAの貴重な人材を削《そ》ぐというユルチェンコの罠にはまったのだと。それに対して、ジャックはいった。「戯言だ。あのくされ裏切り者は、一五万ドルでモスクワ支局を丸ごと売り渡したのさ。全員の身元を暴露しやがった。ゲンナジーに関する最初の身元調査を流した資産《アセット》［ウラジーミル・ピグゾフ、コード・ネーム〝ジョガー〟］のもな」アメリカにもうひとり二重スパイがいるような気がしてならなかったおかげで、ジャックの怒りはますます大きくなるのだった。

一九八五年にハワードが失踪したすぐあと、ジャックは肩で風を切りながらバートン・ガーバーのオフィスに入っていき、ハワードに関してぶっきらぼうにひとことだけいうと、すぐに出ていった。「人の鍛え方なら知ってるといっただろうが」

7 そっと、そっと、つかまえろ

“あんたら、おれの友だちに何してる?”

二〇〇五年八月　ロシア、ソーンツェヴォ

看守たちは予告もなしに、彼を何度も監房から監房へ移し、急にちがう環境に置いた。感覚を混乱させることが目的だ。次の監房はましかもしれない、次の尋問官はもっと親切かもしれない。そんなかすかな希望を持たせる。期待を打ち砕かれると、ひどく混乱するといわれる。そして、常態に戻れるなら何でもする——あるいはいう——ようになる。*17

いま、ゲンナジーはふらふらしていた。疲れていて、眠くてしかたなかったが、眠ったところで、ブーツで蹴られたり、平手打ちされたり、あるいは、このときのようにバケツに入った冷たい汚水を顔に浴びせられて、たたき起こされるのがオチだ。ゲンナジーは汚水を吐き出し、慌てて息を吸い込んだらむせた。

「ロシアじゃ、テロリストはあまり眠れねえんだ」青白い顔のFSBの男がゲンナジーに説教を垂れた。男は厚底のブーツを脱ぎ、ほどいた靴ひもを持って振り回し、ゲンナジーの顔に少しずつ近づけた。

「おれはテロリストじゃない！」

「指に爆発残滓が付着していたぞ」尋問官が怒鳴った。回転するブーツの風がゲンナジーの濡れた頬にひんやりと感じられた。

「おまえらが仕込んだくせに！」

「テロリストが陰謀論を語るのか！」尋問官がいい、ブーツをスチールのテーブルまで下ろした。「そろそろはじめるか？　どんな手を使ってワシントンの〝レジデンチュラ〟の仲間をアメリカ側に引き込んだ？」

この男が何の話をしているのか、ゲンナジーにはまるでわからなかった。「だれがアメリカ側についたって？」

「知ってるだろうが、同志。一緒に働いていたんだから」

「一緒に働いたやつは何百といる」ゲンナジーはいった。

「何百の話などしていない。おれが訊きたいのはふたりのことだけだ」

「何の話か――」

ゲンナジーがいい終える前に、ブーツが鼻を直撃し、血が上唇に垂れてきた。ふたりのこと？

いったい何の話だ？　ジャックとダイオンのことか？　わかるのは痛みだけだった。痛みならはっきりわかる。

一九八六年一二月

物腰はつっけんどんで、ガンマンのような振る舞いをするものの、カウボーイは思慮深くて戦略的な面も持ち合わせていた。「そっと、そっと、つかまえろ」カウボーイは自分のやり方をよくそういって説明していた。ゲンナジーを力で引き入れたりは絶対にしないと思っていたし、ガーバーの知性には一目置くが、ゲンナジーを口説くのは長丁場になるということをわかっていないようで腹立たしかった。だから、もう一度ガイアナに飛びたくなり、同年後半にガーバーが退官予定だとわかったとき、カウボーイはSE部長代理のミルト・ベアデンに近づき、許可をもらおうと画策した。

カウボーイはベアデンのオフィスに入り――ベアデンの覚えているかぎりでは最高のロデオ衣装に身を包み――ガイアナ行きと特注ライフルの購入を手早く許可してほしいと訴えた。

「だれを殺すつもりなのかいってもらえないことには許可できんな」

「ゲンナジー・ワシレンコにくれてやる銃だ」カウボーイはいった。

ふたりはそんな要請の当否について二〇分ばかりやり合った。ガーバーとその上司のレドモンドと同様、ベアデンも、カウボーイが何度となくゲンナジーと会っているというのに、引き込めそうな気配がまるでないことは知っていた。「なぜ性懲りもなく続ける？」ベアデンは訊いた。「成果は出るのか？　ランキンとふたりでマスターベーションするだけか？」

それでも、ベアデンは結局折れて、ガイアナ行きを許可した。ガーバーはこのジャックの所業を知ったとき、腹を立てずに、その図々しさにただ笑った。

出発前、カウボーイとダイオンは地元のカスタムTシャツ・ショップに行き、ゲンナジー、大使館職員、そしてペガサス・ホテルの友人たちのお土産としてTシャツをつくった。シャツにはガイアナの地図とゲンナジーの最近のお気に入りの文句がプリントされていた。〝ガイアナ　地の果てではないが、地の果てが見える〟。ゲンナジーはガイアナが大嫌いだったから、そのシャツは着ずにいまでも持っている、とダイオンは明かす。

ジョージタウンに到着すると、ダイオンとカウボーイは三人目の銃士を〝誘拐〟してペガサスに連れてきた。早くプレゼントを渡したかったのだ。

「ハッピー・バースデー、共産党員《コミー》」カウボーイは笑いながら、ゲンナジーに細長い包みを手渡した。

「カウボーイの銃じゃないか！」ゲンナジーは受け取ると大喜びし、鹿撃ちライフルの銃床にキスした。30－30弾を使用するレバー・アクションのマーリン336はウエスタン全盛のハリウッド映画によく出てきたりと、かつて――そしていまも――アメリカの本質が詰め込まれたハンティング・ライフルだった。しかし、のちに疑い深いKGBの目には、ゲンナジーが母国を裏切った象徴だと映ることになる。

カウボーイはフェルトの内張が施されたケースに入ったマーリンをきれいにラッピングし、五〇発の弾薬とともにガイアナに持ってきた。これはマッキム・サイミントンを通じて、カウボーイが調達したものだった。サイミントンはカウボーイの知るかぎりだれよりも火器に詳しかった。ちょうどカウボーイがゲンナジーのプレゼントとして探しはじめたころに、サイミントンの同僚がマーリンを売りに出していた。

「ひとつ告白することがある」カウボーイはゲンナジーにいった。「おれの名はクリスじゃない」

「当ててみようか。ジャック・プラットというんじゃないか？」ゲンナジーはそういうと、にやりと笑った。

「知っていたのか？」

「二度目に会ったときにやっとな」

「この野郎。どうやって——？」

「そりゃないぜ、クリス。KGBを見くびってもらっちゃ困る。人のつけ方を知ってるのはあんたの弟子たちだけじゃない。それどころか、その技を完成させたのは、たしかこっちの人間だったはずだ。それに、おれは〝クリス〟って名前が好きだ。だが、あんたの名前なんか、だれが気にする？」

「まったくだな」

一九八七年春

カウボーイは五一歳になり、ＣＩＡの実戦訓練を改善し終えると、政府の仕事はもうたくさんだと思った。何年も前からＣＩＡの官僚主義と絶え間ない資産《アセット》の損失には幻滅していた。「打ち合わせにも出ていませんでした」ペイジはいう。ジミー・カーター大統領とＣＩＡ長官スタンスフィールド・ターナーにも、一九七七年一〇月、六〇〇人を超えるＣＩＡ職員が解雇されたとき——〝ハロウィーンの大虐殺〟——に裏切られたと感じていた。何というか、スパイ活動にいそしむスパイにとっては受難の時代だった。カウボーイに関するかぎり、秘密任務は死んだのだ。何年もあとになって、カウボーイは自身が立ち上げたＩＯＣの訓練コースが、退職後に受けた〝仕打ち〟について怒りを口にした。「ＦＢＩはまだその訓練コースを使っているが、ＣＩＡは一九九三年になくした。あのとき辞めて心からよかったと思っている」

カウボーイは退職後、ＣＩＡ本部ビル六階でひらかれた授賞式で〝輝かしい諜報職歴勲章〟を受賞した。しかし、実際に退職パーティーをひらいた政府職員は、ダイオン・ランキンとマイク・ロックフォードを中心としたＦＢＩの友人たちだけだった。ＦＢＩ局員が引退するＣＩＡ工作担当官のためにパーティーをひらくのは異例なのかと訊かれると、ダイオンはただ笑い、こう答えた。「冗談だろ？　ＣＩＡとの付き合いはほとんどないんだ。だが、カウボーイは特別だ。ランチタイムにオールド・タウン・アレクサンドリアのフィッシュ・マーケット・レストランでジャックのパーティーがあるという情報が局内に流れると、三〇人ぐらい集まっただけでなく、みんなでカネを出し合って贈り物を買うことになった」ダイオンはカウボーイがトンプソン・サブマシンガンをほしがっていたことを思い出し、アーリントン・アームズで六〇〇ドルのレプリカが売られていることを突き止めた。それをロックフォードが受け取りに行き、ジャックの名前を記した飾り板をつけた。その板には、こんな警句が添えられていた。〝口で負け、異彩を放つ――偉才〟。〝ロック〟はいう。「FBIを辞めていく者に銃を買うことさえめったになかった。ましてCIAの人間には。だが、カウボーイの贈り物だと聞くと、スクワッドの連中もみんな一口乗った」ジャックのIOC訓練生のひとりで、のちに作戦副部長になったCIAのマイク・スリックは多くの人の気持ちをこうまとめる。「ジャックのキャリアで注目すべきは、はじめてFBIとの協力の重要性を認識したひとりだという点だ」

FBI長官ウィリアム・H・ウェブスターはこのときちょうどCIA長官になるところだったが、ジャックに祝福の手紙を送っている。それには、こんな一節が書かれていた。

この機会をお借りして、FBIとCIAの合同作戦をはじめ、貴殿の長年にわたる数多くの偉業に感謝の気持ちを表したい。FBI局員の訓練に多大なるご支援をいただいたうえに、その熱意とプロ意識によって両局間の長期におよぶ業務関係は大いに強化されてきた。

自分がもうじきＣＩＡのポストに就くこと、そして、ジャックが伝説に残るほど権威と対立しまくっていたことに関して、ウェブスターは手書きで大胆な追伸をつけていた。「どうか予定どおりにＣＩＡを辞めていただきますよう。貴殿が去るまでは長官の座に就くつもりはないので。

［署名］ＷＨＷ」

退職後まもなく、ジャックはＣＩＡのマクリーン本部からほんの一キロ半ほど離れたところに、訓練と警備のコンサルティング会社〈ハミルトン《H》・トレーディング《T》・グループ《G》〉を創設した。この新しい事業を立ち上げる際、彼はやはり元ＣＩＡ局員のベン・ウィッカムとパートナーを組んだ。そのウィッカムはこう事情を披露する。「ジャックが警備会社をつくろうと思いついた。アレクサンダー・ハミルトンの名前を拝借したのは、ハミルトンが数字には強かったのに、銃の腕はからきしだったからだ」ジャックがかかわると、何でもいたずらがまぶされる。

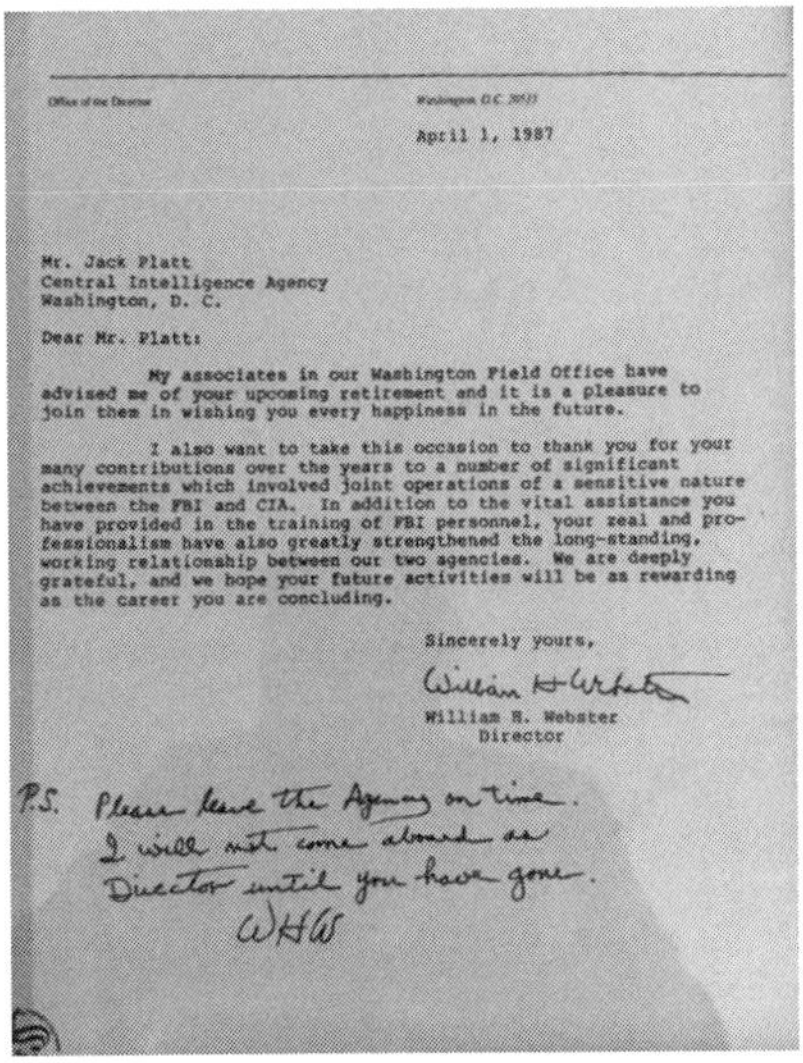

Office of the Director　　Washington, D.C. 20535

April 1, 1987

Mr. Jack Platt
Central Intelligence Agency
Washington, D. C.

Dear Mr. Platt:

My associates in our Washington Field Office have advised me of your upcoming retirement and it is a pleasure to join them in wishing you every happiness in the future.

I also want to take this occasion to thank you for your many contributions over the years to a number of significant achievements which involved joint operations of a sensitive nature between the FBI and CIA. In addition to the vital assistance you have provided in the training of FBI personnel, your zeal and professionalism have also greatly strengthened the long-standing, working relationship between our two agencies. We are deeply grateful, and we hope your future activities will be as rewarding as the career you are concluding.

Sincerely yours,

William H. Webster
William H. Webster
Director

P.S. Please leave the Agency on time.
I will not come aboard as
Director until you have gone.
WHW

ウィッカムとジャックはふたりとも現役のＣＩＡ局員だったころは互いを知らなかった。

ふたりは事業を立ち上げた年に、共通の同僚の紹介で知り合い、互いにない技術を持っている点に惹かれ合った。羽振りのいい地元の不動産業者ロイ・ジェイコブセンは資本金の調達を手伝い、元FBI局員のボブ・オールズも創設チームに加わった。ジェイコブセンが打ち合わせをセッティングし、賢明で何ごとにも動じないウィッカムが経営業務に専念し、ジャックは実地スキルを駆使してクライアントに対応した。賢明な業務分担だった。ジャックのビジネス上の愛嬌《あいきょう》はとても彼の強みとはいえなかったからだ。「最初に来てもらった受付係は、ジャックとその粗野な言葉遣いに一日しか耐えられなかった」ウィッカムはいう。そして、ジャックは会社の売りを説明する際に〝f爆撃〟を繰り返した（「最高のくされ《ファッキング》スパイ技術を提供します」）。おかげで、先方の女性幹部を怒らせてしまい、得意先をひとつ失ったという。先方と交換する名刺もいけなかった。「安心してください。さぼったり《ファック・アラウンド》しません」

HTGの顧客で、一九八〇年にFBIワシントン支局にいたころからジャックを知っていた元FBI局員のハリー・ゴセットも、HTGがジャックのおかげで国務省の大きな業務を失った場面に居合わせた。「若い国務省の職員がやってきて、ジャックが〝fワード〟を使ってある人を怒らせたといってきた」ゴセットはそのときのことを回想する。

「どんなfワードだ？」ジャックはそのおずおずした小間使いに訊いた。

「ほら……」

「ああ、〝外国《フォーリン》〟か？」ジャックはそういって、おちょくった。

「いえ」

「連邦《フェデラル》か？」

反応はない。

TRUST　　EXPERIENCE

HTG Hamilton Trading Group, Inc.

You can count on us,
We don't fuck around

Jack Platt
Vice President
6724 Old McLean Village Drive
Suite 200
McLean, Virginia 22101
(703) 821-3535

DEPENDABLE　　CONFIDENTIAL

「なら、いったい何《ファック》だよ？」ジャックは大声でいい、職員をのぞく全員を大笑いさせた。

「あの事業は楽しむためにやっていたんだ」ジェイコブセンはいう。「カネのためにやっていたメンバーはひとりもいなかった。その点では、みんなどうかしてるのさ」ジェイコブセンの知り合いが最初の収入をもたらした。「ベンは打ち合わせが好きじゃなかったし、ジャックは……いわなくてもいいだろ」

「ジャックはお金のことは気にしませんでした」ペイジはいう。「だから、〈ハミルトン〉からもほとんどお金をもらっていませんでした」とにかく仕事をして、好きな人と一緒におもしろそうだと思えるプロジェクトを進めたいだけだった。ジャックはよく家に帰ってペイジにこういっていた。「なあ、おれ、今度のボスは大好きだよ」そのボスというのは自分自身のことだった。ペイジはそう聞いて、よくあきれて目をぐるりと回すのだった。

〈ＨＴＧ〉はジャックのＦＢＩとの強固な関係を利用して仕事を得ていた。たとえば、前述の国務省の地域安全保障部の訓練や、バージニア州クアンティコにあるＦＢＩの〝ホーガンズ・アレイ〟（ＦＢＩの戦術トレーニング施設）という市街地セットで行われるＦＢＩ局員の監視探知訓練などだ。ジャックはさらにウィリアムズ・カレッジ時代の同級生で元ＦＢＩのデイヴ・クックにも声をかけ、カネになる仕事にありつくきっかけをつくった。クックは国際通貨基金《ＩＭＦ》の警備部門を指揮していた。

〈ＨＴＧ〉はＦＢＩアカデミーの防諜捜査部隊《ＣＩＩＯＰＳ》に加えて、国防総省の統合防諜訓練アカデミー《ＪＣＩＴＡ》の訓練の仕事も獲得した。これらの仕事だけで、ジャックは一八の都市に赴き、ＦＢＩの特別監視グループや特別捜査グループ《ＳＯＧ》[*18]のエージェントの訓練に当たった。

　ＣＩＡの損失はさらに増え続けた。ボリス・ユジン、レオニード・ポリシュチャク大佐、ウラジーミル・ポタシフといった資産《アセット》などだ。ジャックはまだ裏切り者がいると確信していた。ひとつだけ我慢ならないことがあるとすれば、父がよくいっていた〝貴重な実験国家〟アメリカの裏切り者だった。国の行く末の話になると、ジャックは涙することさえあった。この国の幸福を案じるとともに、愛する父と話し合った思い出が甦《よみがえ》ってくるからでもあった。彼は裏切り者を必ず追い詰め、罰を与えてやると誓うのだった（「そいつとふたりきりの時間を五分だけくれ」）。そして、ゲンナジーと連絡を取り続けていれば、いずれその答えがあきらかになると信じていた。

一九八七年のハロウィーン、いまや民間人になったカウボーイ・ジャックと退職したばかり（一時退職だったが）のダイオンはまたガイアナに戻った。ＦＢＩはまだゲンナジーをあきらめていなかった。それはゲンナジーの親友カウボーイも同じで、ソビエトからの亡命者／資産《アセット》としてか、一民間人としてかはさておき、いつかゲンナジーがアメリカで暮らす日が来ると信じていた。そこで、できるかぎり長くＤＯＶＫＡ作戦を続けられるように、ＦＢＩとの業務契約を取りつけたのだった。三銃士は一九八五年以来、およそ年二度のペースでガイアナで会っていて、毎回似たような様子だった。護岸で銃を撃ち、毎晩閉店までバーにいるのだ（カウボーイはもちろんニアビアを飲んだ）。

「会うたびに少しずつ作戦に入り込んでいった」ダイオンはいう。当時はジャックと同じく契約職員として、ＦＢＩのためにこの作戦だけに携わっていた。「ゲンナジーはかつてペルトンを調教していたこと、ひげを剃《そ》り、カバーオールを着せてソビエト大使館からこっそり出してやったことをおれたちに語った。おれたちがもう知っている当たり障りのないことは教えてくれる。ＫＧＢがワシントンでターゲットにしていたほかの連中とか。それから、あるときにはマカロフの３８０口径をおれにくれた。いつもキューバに流しているソビエトの兵器から盗んできたものか、とおれは訊いた」

「当然だ」ゲンナジーは笑っていった。「兵器庫のやつらなんかくそ喰らえだ」

ただ、ゲンナジーの笑いはどことなくためらいがちだった。しかし、ゲンナジーがふといつもとはちがう表情を浮かべたからといって、いちいちそのわけを訊いてはいけないことは、カウボーイもわかっていた。やはり、ゲンナジーにはカウボーイとダイオンと再会して嬉しそうな笑顔の裏側に、振り払えない厳しい現実があったが、その点はふさわしいときに切り出さないといけない。ある日、護岸にいたとき、ゲンナジーがいつもとちがって浮かない様子だったので、カウボーイはゲンナジーに向かって肩をすくめ、しぐさでこう問いかけた。「どうかしたのか?」

ゲンナジーは持っていたマーリンのライフルを置いた。「あんたら、おれの友だちに何してる?」その声は怒りでつまっていた。

「友だち?」カウボーイは訊いた。彼は急に身構え、いつもとちがって突っかかってくるようなゲンナジーのいう友だちがだれなのかと慌てて記憶を探った。

「モトリンとマルティノフが殺された!」

カウボーイとダイオンはその知らせに心から衝撃を受け、顔を見合わせた。ゲンナジーがこのふたりのワシントン・レジデンチュラにいたKGBの仲間(特にモトリン)と知り合いだろうとは思っていたが、どれほど親しい関係だったのかは知らなかった。だが、そのふたりがFBIのスパイだったことをゲンナジーはまったく知らないはずだ、とカウボーイとダイオンは思っていた。ここでそれを明かすつもりはなかった。ゲンナジーはあんないい方をしたものの、CIAが文字どおり彼の友人たちを暗殺したとは思っていなかった——米ソ両国の諜報機関は〝主敵〟のスパイを殺すことはめったになかった。だが、そっちの国内の奥底に裏切り者がいる。手を打ったほうがいい、すぐにでも。

「信じてくれていい」カウボーイはゲンナジーに答えた。「その話はいまはじめて聞いた。だが、必ず見つけ出す」本気だった。

ゲンナジーがガイアナでカウボーイとダイオンに怒りをぶつけるまで、ふたりのKGB職員の死を知る者はアメリカの諜報界にはいなかった。マルティノフとモトリンのことでゲンナジーの感情は高ぶった。めげずにゲンナジーと接触を続けてきたのは、そういった情報を集めたかったからだ。ゲンナジーを転向させるにはいたらないとしても。〝そっと、そっと、つかまえろ〟。

だが、アメリカ側のだれが寝返ったのか？　だれが裏切ったのかは知らないが、そいつはKGBの調教師《ハンドラー》にマルティノフとモトリンがアメリカ情報部に飼いならされていると伝えた。この貴重な報告に応じて、KGBは裏切り者を本国に戻して、ちょっと顔を貸してもらうことにした。だが、裏切り者の警戒心を解く――アメリカ側に知られないようにしながら――策略が必要だった。

DCレジデンチュラでゲンナジーと一緒だったヴァレリー・マルティノフは、新入りのセルゲイ・モトリンとふたりの歓迎ブランチ会場の〈マーティンズ・タバーン〉までゲンナジーに車で送っていってもらって以来、かなりよく仕事をこなしていた。写真で見るマルティノフはまじめそうな顔、黒っぽい髪、ふっくらした下唇の三〇絡みの男で、〝科学スパイ〟任務――主として、核兵器を含む兵器技術の秘密情報を探し出すこと――を与えられていた。

マルティノフはある科学会議でCI-4スクワッドのメンバーと出会い、月四〇〇ドルという微々たる額でアメリカ側のスパイになるよう、あっという間に説得された。その後、三年のあいだ、およそ月二回バージニア州のアジトでFBI局員と会っていた。何年もあとになって、彼の元ボスのチェルカシンは、マルティノフが裏切った理由はふたつあると結論づけた。家族を養い、スパイ活動でジェームズ・ボンドのようなスリルを得ることだ。

万事うまくいっているように見えたが、あるときマルティノフはとりわけ興味深い任務を与えられた。再転向するKGB職員、ヴィタリー・ユルチェンコに付き添ってモスクワに戻るようにいわれたのだ。ユルチェンコが一九八五年八月にローマで西側に転向し、エドワード・リー・ハワードのことをアメリカ側に伝えたのは有名だった。その後、ワシントンで三カ月にわたって聴取を受けたあと、不倫相手である在トロント・ソビエトの外交官の奥さんに関係を断たれたことがきっかけとなり、再度ソビエト連邦に転向した。

ユルチェンコが飛行機に搭乗する前日、トロントの不倫相手が二七階から飛び降り自殺した。スヴェトラーナ・デドコヴァは、モスクワに残してきた一五歳の息子に会えないために気が滅入《めい》っていた。スパイになった者に子供との連絡を禁じることによって、実質的に人質に取るというのが、ソビエト連邦の方針だった。転向を考えている者にとって、これは自身の処刑と収監の次に大きな抑止力だと考えられていた。ゲンナジーはそういう情報をしっかり追っていた。

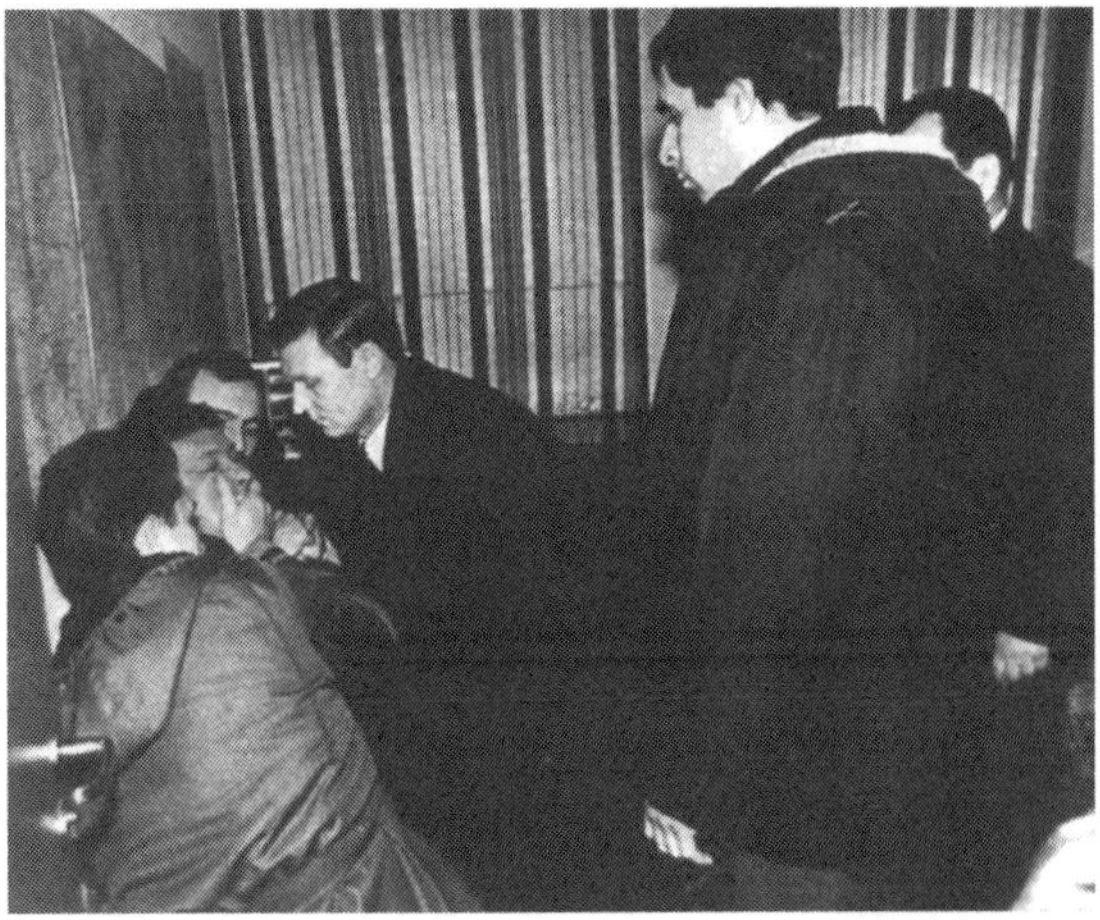

1987年5月28日、KGBがゲンナジーの友人ヴァレリー・マルティノフを逮捕

ヴァレリー・マルティノフは、自分がユルチェンコを母なるロシアに連れ戻す〝儀仗隊〟の一員になるのだと思っていた。だが、それはKGBの罠だった。マルティノフを騙してソビエトに戻せるとすれば、儀仗兵のトラップを使うしかないとKGBは考えていた。アエロフロートのジェット機がモスクワのシェレメチェボ国際空港に着陸してまもなく、KGB職員たちが、飛行機から降りてきたマルティノフに襲いかかった。その状況を収めた珍しい写真――裏切ろうかと考えている者にある種のメッセージを送るためにKGBが流したのは、まずまちがいない――を見ると、マルティノフは五人のたくましそうな職員に壁に押し付けられている。ひとりはマルティノフの口を手で塞いでいる。アメリカ側の資産《アセット》になってスパイの火遊びに興じた者に、どんな結末が待ち受けているかを物語る図だ。マルティノフはまるでこうなることがわかっていたかのように、奇妙なほど無抵抗で、職員を見あげている。

マルティノフと同じく、セルゲイ・モトリンもアメリカでの暮らしを謳歌《おうか》していた。ゲンナジーはマルティノフより親しかった友人として、熱っぽくモトリンの人となりを語る。長身、たくましい体、薄茶色の髪、ブロンドの薄い口ひげと、何となくカリフォルニア人のようにも見える。一九八〇年、モトリンは、メリーランド州のチェヴィー・チェイスというDCの高級ベッドタウンにある電子機器ストアに入った。彼はハイエンドのテレビ・ステレオ・コンポに目を惹かれた。販売価格ほどの手持ちはなかった。不足額は一〇〇〇ドル――けっこうな額だ。店主はモトリンに交換条件を提示した。不足額分はロシア製ウォッカを一ケースで払ってもらえればいい。モトリンがウォッカを持ってくれば、コンポは持っていっていい。

この条件にはふたつ問題があった。ひとつは、KGBはソビエト連邦の役人がロシア製品をアメリカ人に売ることを明確に禁止していた。スパイの転向に使われることが圧倒的に多い――それに、売り手を転向させる材料にもなりかねない――からだった（結局、ふたつ目の懸念は的中した）。ふたつ目の問題は、FBIがやり取りをすべて写真に収めていて、それまでの会合では転向という成果につながらなかったが、撮り溜《た》めた写真をレジデンチュラの新任防諜部長ヴィクトル・チェルカシンに送り付けるぞと脅しをかけた。それに対して、モトリンは「くそ喰らえ」と応じた。アメリカナイズされた賢い男だが、友人のゲンナジーと同じく、ハリウッド映画をいささか見すぎていたのかもしれない。

FBIはモトリンを誘い続けた。数カ月のうちに少なくとも八回以上〝たまたま出くわし〟、そのときの様子をＦＢＩ監視チームが写真として残していた。だからといってすぐに許しえない罪を犯したことになるわけではない。モトリンはソビエト連邦に戻りたくないだけだったが、上の連中が写真を見たら戻されてしまうのだ。彼らは九回も会ったからには偶然であるはずがないと考える。モトリンの仲間のＫＧＢ職員はこういう。「彼は本国に戻されるのをやたら恐れて暮らしていた……。永遠のダイエットが続くソビエト連邦より飽食のアメリカが好きだった」

モトリンがその後の業務を省いたがために、彼の命運は尽きた。ＫＧＢでは、外国の工作員との接触があったときには報告しなければならないことになっていた。だが、モトリンはそれが何を意味するのかも知っていた。素性の知れたスパイはすぐにモスクワに戻されるのだ。モトリンにはとても受け入れられない〝判決〟だった。まもなくモトリンはレジデンチュラの奥底に貼ってあった地図をじっと見るようになった。まさに何年も前にゲンナジーに説明を受けた地図だ。そして、コード・ネームが添えられた投函所の場所を記憶した。数年にわたっておよそ七五回、その情報をＦＢＩの連絡員に伝えた。このおかげで、ＦＢＩは正確な時刻にＫＧＢの会合場所がわかるようになり、監視回避のテクニックを繰り返すスパイを何時間も尾行する手間を省くことができた。モトリンはハイエンドのアメリカ製電子機器と引き換えに、スパイとして活動していた五年間で、ワシントンＤＣを舞台としたソビエトの全作戦の情報を渡していたといえる。

マルティノフが手の込んだ〝儀仗隊〟の口実で拘束されたのに対して、モトリンはただ失踪した。どのようにしてつかまったのかは、さまざまな説があるが、ある報告によれば、モトリンは一九八六年の冬にCIA連絡員に会いに行く途中で拘束されたことになっている。その後、モスクワにある恐怖のレフォルトヴォ刑務所に連れていかれたという。

同刑務所の中庭ではときおり、銃殺隊が汚れ仕事をしていた。(刑務所の巨大な肉挽《ひ》き器にまつわるとっぴな噂が広がっていた。ミュージカル『スウィーニー・トッド』の一シーンのように、拷問死した遺体を肉挽き器にかけ、モスクワの下水溝へと処分するというのだ。そんな末期を迎えるのではないかという予感がずっと歴史的背景としてあり、ゲンナジーは――そして、ほかのすべてのKGB職員も――そういうものを常に背負って働いていたのだ。マルティノフとモトリンは彼らの裏切りによるダメージ・コントロール評価のため、レフォルトヴォで拷問を受けた。ふたりは何度も練習していた主張を曲げなかったが、無駄に終わった。彼らにはすぐにレフォルトヴォ〝手法〟が導入された。ゲンナジーはのちにこう語った。「レフォルトヴォは〝殺人刑務所〟と呼ばれていた。裏切り者は暗い地下通路に連れていかれる。殺し屋が隙間に隠れている。暗がりで背後に現れ、後頭部を撃ち抜かれる。彼らは自分が殺されることさえ知らされない」

一九八七年、若い妻と子供たちを残して処刑されたとき、モトリンとマルティノフはふたりとも四〇代前半だった。アメリカ側は何十年もかけてあれほど有益な資産《アセット》を育て上げた。しかし、ほんの数年しか働いていないのに、消されてしまった。この破滅的な期間のちょうど中間点である一九八五年は、諜報界では〝スパイの年〟として知られていた。

一九八七年一〇月、ガイアナにいたとき、カウボーイとダイオンはすべてのカードをテーブルに並べ、ゲンナジーに西側にとどまらせる誘いかけに熱を入れた。サンディエゴでの〝約束の旅《ディールメイカー》〟に合意した彼らの関係性は忘れられ、今回の誘いには切実な警告も込められていた。ゲンナジーのレジデンチュラの同僚ふたりがあんなことになったのだからなおさらだ。ヴィタリー・ユルチェンコのせいでKGBに目をつけられているかもしれないぞ、とカウボーイは訴えた。

「ゲンナジー、おれたちは彼におまえのことを何度も問い合わせてるんだ。転向する見込みがあるかとな」カウボーイは友人にいった。ユルチェンコは、ロナルド・ペルトンをソビエト側に引き入れるというゲンナジーの最大の功績についてアメリカ側に伝えていたが、そのことは、カウボーイとダイオンはゲンナジーに教えなかった。

だが、ゲンナジーは一向に聞き入れなかった。「おれはずっと愛国者だ。それは〝ザ・センター〟［KGB本部］にいる者はみんな知っている」彼はいった。「それに、おれの家族をどうやってこっちに連れてきてもらえるんだ？　まあ、おれのバレーボールの決勝戦でも見ていけよ」

当時、ゲンナジーはガイアナ代表チームの一員としてバレーボールをしていた。カウボーイとダイオンは銀行の窓口係のシェリーと三人で観客席に座った。コートを挟んだ真向かいの席にはKGB応援団がいた。ソビエトのレジデントで、ゲンナジーの友人でもあるボリス・コトフは、カウボーイとダイオンを指さし、ゲンナジーにこういっていた。「あれを見ろよ。アメリカ人のふたり組のようだ。こんなところで何をしてるんだろうな？　ゲンナジー、そいつらのことをちょっと探ってみろ」
「試合が終わったら、すぐにやります」ゲンナジーは答えた。

その夜、ペガサスに戻ると、カウボーイとダイオンはその日のゲンナジーに関する報告書を提出した。モトリンとマルティノフが処刑されたこと、ゲンナジーがペルトンの逃亡を手配したこと、そして、ゲンナジーがシェリーと親しい〝関係〟にあることまで記録されていた。もう一度、勧誘を試みたことも記されてあった。ユルチェンコの件で目をつけられているかもしれないと伝えたことも。その報告書をジョージタウンのCIA支局に届けたあと、ふたりは荷物をまとめて帰国した。前日、ダイオンはゲンナジーにお土産を手渡していた。胸に〝FBIアカデミー〟のロゴがついたダークブルーのスウェットシャツだった。ゲンナジーが着てみせると、三人で大笑いした。

この一幕はずっと笑えない思い出になる。九六〇〇キロメートル離れた母なるロシアでは、まもなくKGBのボスたちがゲンナジーに別の〝贈り物〟を授けることになる。ダイオンとカウボーイの報告書が――この一見すると当たり障りのない書類が――迂闊《うかつ》にもゲンナジーを悲惨な運命へと導くことになった。

アメリカ人の二銃士は、年明けの一九八八年はじめにも、二月のカウボーイの誕生日に合わせてゲンナジーに会いに来ようと緩い約束をした。その時期が近づくにつれて、FBI支局の副支局長のボブ・ウェイドがカウボーイに連絡してきた。ＦＢＩの情報提供者によると、ゲンナジーが失踪したとの内容だった。「捜しに行くなよ。おまえの友だちのゲンナジーはこの地上から落ちてしまった」ウェイドはうなだれたカウボーイにそう告げた。

「一九八八年までにも多くの人々を失ってきたから、ゲーニャもそうなるのではないかと心配していた」カウボーイはいった。「本気で慌てたよ。心配でたまらなかった。だが、おれにはどうすることもできなかった」

8 ハバナの騙し討ち

〝あんなやつとはかかわるなという周りの忠告をしっかり聞いておけばよかった〟

一九八八年一月、ゲンナジーはキューバ訪問中のKGBの同僚とのいつもの打ち合わせのため、ガイアナのジョージタウンからハバナへ呼び出された。南米で起きている重要な政治的な動きを文書にまとめて報告することも、ゲンナジーの任務のひとつだったが、記録すべき動きはほとんどなかった。小学校で退屈な文学作品の読書感想文を適当に書くようなものだ。ガイアナの気候は魅力的だが、単調な暮らしにはうんざりだし、ガイアナの戦略的重要性を妄想するのももう限界だ。ジョーンズタウンも、米ソの派手な代理対決もない。結局、戦略的に重要かもしれないが、戦術的には死ぬほど退屈なところもあるということだ。それに、シベリア生まれの男がこれ以上いつまで日焼けに耐えられるというのだ？

それでも、キューバ行きは楽しみだった。そこのレジデンチュラにいたことがあり、キューバの女性、ハバナの夜についても多少は知っていた。デカダンの一九五〇年代の逸話は、アメリカ・マフィアのカジノがなくなっても生き続けていて、ゲンナジーにいわせれば、キューバを支配するのがギャングのマイヤー・ランスキーでも独裁者のフィデル・カストロでも、女性の美しさは必ず花ひらく。報告書の作成ぐらい、甘いひととき《ラ・ドルチエ・ヴイータ》を味わえるなら安いものだ。ゲンナジーはごみのようなメモをすりつぶして、地球規模の歴史的一大事に仕立て上げる職人と化していた。そして、KGBという巨大な官僚機構も、それが戯言だとわかっていた。

一九八八年一月一一日、ゲンナジーはハバナ空港でKGB職員——いつもの外交用郵袋を受け取りに来る職員ではなかった——に出迎えられ、キューバ滞在中に宿泊してもらう静かな場所を用意しているといわれた。ふたりは空港からこれといった特徴のない民家に直行した。移動で疲れていたが、ゲンナジーは家に入り、出迎えの職員に続いてテラスに出た。突然、世界が黒くなり、ゲンナジーは倒れた。数人の同志が背後から襲撃してきた。ゲンナジーは前のめりに倒れた。片手をうしろからつかまれていたので、両手で衝撃を吸収することができなかった。倒れたときに脳震盪《のうしんとう》を起こし、腕が一本折れた。ゲンナジーの額には、床に頭を打ちつけたときの傷跡——髪の生え際だったあたりにできたへこみといったほうがいいかもしれない——が残っている。

KGBの荒っぽい連中はゲンナジーを別室に引きずっていき、椅子に座らせた。最初の男はふたつの単語で尋問をはじめた。「クリス・ロレンツ」

「やつがどうした？」ゲンナジーは訊いた。

「おまえがいえよ」

「いうことなど何もない」

ゲンナジーは頬を張られ、鋭い痛みを感じた。「おまえはそいつに何をいった？」

「スミス&ウェッソンを撃つときはもうちょっと下を狙えといったが」ゲンナジーはいった。

「そうすれば空き缶にもっと当たるようになるとな。いつも狙いが高すぎるんだって」

また頬に鋭い痛みが走った。「これが冗談だとでも思ってるのか？」尋問者が怒鳴った。

「おまえ自体が冗談だと思ってるさ！」ゲンナジーも怒鳴り返した。「おれはクリスに会ったら、毎回、上官に報告を入れている！　頭のいい裏切り者がそんなことするか？」

座らされていた椅子が蹴られ、ゲンナジーは椅子ごと床に転がると、また頭がぐらぐらした。頭蓋骨が砕けて、粉々になった骨片が脳みその周りを飛び交っているかのように感じた。ゲンナジーのいったことはすべてが事実というわけではなかった。たしかに、ジャックと会えば、たいがいは律義にボスに伝えたが、裏切り者だと思わされるのがあまりにばかばかしくて、あのアメリカの荒くれ者との接触を逐一報告してはいなかった。接触が秘密だったわけでもない。**高性能ライフルを人目も気にせず護岸でぶっ放していたのだ！**

「それも裏切りを隠す口実じゃないのか」

「クリスに会うとボスにいったら、だめだといわれたが、おれは『くそ喰らえ』と答えることもあった。そんなもので裏切りが隠せるのか」

ごろつき職員に蹴られ、ゲンナジーは床の上で腹を抱えて丸まった。

「ダイオン・ランキンはどうだ？」職員が訊いた。

「やつがどうしたって？」ゲンナジーは訊いた。

「そいつにも会っていたのか？」

「ああ、会ってたとも。ボスにもいってある。**それがおれの仕事だ！**」

「だが、会うなといわれてからも、ロレンツとランキンに会っていたと認めるんだな？」

「ああ、そのとおりだ！」

「意気がるな！　そいつの本名は知っていたのか？　ジャック・プラットという名だと？　おれたちにはそこまでつかめないとでも思っていたのか？」

「クリスが本名でないことはわかっていたが、その話はしなかった。ひとつ教えてくれ」ゲンナジーはいった。「一度も顔を合わせずに、どうやってそいつを徴募《リクルート》するんだ？」

そのひとことで暴行がやんだ。少しのあいだだが。

尋問と拷問は何日も続き、どんな質問もある一点に集約された。ゲンナジーがスパイとして引き込むはずだった〝クリス〟――ジャック――との交友関係だ。ゲンナジーはクリスを転向させられなかったばかりか、ＫＧＢにはゲンナジーが転向させられた証拠があるという。しかし、Ｋ

GBはゲンナジーから新情報をひとつも聞き出せなかった。なにしろ、ゲンナジーの記憶にあるかぎり、〝いうことはひとつもなかった〟のだから。

しかし、証拠がないからといって、生きて戻れる保証などどこにもないことも、ゲンナジーは知っていた。「KGBに処刑の歴史があることは知っていた」彼はいう。「もう死んだも同じだと思った。誤認逮捕だとわかっても、連中はそれを隠蔽するためにおれを撃ち殺す。だから、こう思った。〝デッキから飛び降りて、自殺するほうがいいんじゃないか？〟、でも妻と子供たちのことを考えて思いとどまった」

暗い部屋に移されたとき、ゲンナジーは拘束されなかった。そこは、とらえられた数時間後にハバナを出港したKGBの古い貨物船の船室だった。そのとき、もう見込みはないのだと悟った。ゲンナジーは徹底的に痛めつけられていたが、また繰り返されるだろう。自分が母なるロシアに偽りのない忠誠心を抱いていることをこの同志たちに信じてもらうには、さらに暴行に耐えるしかないのかもしれない、とも思った。

陸地から何百キロも離れたからか、KGBの同志たちは、夜のあいだゲンナジーを錆《さび》だらけのデッキにひとりで出した。しかし、そんなつかの間の自由の幻想を抱かされるほうが悲惨だった。船室で拷問を受けていたとしても、自分が無実だと認めてもらい、解放される可能性はある。〝いや〟とゲンナジーは思った。〝同志たちの腹は決まっている。おれがアメリカ側に寝返ったと思っている〟。ハンサムで遊び好きのゲンナジーは、陰気なKGBスパイよりカリフォルニアのスポーツマンにしか見えないとよくからかわれたものだ。プロのスポーツマンだったのだから当たり前だが。

ＫＧＢがその海上での陰惨な昼夜にゲンナジーから何も聞き出せなかった理由は、もうひとつある。ゲンナジーは毎夜うしろ手に縛られて椅子に座らされ、耳のあたりを拳で殴られた。時間が経つにつれ、何を訊かれているのか、文字どおり聞こえなくなっていった。耳がよく聞こえないというハンデは、いまでも消えていない。

ゲンナジーは貨物船の手すりをつかみ、ずきずきする頭の中で事実を巡らせていた。漆黒の闇に飛び降りようかという思いがまた浮かんできた。どっちがましなのか？　冷たくて黒い海か、これもレフォルトヴォ刑務所の〝手法《メソッド》〟か？　ゲンナジーはあの重警備の地獄、ＫＧＢの尋問センターにいる自分の姿を想像してみた。〝殺人刑務所〟。最後の数歩を歩くまで、あとどのくらいの時間がある？　ＫＧＢの殺し屋がコウモリのように暗闇から降りてきて、ゲンナジーの後頭部に弾を撃ち込むとき、自分は殺し屋に気づくだろうか？　海に飛びこんだら、厳寒の海中に一時間ぐらいいれば溺死できるだろう。レフォルトヴォで頭を撃ち抜かれたら即死できるが、そのまま――拷問されながら――何年も収監されるかもしれない。わかりやすい答えはない。どれを選んでもひどい。

一九八〇年代を通して、ＣＩＡの工作員になったと疑われていたＫＧＢ職員がたびたび死体となって発見されていた。ソビエト流の司法制度には、売国奴を入れておく刑務所はない。無名の墓が用意されるだけだ。その中には、マルティノフやモトリンといった友人や同僚もいた。KGBはアメリカ人の裏切り者をアメリカの情報インフラの奥深くに仕込んでいた。仲間をカネでロシアに売り渡すようなソシオパスだ。ソビエトはあらゆる手を使って敵国中枢にスパイを送り込み、ソビエト側の裏切り者の取り締まりも強化していた。西側のスパイと仲良くなりすぎた者も取り締まった。ゲンナジーの場合、命令に反してジャックと親しく遊んでいただけでなく、最近になって資産《アセット》から入手した文書にも、ゲンナジーがKGBの裏切り者だとほのめかされていた。完全な裏切りだから裁判など無用で、処刑しかありえない、と。ゲンナジーは無実だった。だが、官僚社会がパニックに陥り、だれが悪いのかわからなくなると、だれでもつかまえられるやつに濡れ衣《ぎぬ》を着せることもわかっていた。〝おれが本当に罪を犯していなくてもかまわないのだ〟とゲンナジーは思った。〝犯したように見えさえすればいい〟

貨物船がうなりをあげてロシアに向かっているとき、ゲンナジーは尋問に携わっていた者たちから、自分がだれに売り渡されたのかを探った。CIAの〝友だち〟、カウボーイなのか。そいつの名前が何であれ――ジャックなのか〝クリス〟なのか知らないが――ゲンナジーも向こうも、敵スパイを引き入れる作戦には失敗した。だが、そうはいっても、たいていのスパイ・ゲームは失敗に終わる。それでも、一方はもう一方よりひどい失敗を味わうものだ。カウボーイはひどいゲームを少しだけ挽回《ばんかい》しようとしたのだろう。ゲンナジーを売り渡せば、何かの利益になると思ったのだろう。

〝聞いておけばよかった〟とゲンナジーは思った。〝あんなやつとはかかわるなという周りの忠告をしっかり聞いておけばよかった〟。貨物船が海上で大きく激しく揺れると、殴られた頭が地獄の池で溶けているように感じられた。ゲンナジーはハンティング旅行でカウボーイと一緒に撮った写真を思い出した。かつては嬉しい写真だった。〝おれはどこまでばかなんだ？〟また海に飛び込もうかと迷った。だが、飛び込まなかった。なぜ飛び込まないといけない？おれは無実だ。愛する家族もいる。生き延びて、生まれ変わるんだ。とにかく手は尽くす。

ゲンナジーはたしかに地表から消えてしまった。ただし、カウボーイは知る由もなかったが、まだ息をしていた。「しばらくすると、船に乗っていた連中は親切にしてくれるようになった」ゲンナジーはいう。「おれがどんなやつかわかって、何かの手ちがいだろうと思ったようだ」それでも、捜査が終わるまでは〝ホテル・レフォルトヴォ〟に泊まることになるといわれた。「だが、おれはＫＧＢの流儀はわかっていた」ゲンナジーはいう。「撃ち殺されたＫＧＢ職員が八人もいたからな」

貨物船が大西洋を横断し、エーゲ海と黒海を通ってウクライナのオデッサに到着するまで、二週間ばかりかかった。そこからさらにＫＧＢのバンに乗せられ、また何日も暗闇の中でレフォルトヴォへ移動した。

レフォルトヴォに到着すると、ゲンナジーはすぐに尋問室に連れていかれた。目の前のテーブルに、ガイアナでカウボーイからもらったマーリンのレバー・アクション・ライフルが置いてある。「こいつに見覚えはあるか？　有名なアメリカ製ハンティング・ライフルなんだが？」はじめて見る尋問者が訊いた。「優秀なロシア製ではだめなのか？」

〝どうやってマーリンを持ってきた？〟とゲンナジーは思った。キューバへは持っていかなかった。あの連中はガイアナの家に押し入ったのか。

「もうひとつ、おまえの友だちからのプレゼントがある」目の前の男が銃を手に取り、床尾をゲンナジーの顎に叩きつけ、ゲンナジーは床にひっくり返った。脳震盪を起こし、吐き気があふれるなか、ゲンナジーは冷たいレフォルトヴォの床でふらふらと煉獄《れんごく》に入っていった。

マーリンを見たのは、そのときが最後だった。


意識を取り戻したとき、ゲンナジーは新しい監房にいた。レフォルトヴォにいるあいだに何度か移されることになる監房のひとつだ。最初の同房者――みんな、ゲンナジーから情報を引き出すためにKGBが戦略的に配置した者たちだ――は、ソビエトの諜報員から聞いた話として、ゲンナジーのCIAの友だちが、ガイアナでゲンナジーと会ったときの話を記録していたのだとゲンナジーにいってきた。ゲンナジーは悪臭を放つマットレスの上で壁に顔を向けて横になった。この前できた〝友だち〟にこんな仕打ちを受けたのだから、このうえ新しい〝友だち〟をつくる気にはとてもなれなかった。ゲンナジーは闇に包まれたまま腸《はらわた》が煮えくり返っていた。カウボーイ・ジャックは本当に会ったときの話を記録していたのか？　だとすれば、おれはどんなことをいった？　ジャックはおれたちの関係を自分の都合に合わせてつくり直したのか？　官僚主義の役人ならそうすることもあるだろう。報告書で話を膨らませて、出世を狙ったり、仕事にしがみつこうとしたり。ゲンナジーは、自分もガイアナのポストを戦略的に重要だと見せかけるために、尾ひれをつけたメモを残したことを思い出した。ジャックもそんなことをしたのか——妙な報告書を書き、だれかがそれを曲解し、まったく別物としてどこかに売り渡したのか？

ゲンナジーには決して見せなかったが、尋問者がある文書を読みあげはじめたのは、そのときだった。「おれがジャックにいったこと、一言一句、連中は正確に知っていた」ゲンナジーはいう。「だからおれはジャックが嘘をついたのではないかと疑った。あるいは、ＣＩＡ内部のだれかがその報告書をＫＧＢに売ったか」ゲンナジーはジャックに背中から刺されたと思った。「おれはジャックに腹を立てていたが、同時に信じたくないとも思っていた」

監房にいると沈黙の合間に奇妙な音が伝わり、そのたびにびくりと身を固めた。その音は、レフォルトヴォの世にも恐ろしい〝地下墓地〟から聞こえてきた。ゲンナジーの友だちマルティノフとモトリンも、それほど遠くない過去にそこで処刑されていた。彼らの魂の叫びが聞こえてくる。本当にそんな音が聞こえているのか、それとも、すべて頭の中に映し出されている悪夢なのか？　精神が磨《す》り減《へ》っていく。

数週間が過ぎた。新しい同房者が去来した。ゲンナジーは自分の反抗的な態度と官僚主義に対する嫌悪が、ついに我が身に跳ね返ってきたのだと思った。ボスたちに〝くそ喰らえ〟とまでいう必要があったのか？　人目につく護岸でＣＩＡとＦＢＩの局員と一緒に、アメリカ製のハンティング・ライフルを見せびらかすように射撃練習をする必要が、そこまであったのか？　四方八方からＫＧＢに監視され――そして撮影され――ていたかもしれない。おそらくされていた。

深夜一時に灰色の天井を見つめていると、ゲンナジーはふと、人間の自己認識力には欠陥があって、もちろん自分にもあると思った。だから、他人の目にも自分の考える自分の姿が見えているはずだと思ってしまう。自分では自分が愛国者だと思っているから、そのイメージが他人にも浸透すると信じているのだ。この思いちがいのせいで、認識は人それぞれだということも忘れてしまったばかりか、組織方針と政治闘争の影響も丸ごと頭から抜け落ちてしまった。おれが忠実なレーニン主義者であっても、草むらのヘビのように信用できない資本主義者であっても、こいつらにとってはどうでもいいのかもしれない。ゲンナジーははじめてそんなことを考え、背筋が寒くなった。だれでもいいから逮捕できる哀れなまぬけがいればよかったのかもしれない。ひょっとすると、おれがそのまぬけなのかもしれない。

ゲンナジーの答えが変わらず、入れ替わり立ち替わり〝いい聞き役〟になった同房者にも騙されないとわかると、ＫＧＢの暴行は減り、ゲンナジーの体重も同様に減った。一八三×三六六センチの監房にもうひとりの囚人とふたりで入れられ、ゲンナジーはまた家族のことを考えるようになった。ゲンナジーと会うときには録音など絶対にしないとカウボーイが力説していた記憶だけは、しっかりと脳裏に刻まれていた。クリス／ジャック／カウボーイは——名前が何であれ——名誉を重んじていた。自分がＣＩＡであることも正直にいったし、そっとしておいてくれといえば、そうしてくれた。またアメリカ側に転向しないかと誘ってきて、ゲンナジーが断ると、カウボーイは降参だというかのように両手を広げて見せた。マーリンのプレゼントとか、サンディエゴでの派手な銃遊びとか、そんな粋なおもちゃを持って真正面からいってくるだけで、妙なまねは一度もしなかった。

　だが、最悪の可能性もあるという思いもぬぐい切れなかった。カウボーイの友情ははじめから見せかけだけだったのか？　ゲンナジーは自分が単にまぬけだったのかもしれないとも思った。〝ＫＧＢ職員ともあろう者が、天敵ＣＩＡを当てにして命を懸けるとは〟。カウボーイのような男なら、愛国心が友情に勝るに決まっている。ダイオンはどうだ？　ダイオンの仕事だって、つまるところ、ＫＧＢのスパイの正体を暴き、二度とアメリカ合衆国に来られないようにすることだ。

　こんな疑問に胸を引き裂かれつつも、ゲンナジーはあることを確信していた。ＫＧＢにはおれが裏切った証拠をひとつも見つけられない——裏切ったことなど一度もないのだから。そうはいっても、ＫＧＢは官僚主義の強烈な重圧を受け、ゲンナジーに責め苦を与える必要がある。彼らは味方資産《アセット》の〝内出血〟を止めるため、あらゆる手を尽くしていることを示さなければならないのだ。彼らにとってのマイナス面は？　ひとつもない。疑いがあるなら、強硬な対策を取る。そんな芝居がかったことをすれば、必ず肝を冷やす者がいる。ウォール街の連中はそれをどう表現していただろうか？　〝ぶりぶりの巨根〟をぶん回すだったか。ゲンナジーは録音などされていないと信じて受け答えをした。録音されて困るようなことはなかったのだから。

9 サーシャ

〝敵を見て敵の望むものを与える〟

ゲンナジーは地獄にいた。まさにバーバ・ヤーガの望むゲンナジーの居場所。冷戦末期、彼は自分を苦しめている者たちを、子供のころに話してもらったバーバ・ヤーガのような妖怪だと考えるようになっていた。バーバ・ヤーガはロシアの伝承に出てくる魔女――幼い子供をひと目で石に変え、あとで溶かして食べるという、田舎に住むグロテスクな片目の死に神――だ。しかし、まともな精神状態に戻ったときには、バーバ・ヤーガが実在するとは思わないし、ましてやそれが男――ひとりの男――で、しかも役人だとは思いもよらなかった。ゲンナジーにとんでもない試練が降りかかるよう裏で糸を引いていたのが、たったひとりの男、アレクサンドル・〝サーシャ〟・ゾモフだとは思いもよらなかった。

ＫＧＢ第二管理本部（国内防諜）のスパイ狩り集団のトップ、三四歳のサーシャは、電話交換手が通話を保留させるときのように、ひとりの男をいともたやすく〝仮死状態〟に置くことができた。ＣＩＡでサーシャと同等の地位にいたミルト・ベアデンはこう書き記している。「アレクサンドル・ゾモフはアメリカ人を一日二四時間監視していた連中に直接指示を出していた」そして、サーシャは「自分の獲物がレフォルトヴォ刑務所で手枷《てかせ》と足枷をはめられるまで、必ずその地位にとどまると誓っていた」。彼は管理職なのに実務に口を出すようなボスで、ソビエト国内の裏切り者の尋問に注文をつけることで有名だった。ＣＩＡのバートン・ガーバーによると、ＣＩＡにはサーシャがＫＧＢ内で出世したという情報がたまに入っていたが、その後、サーシャの情報は何年もまったく入らなくなったという。

一九八〇年代からプーチン時代がはじまるまで、サーシャはゲンナジーの人生に迷惑きわまりない形で出入りするのだが、ゲンナジーは二〇〇五年までサーシャの名前すら知らなかった。一方、ＣＩＡはというと、相変わらず資産《アセット》の損失が止まらず、止まらない理由があるはずだと考え、それを突き止めようと躍起になっていた。

その理由は、たしかにあった。でかい理由だった。サーシャ・ゾモフの仕事はアメリカ側にそれを見つけられないようにしておくことだった。サーシャの特徴は射ぬくような灰色の目、漆黒の髪、毛虫のような眉だと、ベアデンはかつて記している。その極太の眉には笑ってしまいそうだったが、いかなる手を使ってもアメリカのスパイを退治するという大好きな話題にのめり込むと、まなざしが暗闇に不気味にきらめいた。「あの男はちびだった」ゲンナジーはいう。その丸顔は一見するとやさしそうに見える。サーシャには神経性チックがあり、深く考え込んでいるときや、売国行為を疑われる者を尋問するときに、シルバーの十字架のペンダントトップをしきりに触るのだった。確認されている唯一の写真で、サーシャは、愛犬のコッカー・スパニエルをかわいがっている。かすかな笑みが唇に広がっている。犬は不安げだ。

一九八五年の〝スパイの年〟も暮れ、連敗続きのCIAは慌ててスパイ狩りチームを組織し、貴重な資産《アセット》が次々に潰されていく仕組みと理由を調査しはじめた。CIAの防諜部長ガス・ハサウェイはジーン・ヴェルテフィーユ、サンディー・グライムズ、ダン・ペイン、ダイアナ・ワーゼンに声をかけた。ラングレーの地下室で、彼らは考えうる大敗の原因を三つ、ホワイトボードに書き出した。

1　諜報技術《トレードクラフト》（CIAの使用する技術やテクニックのどこかに欠点がある）
2　通信（ソビエト側が科学的な監視技術を使ってCIAの通信を傍受している）
3　二重スパイ（アメリカの諜報機関内部に裏切り者がいる）

サーシャはその地下室にスパイがいなくても、CIAがどの原因に傾くかはわかっていた。それでも、組織としての体面があることもわかっていたし、CIAが何を信じたいのかも直感的にとらえていた。ＣＩＡにとっては、１か２の原因だったほうが内部に裏切り者がいるよりはるかにましだ。

　若い野心家のサーシャは一九八七年にモスクワのバーで正式に指令を受けた。ボスのヴァレンティン・クリメンコは、ＣＩＡが内部に二重スパイがいるかもしれないなどと疑わないようにせよと命じた。クリメンコはまた、アメリカ側が資産《アセット》をソビエト国外へ脱出させる〝手引書〟の入手も指示した。この絶好の機会は、退廃的な資本主義者に対するサーシャの嫌悪と出世欲をかき立てた。これをやってのけたら……。

　一九八七年のある日の夜明け前、モスクワとレニングラード（現サンクトペテルブルク）とを結ぶ寝台特急〈赤い矢号《レッドアロー》〉内で、ベテランのＣＩＡ工作担当官ジャック・ダウニングはタバコを一本吸おうと最後尾車両に行った。それまでも何度もそうしていて、狭苦しい客室からしばらく抜け出しての一服を楽しんできた。そのときは五月で、ソビエト連邦では汽笛を鳴らしながら田園地帯を走る列車に乗り、風を浴びながら一服するにはちょうどいい季節だった。煙を吐いていたとき、貫くようなまなざしの背の低い男が煙の中から現れ、ダウニングに一通の封筒を手渡した。その後、客室に姿を消した。〝ＫＧＢだ〟とダウニングは思った。男の目は熟練のスパイであることがうかがえるほどの年輪を感じたが、物腰は滑らかで、力強く、若々しかった。こんな男なら、本当に何かを知っているかもしれない。

サーシャ・ゾモフはまだ人を使って何かをやらせるほどのキャリアにはなかった。それに、この任務はきわめて重要だから、人にやらせることができたとしても、自分の手でやりたかった。あの列車に乗りたかった。それに、自分の手でアメリカ人を騙す喜びを肌で感じるのが好きだった。

KGBが客室に監視装置を仕込んでいるのはほぼ確実だから、ダウニングはポケットに封筒をしまい、車中では出さなかった。彼はレニングラードのCIA支局に向かった。重圧に押しつぶされそうだった。CIAは数々の損失を耐え忍んできたが、ひょっとするとようやくその答えの一部がこの封筒に入っているのかもしれない。信じがたいことに、〝スパイの年〟が暮れると、CIAにはソビエト連邦内で活動する資産《アセット》がひとりもいなくなっていた。

レニングラードのCIA支局に到着し、ダウニングが封筒を慎重にあけると、写真と手紙が入っていた。写真には、モスクワで撮影されたと思われるダウニング自身と彼の妻が写っていた。〝なるほど〟とダウニングは思った。〝客車の男は監視技術を多少は身につけているわけだ。それは認めよう〟。手紙を読むと、客室の男は自分がKGBであると認め、ソビエト連邦に不満を持っているから、ある重要な情報を教えられるし、アメリカ合衆国に亡命したいと書いていた。名前こそ明かしていなかったが、その手紙にはそれなりの情報が含まれていたので、ダウニングとCIAの同僚たちは、まもなくサーシャ・ゾモフだと判明するその男がKGBの大物だとほぼ確信した。しかし、その男は転向者なのか、それとも〝ダングル〟か？　つまり、都合がよすぎる偽情報を振りまくだけのやつなのか？

　こうしてＣＩＡは〝プロローグ〟（サーシャにつけられたコード・ネーム）とのアバンチュールをはじめた。するとすぐさまＣＩＡが連敗した驚くべき原因があきらかにされた。グライムズはこう記している。「一九八四〜八六年におけるモスクワ支局の活動分析が持ち込まれた。それを見るかぎり、モスクワで発生した資産《アセット》の損失の原因は、こちらの技術が未熟だったことにあった」サーシャのもたらした情報の中で、悲惨すぎて目を引いたのは、マルティノフやモトリンなど、ＣＩＡ資産《アセット》の末期に関するものだった。それでも、これだけですべてを把握したかのように振る舞うのではなく、グライムズと彼女の同僚たちは疑い続けた。ひとつには、サーシャはＣＩＡがすでに知っていることを伝えているにすぎなかった。大きな損失がたしかにあったことと、失った資産《アセット》の名前がいくつか挙げられていることの二点だけだ。資産《アセット》が処刑されたことは確認できていなかったとはいえ、サーシャの情報はそこまで有益だろうか？　それに、サーシャは損失の原因をＣＩＡの未熟な技術だというわりに、具体的にどこが未熟なのかは指摘していない。ＣＩＡはどういったまちがいを犯し、資産《アセット》の暴露につながったのか？　それほど多くを知っているといっているわりに、サーシャはその点に答えていない。

　グライムズは疑っていたが、ＣＩＡは藁《わら》にもすがるかのようにすべての――いや、ほとんどの――答えを持っている情報源の登場にのぼせあがっていた。しかし、グライムズたちは考え続けていた。〝サーシャはなぜＣＩＡにスパイ技術が未熟だったとそこまで信じ込ませたいのか？〟

ＣＩＡがすでにつかんでいる、あるいはじきにつかむはずの細々した情報をちょろちょろ出させるのではなく、ＫＧＢにとって重要な――安全保障上の――情報をサーシャにずばり訊いてみてはどうか、とグライムズは提案した。別のいい方をすれば、ＫＧＢの活動に関してまさに知りたい情報を流すよう、調教師《ハンドラー》がサーシャに要求するわけだ。しかし、上層部の反応には落胆した。

「先方を怒らせたくない」

グライムズに上層部の考えがわからないというわけではなかった。カウボーイ・ジャック・プラットは警戒心と〝長期戦《ロング・ゲーム》〟が大切だとよく力説していた。ロシア人はそういう戦い方をする、と。アメリカ人は常にいらいらするが、ロシア人は永遠の時間を手にしているかのように見える。カウボーイはこう忠告した。「向こうは八〇〇年も戦争を続けてきたんだ」しかし、グライムズとヴェルテフィーユがＣＩＡに歯がゆさを感じていたのは、サーシャを前に子供のようにはしゃいでいる点だ。それもこれも、サーシャが実際のデータを提供しているからではなく、単にＣＩＡの損失についてこちらにとって都合のいい結論を導き出したからだ。

そして、サーシャのほうもＣＩＡを困惑させ、その後サーシャ支持の態度を固めさせるようなことをした。アメリカに亡命したいといってきたのだ。これは大きかった。結局、ソビエト連邦から出国したいというのだから、アメリカに入れば、ＫＧＢの活動に関する主脈をもたらす公算がきわめて高い。〝ほらな〟とベアデンは思った。〝はじめからダイヤの原石だと思っていたんだ〟。さらに、サーシャが亡命を希望しているのだから、ＣＩＡの損失の原因が未熟なスパイ技術だという話も嘘ではない可能性が高い。自分と自分の家族の運命を完全に握ることになる調教師《ハンドラー》に、嘘をつくはずがない。やっぱりスパイ技術が未熟だったのかもしれない。ＣＩＡは内部に二重スパイがいるのではないかと疑うあまり、勝手にバーバ・ヤーガを追っていたのかもしれない。

サーシャは思わせぶりな態度をだらだらと続け、別のＫＧＢ職員がもうすぐＣＩＡに駆け込むなどと請け合った。数カ月後には、ロシア訛りの者はのきなみＫＧＢを裏切りそうな勢いになった。この策略によってＣＩＡによる転向希望者の調査は混乱し、偽の希望者と本物の区別がつけられなくなった。

サーシャ・ゾモフにかかわればかかわるほど、グライムズはサーシャが転向希望者だとは思えなくなっていった。悲惨な暮らしを強いられているというわりに、ほかのＣＩＡ資産《アセット》からは、安定した所帯を持ち、愛娘《まなむすめ》もいるとの報告が入りはじめていた。およそ結婚生活に満足し、出世街道に乗っている子持ちのＫＧＢ職員は、大切な暮らしを乱すようなまねはしない。それに、サーシャは出世階段を上っている。モスクワ郊外の地下の窓もない小部屋で仕事をさせられている低い地位の職員ではない。

サーシャがこのスパイ版〝ピンポン・ダッシュ〟によって何を狙っているのか、グライムズははっきりわかったと思った。ＣＩＡに混乱をもたらし、内部の裏切り者という本当の問題ではなく、まぼろしの諜報技術の問題に目を向けさせて、身動きを封じようとしているのだ。プロローグ／サーシャの茶番が何カ月も、何年も続き、グライムズは腸《はらわた》が煮えくり返る思いだった。作戦名を〝カモネギ作戦〟にでもすればいい。サーシャのおかげで、ＣＩＡはまさにカモネギになっているのだから。

一九九〇年春になると、サーシャはついに亡命の意思を固めたといってきた。グライムズとヴェルテフィーユはせっかちすぎただけなのかもしれない。ＣＩＡはサーシャに国外逃亡の詳細な計画を伝え、長々と——偽の——渡航歴が記されたアメリカのパスポートまで用意してやった。ＣＩＡ工作チームがフィンランドのヘルシンキに赴き、サーシャの西側への逃亡を手助けする手はずだった。彼らはサーシャの乗ったフェリーを待ち続けたが、サーシャは現れなかった。ＣＩＡは手ちがいが生じて、サーシャが別の機会を待つことにしたのかもしれないと考えた。それが好意的な判断につながり、工作担当官は希望を抱き続けた。彼らは賭けに出た。サーシャがなじみの場所に、たとえば〈レッドアロー号〉にまた現れるかもしれない。

賭けは当たった。一九九〇年七月、プロローグとの密会がはじまってから三年と少しの月日が流れていたころ、モスクワ支局長マイク・クラインの妻ジル・クラインが、〈レッドアロー号〉でサーシャ（そのころには〝幻影《ザ・ファントム》〟の異名がついていた）を見かけたような気がした。たしかにサーシャだった。サーシャはジルに向かって通路を歩いてきた。〝作戦は死んでいない！〟、サーシャが近づいてきたとき、ジルの期待感は大いに高まった。無駄のない巧みな動きで、サーシャが一通の封筒を差し出した。〝いいわ〟とジルは思った。〝ちょっとした計画変更というところなのかもしれない〟。その気がまったくないなら、サーシャはわざわざ姿を見せたりしないはず。

レニングラード支局に戻ると、ＣＩＡ局員が集まり、サーシャの怒りと泣き言だらけの手紙を読んだ。ＣＩＡのせいで危ない目に遭ったから、いま国外逃亡するのは安全ではないとのことだった。支局だけでなく、ＣＩＡのソビエト防諜チーム全体が失敗の黒雲に覆われた。

ミルト・ベアデンたちも、サンディー・グライムズとジーン・ヴェルテフィーユがずいぶん前に出していた結論に、ようやくたどり着いた。サーシャ・ゾモフは〝ダングルの王〟だった。ＣＩＡに対するペテンが絶望的な終局を迎えるなか、グライムズたちは独自の方針に基づいて動いてもいた。つまり、ＣＩＡ内部に裏切り者がいて、その裏切り者が〝スパイの年〟の連敗の原因になっただけでなく、想像以上に身近にいる可能性が高いと想定して動いていた。

一方、当面の勝ちとはいえ、勝者のサーシャ・ゾモフは別のカモネギを喰らおうとしていた。

「おめでたいったら！」グライムズは当時を振り返る。ユーモアたっぷりの声には、ばかばかしいという思いがにじむ。サーシャは「ＣＩＡの動きを完璧に読んでいたのよ」ＣＩＡはおのれの懐に裏切り者がいるというシナリオ以外を聖書のように信じ切っていた。「敵を見て敵の望むものを与える」グライムズはサーシャの作戦をそうまとめる。ＫＧＢはどのようにしてＣＩＡがソビエト内で活躍しているスパイを国外に逃がしているのか、ずっとわからずにいた。それがいまでは、ＣＩＡの逃がす手順をつかんだうえに、サーシャ――いや、あらゆる裏切り者――が合法的なアメリカ移住を容易にする本物のパスポートまで手に入れた。つまり、進行中のＣＩＡの

〝お遊び〟を察知して、裏をかくには、絶好の位置につけたのだ。KGBはサーシャの働きに狂喜し、おかげでサーシャはKGB支配集団の頂点に特進した。グライムズはいう。「サーシャをそこまで昇進させたのはわたしたちだった」

しかし、CIAもサーシャから何も学ばなかったわけではない。ひとつには、KGBはどんな手を使ってでも資産《アセット》を守るつもりだということだ。その資産《アセット》とは、アメリカを裏切った者、あるいは裏切った者たちだ。KGBはCIAの情報漏洩の原因が未熟な諜報技術にあると、どうしてもCIAに思わせたかった。つまり、それはちがうということだ。また、新たな天敵の性質もある程度つかめた。サーシャは信頼とか将来の協調といった古めかしい考えより、アメリカを痛めつけることに腐心する大胆不敵なくそ野郎だ。こいつは架け橋を燃やす男だ――おまけに用心深い。

しかし、一九八八年の時点では、サーシャ・ゾモフの長年の好敵手はゲンナジー・ワシレンコだった。

収監されて六カ月が過ぎても、ゲンナジーはまったく証言を変えなかった。ゲンナジーと仲良くさせるためにKGBが送り込んだ大勢の〝同房者〟も、まったく情報を得られなかった。ゲンナジーが国を売ったことを示す装備やデータといった証拠も出てこなかった。それどころか、ゲンナジーが裏切ったと本当に信じている者などKGBにはいなかった。まあ、それなら、ゲンナジーはレフォルトヴォで何をしている？　ソビエトの刑務所制度では、国を裏切った者はそう長く生きられないことは、ゲンナジーも知っていた。運がよければ、どこかの刑務所に入ってから一両日中に〝カンガルー裁判〟があり、レフォルトヴォ刑務所の地下へ移され、そこの通路を何歩か歩いたところで……。しかし、ゲンナジーをとらえた連中は異常な行動に出た。ゲンナジーを生かしておいたのだ。

何度となく尋問と拷問を受けてから、ゲンナジーはやっと自分をとらえている連中を説得しはじめ、ある夜、一睡もできずに朝を迎えると、非の打ちどころのない根拠を思いついた。「おれがジャックに協力していたとすれば、ペルトンを売り渡していたはずじゃないか？　ペルトンのファイルを確認してみればいい。おれはペルトンの調教師《ハンドラー》だったんだぞ！」実際、元国家安全保障局《NSA》局員／転向者ロナルド・ペルトンは、ゲンナジーがアメリカでジャックと交友を温めていたときに、ゲンナジーのもとで働いていたソビエト側の資産《アセット》だった。しかも、何年にひとりという非常に貴重な資産《アセット》だった。そうしたゲンナジーの主張に対して、KGBにはまともな答えがなかった。

意外なことに、もうひとつゲンナジーを救うものが出てきたが、それはゲンナジーがKGBでもっとも忌み嫌った――息苦しい官僚主義だった。不思議な新時代だった。情報公開政策《グラスノスチ》。ゴルバチョフ。「ゴルバチョフが政権を握って助かった。そうでなかったら、すぐに殺されていた」ゲンナジーはいう。どうやら、レフォルトヴォ刑務所の地下墓地で被告人を撃ち殺すにしても、新しい書類を作成し、その被告人が有罪だとわかるような証拠に関する文書をきれいにタイプ打ちしなければならなくなったのだった。KGBはやわになった、とゲンナジーは思った。みんな人殺しにうんざりしはじめているだけかもしれないが。

KGBがゲンナジー・ワシレンコのファイルを承認していたとき、もうひとつ興味深いことが起こった。ゲンナジーと同じKGB職員グループが匿名でゲンナジーを弁護する声をあげたのだ。人気者の同僚であるゲンナジーは骨の髄まで愛国者だ、と彼らは主張した。おまけに、KGB幹部は、ゲンナジーが大物の義理の息子だという事実を忘れてはいなかった。KGBが証拠もないのにゲンナジーをレフォルトヴォの地下に引っ張っていき、頭を撃ち抜くようなまねをするなら、ゲンナジーとちがってコネはないが、役に立つほかのKGB職員にはどんな仕打ちをするのだろう？　確かめてみたい者などいない。

ゲンナジーが――生きて――解放されるというのはいい知らせだった。だが、金無垢《きんむく》のロレックスとモンブランの万年筆を持たされてレフォルトヴォを出所するわけではない。一九八八年七月、収監から六カ月後、KGBは敵勢力（カウボーイとダイオン）と会っていたのに、適切な報告書を提出しなかったという漠然とした罪でゲンナジーを裁判所に召喚した。最後の残酷な冗談なのか、ゲンナジーをとらえた連中は真新しいKGBの制服をゲンナジーに着せ、レフォルトヴォの処刑場と化していた中庭に連行した。銃殺によってできた無数の弾痕がついた壁際に立たせた。長い一分間が過ぎ、看守がゲンナジーに近づいていき、制服から儀礼用の肩章をはぎ取ると、ゲンナジーを刑務所の出入り口まで連れていき、表の通りに放り出した――そのとき着ていた服以外は文字どおり裸一貫で。一〇月一四日、ゲンナジーは正式にKGBを解雇された。苦労して手に入れたはずの年金も剝奪された。「釈放の二カ月後、連中は個人的な集まりだとかいって、おれを呼び出した」ゲンナジーはいう。「連中がこれからすることを、おれのKGBの全同僚に知られたくなかったらしい。連中はおれを降格して、そのあとで馘にした」ゲンナジーも知っていたが、ゴルバチョフのおかげだけで助かったのではなかった。KGBのかけがえのないアメリカ人転向者ロナルド・ペルトンの情報を、ジャックに決して漏らしていなかったという動かしえない事実が大きかった。実際には一九八五年一一月、モスクワに戻ったユルチェンコが、ペルトンを売ったのはゲンナジーではなく自分だと白状した。「ロナルド・ペルトンのおかげで命拾いしたんだ」ゲンナジーはそう思うことにした。

いまやゲンナジーには、養うべき家族以外、何ひとつ残っていなかった。たしかに、自由の味は格別だった。だが、必要なことはやるつもりだ。カウボーイが裏切ったとは信じたくないが、カウボーイとの交友のせいであんな苦悩を味わったことには腹が立つ。それに、その交友の情報を軽く扱ったのがカウボーイ自身なのか、カウボーイに近い人間なのかもよくわからない。

ゲンナジーから連絡がないまま何カ月も過ぎ、カウボーイは自宅の書斎にいて、ゲンナジーとふたりの写真をちらりと見た。ふたりでべろべろに酔っぱらっていたころの写真を。一二本パックのビールが耳元でこう囁《ささや》いているかのようだ。〝用があるならここにいるぜ〟。ゲンナジーを売り渡したりしていないという点では、カウボーイの良心にひとつ迷いもないが、ふたりの友情がゲンナジーの失踪に大きくかかわっていることは知っていたし、ゲンナジーはやっぱりおれを恨んでいるだろうなとも思っていた。「ガイアナのあとは、ずいぶんふさぎ込んでいました」ペイジはいう。「でも、海兵隊時代の訓練を思い出したようで」カウボーイは建設的な仕事に、自分でコントロールできることに精力を傾けた。「海兵隊時代の訓練のおかげで、お酒に走らずに済んだのだと、心から思っています。あの厳しい規律があったからだと」

一九八八年、ダイオン・ランキンはヒューストンのFBI支局に異動したが、ふたりのアメリカ人銃士は連絡を密に取り合っていた。ゲンナジーがなぜ姿を消したのか、ふたりともさっぱりわからなかった。実のところ、ゲンナジーとの話の内容は記録していなかったし、報告書を提出しても、ゲンナジーを褒めちぎるようなことはしなかった。カウボーイとダイオンは、アメリカの情報機関のどこかに二重スパイがいて、ゲンナジーがアメリカに寝返ったとソビエトに伝えたのかもしれないと考えるようになった。この裏切り者はやたらでかいくそ野郎にちがいない。自分の国を売り渡せるだけでなく、ソビエト側の雇い主の求めに応じて、まったく罪のない男に濡れ衣を着せることさえできるのだから。

カウボーイは自分の性格を考えた。もうアルコールの呪縛はほどけているが、酒壜《ボトル》は愛する父や心を病んだ母にもそうしていたように、おれにも手招きを続けている。人はなぜ酒を飲むのか？　カウボーイは考えた。〝人がそういう振る舞いをする責任は、もうだれにもないのか？〟

しかし、ゲンナジーが姿を消してから、カウボーイの依存症は鳴りを潜め、別のものが表出した。自分でも意外だったが、その暗い衝動を恥ずかしいとも思わなかった。テキサス人がフロンティアの正義を求めるようなものだ。カウボーイ・ジャック・プラットは、ゲンナジー失踪にかかわったやつを仕事とは関係なく追いかけ、そいつを見つけたら、焼き尽くしてやるつもりだった。

10 旧敵

〝だれが生きてると思う？〟

二〇〇五年九月　クラスナヤ・プレスニャ拘置所

次の地獄の圏は、〝グラーグの十字路〟として有名な神話と化しているロシアの拘置所だった。すべての受刑者がやがて全国各地に点在する囚人収容所へ移送される前のハブだ。クラスナヤ・プレスニャは混みすぎで、暑すぎで、ネズミだらけの〝穴蔵〟で、一九四〇年代に反体制的なロシア人小説家アレクサンドル・ソルジェニーツィンを不当に収監したことで悪名を馳せた。ソルジェニーツィンはのちにグラーグ制度を世界に知らしめた。

ゲンナジーはダイアンにもらった血染めのFBIアカデミーのスウェットシャツを着たまま、不当に収監された者たちの仲間に入った。尋問室に通されると、足枷をはめられ、両手はうしろで縛られ、顔に高ワットの電球の光を受けて永遠にも思えるほど長いあいだ金属の椅子に座らされた。その後、**そいつ**が入ってきた。ゲンナジーがこんなことになった裏で糸を引いていた男。サーシャ・ゾモフ。異常なまでに執拗なロシア人スパイ・ハンターで、二〇〇一年から彼は捜査範囲を広げていた。ソビエト連邦が崩壊し、ＫＧＢが連邦保安庁《FSB》と対外情報庁《SVR》に分割されると、サーシャはＦＳＢの北米部の責任者を任された。

　サーシャが噛んでいるなら、今回の不法監禁は武器の不法所持とはまったく関係ない。実のところは裏切りか売国を疑われているのだ。

　当初、スパイ・ハンターのサーシャはロシア版〝いい警官〟役を演じていた。ゲンナジーに対して、薄気味悪くこう語った。「きみの身を護るために収監するんだ」その作戦がゲンナジーに通用しないとわかると、サーシャは本性を現し、高圧的な口調でいった。「これらのＦＢＩの連中は我々の情報提供者のファイルを買おうとしていた。大勢のＦＳＢ、ＧＲＵ、それから元ＫＧＢに接近して手に入れた。そいつらがおまえと会っていた。アメリカでな」

　ゲンナジーは無実だと訴えた。水をくれと頼んだ。「まだ生きているとマーシャに電話だけでもさせてくれないか？」

「それから、こんなものも……」サーシャはそういうと、ゲンナジーがメイコンやアトランタでダイオン・ランキンと会っていたという情報報告をテーブルに放り投げた。そして、目の粗い写真——隅々まで荒らされたゲンナジーのアパートメントから持ってきたものだ——には、ゲンナジーがマイク・ロックフォード、ダイオン、カウボーイ、さらには彼らの家族とも一緒に写っている。「さて、わからないのはこの点だ。年金もないというのに――こっちがつかんでいるかぎりでは――妻ふたりとそれぞれとの子供たちを養い、田舎にけっこうなダーチャがあり、アメリカで休暇を楽しんでいた。しかも、何者かが非常に重要なファイルを主敵に売り渡したすぐあとで」サーシャはそこで言葉を切った。「敵のひとりにもらったくされFBIのスウェットも着ている！　おれがまぬけだとも思っているのか？」サーシャはゲンナジーを二度、力を込めて平手打ちした。

「汗水流してカネを稼いだだけだ。ファイルなど売っていない！　そもそも、そんなファイルをおれがどうやって手に入れる？　公職からたたき出されるまで、四年もくされガイアナにいたんだぞ」

一九八九年夏――秋

レフォルトヴォ刑務所の試練を脱して一年が経ったころ、ゲンナジーは人生の後始末に苦しんでいた。カウボーイ・ジャック――彼を裏切ったとされる男――は、ゲンナジーにとっては死んだも同然だった。輸出入（ウォッカ、食料、衣服――何でも）の事業に手を出したものの、実を結ばなかった。しかし、このうえない絶好のタイミングで救いが現れた。

ゲンナジーの苦境に差し出された救いの手は、新しい共産党書記長ミハイル・ゴルバチョフとペレストロイカの計らいだった。一九八七年六月、ゴルバチョフの熱心な働きかけによって、クレムリンはソビエト合弁企業法を成立させ、ソビエト国民は西側のビジネスとパートナー関係を結ぶことができるようになり、奨励もされた。実際には、ソビエト側のパートナーは労働力、インフラストラクチャー、そして成長する可能性を秘めた国内市場へのアクセスを提供するだけで、資本、技術、企業経営に関する専門知識、そして多くの場合、世界市場で競争できる品質の製品やサービスを提供したのは外国側パートナーだった。まもなく、アメリカ企業もそのアイデアに関心を示しはじめた。

一九八七年一二月、ゲンナジーがあと一カ月で奪われることになる自由をガイアナで謳歌していたころ、進行中のサミットを続けるために、ロナルド・レーガンはワシントンでゴルバチョフと会談していた。会談後の共同声明で発表された一文が、一九八八年に釈放されたあとのゲンナジーの運命を大きく左右することになる。「[レーガンとゴルバチョフは]両国の法令や規制を遵守し、商業的に維持しうる合弁企業は、今後の通商関係の発展に寄与しうるとの点で合意に達した」モスクワ＝ワシントンのはじめての〝リセット〟だった。

ほぼ一夜にして、五〇〇あまりのスタートアップ企業が営業許可を取得した。もっとも、利益が見込めそうなところはほとんどなかった。その中に、アレクセイ・モロゾフという元KGB第一九局でゲンナジーのバレーボール仲間でもある男が発案し、マーティン・ロパタというカリフォルニアの企業家が共同で一九八八年に創設した企業があった。社名は〈ソバミンコ〉。ソビエト・アメリカン・インターナショナル・カンパニーを略したものだ。関係者にモロゾフがいただけでなく、重役にはエレナ・チェルカシンも名を連ねていた。DCレジデンチュラ時代のゲンナジーの元上官、ヴィクトル・チェルカシンの妻だ。同社がゲンナジーを警備部門の責任者として雇ったのだ。

〈ソバミンコ〉のビジネス・プランの原型は、キオスクでソビエト国民にコピー・サービスを提供するというアイデアだった――そのときまで、コピー機、複写機、印刷機はすべて国有だった。その結果、〈ソバミンコ〉は一般のソビエト国民にはじめて印刷サービスを提供する会社のひとつになり、西側の宿泊客に向けて、機器をモスクワやレニングラードのホテル内の土産物店にも置いた。もっと大規模な広告業務が中央の印刷工場に持ち込まれ、翌朝までに印刷するようになった。この会社はいまでも残っているが、印刷業務（Tシャツ、名刺、バンパー・ステッカー）、出版流通にも手を広げた。さらに、USAトゥデイと、モスクワとレニングラードで印刷日に即日配達する契約を結んだ。会社が大きくなるにつれ、警備の需用も高まった。その部門を監督させるなら、ゲンナジーが持ってこいだった。

バージニア州マクリーンでは、ジャックも〈HTG〉という会社を経営していた。ゲンナジーはレフォルトヴォで無残に処刑されて、まさに死んだものと思っていた。一九八七年にむかしの友人と最後に連絡を取ってから一年以上が過ぎ、やましさにさいなまれていた。

CIAとFBIは、過去一〇年間にこれほど多くの痛ましい損失を引き起こしたリークの原因を懸命に探っていた。ずっと懸案のままだった。ＫＧＢがＣＩＡの通信を傍受しているのか、あるいはもっとひどいことに、アメリカの諜報機関内部に（複数の）二重スパイがいるのか、突き止めるのは骨が折れるばかりか、結果の出ないことが多い作業だった。ジョン・ウォーカー・ジュニアもエドワード・リー・ハワードも一九八五年に敵のスパイだと暴かれたが、このふたりの知りうる情報だけでは、あれだけの損失が生じることはない。特に、モトリンとマルティノフを失うはずがなかった。

調査班は少なくとも一九八六年にはできていた。ＣＩＡのハサウェイが同年にスパイ狩りのタスクフォースを組織したのはわかっている。一九八八年にはメンバーのジーン・ヴェルテフィーユが定年退職の時期を迎えていたが、それまで結果を出せていなかったので、気がとがめて、退職時期を延ばしてほしいと願い出ていた。「退職する前にもう一度だけ調べさせてほしいといってきた」サンディー・グライムズはいう。そのグライムズはというと、彼女のモスクワの資産《アセット》、ドミトリー・ポリャコフを失って以来、ひどく動揺していた。もちろん、結果も出ないまま調査がこれほど長引いていたのは、アメリカ側が何年ものあいだサーシャの策略にはまっていたからでもあった。

ＦＢＩ管理官のボブ・ウェイドはようやく気づきはじめていた。スパイ戦争において、ＫＧＢにはむかしから非常に有利な点がひとつある。カネだ。ユルチェンコがＦＢＩに語っていたとおり、ＫＧＢはずっとむかしから情報を得るには賄賂がいちばん手っ取り早いと考えていた。ウェイドはもう同じグラウンドで戦うしかないと思った。こっちもくされ情報をカネで買えばいい。こうして、一九八七年、ウェイドは〝カネの誘い《バックルアー》〟というふさわしい名前のついた作戦を立てた。そして、アメリカ情報部からの情報漏洩経路に関する決定的な証拠に、一〇〇万ドルの報酬が支払われるとの発表がなされた。ＣＩＡも防諜部長のポール・レドモンドの尽力で、ウェイドに協力し、今後支払われる報酬を分担することで同意した。

ＦＢＩ幹部のジム・ホルト——グライムズと同様、失った資産《アセット》のマルティノフの敵《かたき》討ちに燃えていた——やジム・ミルバーン、Ｒ・パトリック・ワトソンも、重要な情報にアクセスできたと思われるＫＧＢ職員のターゲット・リスト作成に深くかかわった。〝安物買いの銭失い《ペニーワイズ》〟と名付けられたリストには、当初一九八人の容疑者名が載っていた。そのうち六〇～七〇人がＫＧＢ職員だった。ジャックはセキュリティー・コンサルタントの事業の足しになるかもしれないと思い、ＦＢＩやＣＩＡの同僚と定期的に連絡を取り続けていたが、裏切りとは無関係なひとりの損失に、ゲンナジーの損失に心を痛めていた。

一九九〇年のある午後、ジャックは〈ＨＴＧ〉のオフィスで、ゲンナジーにとって父親のような存在だったウクライナ人、ジョージ・パウステンコから予期せぬ電話を受けた。この男の口から飛び出た言葉に、元海兵隊のタフガイもさすがに泣きそうになった、とジャックはそのときのことを語っている。

「だれが生きてると思う?」パウステンコが答えのわかり切った質問をした。

「どうしてわかった?」

「どうしてだと思う? 電話をもらったのさ」そんな答えが返ってきた。

ジャックはモスクワにいるゲンナジーの新しい電話番号を教えるようパウステンコを説得し、今後の進め方を考えた。

「たぶん、あいつはまだあんたに腹を立てている。無理もないが」パウステンコはいった。「レフォルトヴォでひどく痛めつけられて、通りに放り出された」KGB上層部はゲンナジーにかつての同僚たちから寄せられる支援に圧倒され、いつまで経ってもまともな証拠が見つからないことにも圧倒された、とパウステンコは付け加えた。[*19]

ジャックはそのときのことをこう語っていた。「旧友のルイージ・コハネックに連絡してみようと思い立った。ウィーンで一緒だった大使館員で、あのときはモスクワ勤務だった」ジャックは連絡して頼んだ。「ゲーニャに電話して、むかしの敵と話してくれるかどうか訊いてくれないか?」ルイージ・コハネックは受け入れ、折り返しの電話で、ゲンナジーはOKだとジャックに伝えた。

ジャックはひとつ深呼吸すると、ゲンナジーの番号にかけた。不安が募る沈黙のあと、懐かしい訛りの強い声が聞こえてきたが、このときは以前ほどの陽気さはなかった。「クリス、電話を待っていたよ」また沈黙。「仕事でアメリカに行くことがあれば、会ってもいい」ゲンナジーはジャックと連絡を取り合うことに同意した。「本当のことが知りたかった」ゲンナジーはいう。「だから電話にも出た。喉元をつかんでやりたかった。おれはすべてを失った。あいつがなぜそんな事態を招いたのかが知りたかった」

やがて、ゲンナジーはアメリカでジャックと真正面から対決する計画を企てた。別の手も考えてみた。挑発するかのようにジャックの真ん前に立ち、身長を利用して背の低いジャックにプレッシャーをかけようか。だが、それで何が得られる？　ジャックは動じることなくかかわりを否定するし、KGB対CIAの対立をあおっても、ジャックの海兵隊魂を呼び起こすだけだ。そうではなく、ジャックの良心を利用する手もある。なにしろ体の奥深くにまで良心が流れている男だ。いまのところは、古い友だちのジョージ・パウステンコに連絡して、じきにアメリカ行きを考えてみるといっておこう。パウステンコはジャックに伝えたければ伝えるだろう。きっと伝える。

一九八八年の後半、出所後、失業していたゲンナジーはワルシャワの友人を訪ねようと列車でポーランドへ行くところだった。こっそり飛行機に乗って、七〇〇〇キロ以上離れた別の旧友、カウボーイ・ジャックを訪ねてもいいかもしれない。ベラルーシのブレスト近くの荒野で、どういうわけか列車が止まった。KGB職員が乗ってきて、電話がかかってきていると冷たい口調でゲンナジーに伝えた。ゲンナジーは窓の外に目を向けた。森と原野しか見えない。〝電話だと。

そうかい〟。ＫＧＢ職員たちはゲンナジーを列車から降ろし、線路脇に立たせた。ゲンナジーは彼らが列車内に戻り、また外に出てくるのを待った。しかし、列車がゲンナジーを置き去りにしてがたごとと動き出したとき、待っても無駄だとわかった。

〝どこまで嫌がらせが好きな連中なんだ〟と思いつつ、ゲンナジーは大自然にひとり残された現状を考えた。ゲンナジーはかつてのレジデント、ヴィクトル・チェルカシンの仕業ではないかと疑った——そのとおりだとあとでわかった。〝くそでも喰らえ〟。ゲンナジーは自分にいい聞かせた。子供のころはむき出しの原野の中で生き延び、刑務所でも生き延びた。荒野のただ中で列車から降ろす程度の嫌がらせしか思いつかなかったのか？　こんな田舎など、目をつぶったままでも抜け出せる。たしかに抜け出せはした。だが、どうやってワルシャワにたどり着いたのか、ゲンナジーはいまもよく思い出せない。

ワルシャワでソビエト側の警備兵にパスポートを見せると、ついてくるように指示された。「仕事に戻ってもらう」警備兵はあいまいにいった。おおかた、どんな手を使ってでも、はた迷惑なゲンナジーを国内から出すな、とＫＧＢが指令を出しているのだろう。それで警備員が彼をモスクワに戻すのだ。

「おれはチェルカシンに売り渡された」ゲンナジーはいう。「あいつは当時まだ第一総局にいた。あいつも仕事をしていただけだ。だが、こっちはもううんざりだったから、合弁企業をやめて、〈ブリット〉という新しい会社をはじめた」ソビエトのスタートアップでいちばん成功を収めていたのが、企業セキュリティーとコンサルタントの分野だったという事実を踏まえて、起業を思いついたのだった。政府職員（KGBを含む）の給料はとても低かった（月給二〇〇ドル程度）ので、何万人ものKGB職員が早期退職を希望し、とある退職者の言葉を借りるなら〝自由企業スパイ〟分野でもっと明るい未来を手に入れようとした。KGBへ入局する者の数は崖を転がり落ちた。入ってきた者たちも、大半はヤセネヴォをおいしい民間の仕事にありつくための訓練場みたいなものだと思っていて、必須である五年間の勤務期間が終わるとすぐに辞職した。そうして企業を立ち上げた者たちは、グラスノスチでひと稼ぎしようともくろむ外国人ビジネスマンのために、電子盗聴器の探知、情報収集、身辺警護、そして装甲リムジンを提供した。西側に転向する代わりにCIAに資金を提供するよう訴えかけた者もいた。

ゲンナジーがアメリカに渡る方法を探っていたころ、アメリカのスパイ狩りはますますエスカレートしていった。FBIの調査はワシントン支局に本拠を置いて進められていた。FBI本部では、スパイ狩りの六人チームをつくり、別の部所に異動していたジェームズ・〝ティム〟・カルーソーが、またスパイ狩り担当に戻されていた。

ワシントン支局《WFO》には、ジョージア州メイコンにいた銃士のダイオン・ランキンが呼び戻され、売国奴狩りの支援をすることになった。一四カ月のあいだアパートメントを借りて、週末にメイコンの自宅まで戻るという日々が続いた。ロバート・〝ベア〟・ブライアントの指揮下、ほかに一〇人ほどのメンバーと協力しながら、ダイオンは国中を移動し、関係者に話を聞き、マルティ・

ピーターソンやポール・〝スキップ〟・ストンボーのような暴露された者の足跡をたどるため、モスクワにまで出向いた。「あらゆる情報漏洩を顕微鏡で見るように細かく分析した」ダイオンはいう。「スパイ技術の未熟さを示す証拠も見つかった。二重スパイがいるというのは勘ちがいかもしれないと思いはじめていた」

スパイ狩りに加わっていたカウボーイ・ジャックの友人は、ダイオンだけではなかった。ロシア語が堪能なFBI局員で、一九七九年には三銃士の運転手をしていたマイク・ロックフォードも招集され、別のスパイ狩り作戦を率いていた。「一九九二年、ナッシュビルにいた私はスパイを探すよう要請された」ロックフォードはいう。「それで、WFOではなく本部を拠点にして、業務に当たることになった」ロックフォードは〝ペニーワイズ〟・リストに載っていた者たちを徹底的に洗い直した。おいしい一〇〇万ドルつきの新生活で、お宝を〝主敵〟に売ってくれそうなソビエトの情報提供者と密会するためなら、いつでもどこへでも飛んでいった。ロックフォードが大きな関心を寄せていたのは、ゲンナジーのむかしのボス、ヴィクトル・チェルカシンの動きを詳細に追った調査結果だった。当然ながら、ダイオンもロックフォードも、嘱託勤務の友だちカウボーイ・ジャックとはしょっちゅう連絡を取り合っていた。

ダイオンとロックフォードたちが元KGB職員の勧誘に空振りを続けているとき、ひとりの男が自分の意志で彼らのもとに姿を見せようとしていた。その男のモスクワからの渡米をきっかけに、不思議な偶然が重なり、やがて、長年見つからなかった二重スパイの逮捕へとつながっていく。容疑者リストも銀行の取り引き記録も必要なかった。その男こそ、ゲンナジー・ワシレンコだった。

11 旧交ふたたび

〝なぜおれを売った？〟


ゲンナジーはついに自分のパスポートとアメリカの観光ビザを取得し、一九九二年夏にワシントンへ旅立った。ジャックとダイオンはぶるぶる震える指を折りながら、その日を待っていた。

「ジャックとおれはダレス空港でゲンナジーを出迎え、ジャックの家に戻った」ダイオンはいう。

「そのまま二、三日泊めてもらった」空港に着いたゲンナジーは心から嬉しそうだったが、珍しくよそよそしい態度で、出迎えたふたりが知っているすぐにハグしてくる友の姿とはかけ離れていた。どうやら胸の内で何かがぐつぐつと煮えたぎっているようだった。

その見立ては当たっていた。ゲンナジーは自分に辛酸をなめさせた理由をジャックに問いただしたくてしかたなかった。ただ、空港でやるわけにはいかないこともわかっていた。爆発したい気持ちもあったが、空港はそんなばか騒ぎをするようなところではない。車に乗っているときには、ぴりぴりしたり、どきどきしたり、頭の中が混乱していた。どんな言葉をジャックにぶつければいい？　悪態しかぶつける言葉を思いつかないとしたら、どんな答えが返ってくる？　これだけ怒りに震えていても、ゲンナジーには別の感情もあった。腹の奥底では、旧友の顔を見て喜びと心地よさも感じている。自分の頭の中だというのに、もうわけがわからない。

「その夜、おれたちはゲーニャとキッチンにいて、そのことを話していた。どうしてゲーニャがあんな目に遭ったのか、答えを探した」ダイオンはいう。「空気が張りつめた」

「なぜおれを売った？　はじめからそのつもりだったのか？」ゲンナジーは泣きそうになりながら訊いた。怒鳴ってはいない。声が割れていた。四半世紀以上が過ぎても、ゲンナジーはこのときの対決を思い出すと目を潤ませる。

　ジャックは傷ついたが、驚きはしなかった。いつそういわれるのかと思っていた。しかも、ゲンナジーを責める気にはまったくなれなかった。ゲンナジーはあれだけの苦しみを味わってきたのだ。「おまえを傷つけておれにどんないいことがあるんだ？」ジャックはいい返した。「おれにいつからＫＧＢに手を貸す趣味ができた？　常に忠実《センパー・ファイ》であれだぞ、おい。おれはくされ海兵隊あがりで、国を愛している。おまえがおまえの国を愛しているようにな」

「おれの話を録音していたのか？」ゲンナジーは訊いた。

「するわけないだろ」ジャックははっきり答えた。「知ってのとおり、おれは自分の集めた情報について七階のスーツ連中にあとからとやかくいわれたくない」

「おれを徴募《リクルート》したとはいわなかったか？」ゲンナジーは訊いた。ジャックはいわなかったと答えた。ゲンナジーが声を荒らげないから、かえって気が滅入った。ふと反撃したくなる反面、やましさも感じていた。ゲンナジーの口調は、イデオロギーの宿敵というよりは傷ついた弟といった感じがした。ゲンナジーのほうでも、こんなジャックは見たことがなかった——苦しそうで、汚い言葉を撒《ま》き散らすいつものジャックとはちがっていた。ジャックはゲンナジーを引き入れたとは、口でもいっていないし、報告書にも書いていないといった。報告書には、たまに会う知り合いでスパイではないと事実のまま書いた。両者には大きな差がある。ゲンナジーにもよくわかった。ＫＧＢにはゲンナジーをスケープゴートにしたがる理由があったのではないか。ジャックにはそうとしか思えなかった。

本格的に涙があふれはじめると、ジャックはかろうじて保っていた海兵隊のこわもてを完全に捨てた。「ばか野郎、ゲーニャ、おまえはおれが持てなかった弟だぞ。これからも、ずっと持てなかった弟……」

不意に、ゲンナジーは逮捕前のように旧友を抱きしめた。ジャックは泣いていた。ゲンナジーとダイオンも泣きそうだった。

「会いたかったよ」三人の男が同時にひと息ついたとき、ゲンナジーはいった。

一週間が終わりに近づき、ダイオンはゲンナジーが帰国する前の週末にメイコンに連れていた。

メイコンに行く前、ゲンナジーは刑務所釈放時の文書の写しを贈り物としてジャックに残した。ジャックが裏切ったとは思っていないことを証明するものであり、許したことを示す印だった。

ゲンナジーはたくさんの食いぶちを稼ぎながら、ゼロから新しいキャリアを積まなければならなかった。偶然にも、カウボーイ・ジャックも似たような苦境にあったが、ゲンナジーほど差し迫ってはいなかった。あまりに早く引退してしまったが、自分とペイジの生活費を捻出しないといけなかった。このころ、娘たちは成長し、独り立ちしていたが、学費ローンが残っていた。ゲンナジーはジャックと電話していて、モスクワでは合弁企業ビジネスが爆発的にはやっていると伝えた。それを聞いたジャックは、元スパイ同士、互いのつてを合わせれば、儲《もう》かる事業を立ち上げられるのではないかと思った。〈HTG〉のジャックのパートナーも同意し、まもなく〈ブリット〉と〈HTG〉の合弁企業が生まれた。

ゲンナジーのかつてのKGBネットワークを使ってFSB職員の協力を得られるから、すぐにパスポートを承認してもらえるというのが、新会社のセールスポイントのひとつだった。こうして、〈HTG〉はロシアのビジネス・パートナーになるかもしれない人物や会社を、訪問しやすくなった。さらに大きかったのは、〈HTG〉が慎重なアメリカ人投資家のために、ロシアのパートナーを詳細に調査できるようになったことだった。ハリー・ゴセットが指摘するように、「ロシアには商取引改善協会のたぐいはなかったから、ベンチャー企業のファイルを手早くチェックすることはできなかった」

一九九三年、ジャックは五度のモスクワ旅行の一回目でモスクワに行き、ゲンナジーも年に一度は訪米していた。ジャックの最初のモスクワ旅行時、ゲンナジーはシェレメーチェボ国際空港で出迎え、すぐにジャックの不安を感じ取った。「モスクワには来たくなかった」ジャックはいった。「新しい人生を踏み出したかった。モスクワになど興味はない。だが、ゲンナジーの話だと、モスクワにビジネス・チャンスがあるというから行った。身につまされた。五〇〇年も不運が続いてる国はあそこぐらいだった」また、ジャックはFSBが自分の分厚いファイルをつくっていることも知っていた。「いつ逮捕されてもおかしくないと思っていた」ジャックはそのときの気持ちを語った。はしゃぐゲンナジーにも、こういっていた。「もし逮捕されたら、もう二度と口をきかないからな」ゲンナジーは二、三日この銃士仲間が肩越しにそわそわと振り返ってばかりいるのを見かねて、車を路肩に停め、ぴりついているジャックにいった。「きょろきょろするなよ。何もないから」

ゲンナジーは、ワシントンの職場やメイコンの自宅にいるダイオンとも頻繁に電話で連絡を取り合っていた。子供たちを養うには、まだキャッシュ・フローが足りないというようなことをゲンナジーがぽろりと漏らすと、ダイオンはアトランタまで車を走らせ、高級コットン・タオルの輸入を手伝った。何千枚ものタオルがモスクワに輸入されたが、その作戦はすぐに頓挫した。

やはり一九九三年のことだが、ジャックはジャーナリスト兼出版社経営者のジョー・オルブライトと、ウィリアムズ・カレッジ三五回生の同窓会で再会した。ジョーは外交官で慈善家のハリー・グッゲンハイムの甥《おい》で、グッゲンハイム鉱山王国の相続人だった。つまり、世界有数の金持ちの家柄だ。アメリカ初の女性国務長官マデレーン・オルブライトの前夫でもあるが、ジョー自身もシカゴ・トリビューン、ニューズデイ、そしてニューヨーク・デイリー・ニューズをはじめとする出版帝国の継承者でもあった。当時はコックス・ニュースペーパーのモスクワ支局にいて、報道に携わっていた。ジャックはよく覚えていた。

働き者のジャックはオルブライトをいいくるめて、自分とゲンナジーの新しい合弁企業の記事をコックスに載せてもらうことになった。ふたり目の妻でジャーナリストのマーシャ・クンステルの協力を得て、オルブライトは執筆に取りかかった。こんなおいしいネタを断れるわけがなかった。そして、一九九三年一一月、ジャックとゲンナジーのありえない友情がはじめて紙面で世に出た。

「冷戦はたしかに終わった」オルブライトとクンステルは書いている。「ふたりの関係は想像しがたい。理解をはるかに超えている――世にも恐ろしい地政学上の淵《ふち》を隔てたふたりの男が友となり、同時に互いに対して淵を越えてくるように誘い続けていたのだから」ジャックとゲンナジーはその広範にわたる技量を〝国際資本という戦場〟に振り向けるだけでよかった。

とりわけ、だれが見てもわかるゲンナジーのカリスマ性がオルブライトとクンステルの印象に強く残ったようで、ふたりはこう書いている。「ハリス・ツイードのジャケットと柔らかい物腰を身にまとった、このすらりと背の高いロシア人からは、プロの風格が漂っていた……」しかし、合弁企業のアイデアを思いついたのがジャックだという点も、ふたりはしっかり書いていた。ジャックは自分と〈HTG〉のパートナーのベン・ウィッカムのことを、こう語っていた。「ふたりで宿題はやった。向こうに何があるかはわかっていた――鉱物、資源。ゲンナジーに人脈があることもわかっていた」オルブライトの記事には、ジャックとゲンナジーがそもそもどんな風に出会い、奇跡的に友情を育み、ビジネス・パートナーになったのかも描かれている。しかし、それぞれのスパイ活動の詳細については、まだ明かすつもりはなかった。

ふたりの合弁企業が元スパイのネットワークを広げているとき、現役のCIA局員のサンディー・グライムズとジーン・ヴェルテフィーユはCIAのスパイ狩りチームを率い、ジャックのSE部時代の同僚、オルドリッチ・〝リック〟・エイムズに照準を合わせていた。SE部時代、ジャックはエイムズと一緒に仕事をしたこともあった。自分と同じく〝現場向き〟だとジャックはエイムズを見ていた。変わり者だからラングレーでもそれほど多くの局員に好かれることはなかっただろう。ジャックは一度エイムズに慎重を要する〝引き渡し〟を任せたことがある。ニューヨークに住むユーゴスラビア人の情報提供者だったが、エイムズはその任務を完璧にこなした――

しかし、グライムズ、ペイン、ワーゼンの分析によると、その見立てはまちがっていた。通勤チームに溶け込んでいるように思われた。

で毎日エイムズの家の前を通っていたワーゼンが、値の張りそうなカーテンが家のどの窓にもついているのにたまたま気づいた。その一見するとどうでもいいような観察がきっかけとなり、エイムズの金回りの徹底調査へとつながった。一九八〇年代はじめ、エイムズがソビエト大使館のKGB連絡員に公式に会っていた――とグライムズは突き止めた――まさにその期間に、銀行口座に多額の入金（一万五〇〇〇ドル、二万ドルなど）があったことがわかると、すべてがくっきり浮かびあがってきた。KGB連絡員の名前は、もともとゲンナジーの同僚であるモトリンとマルティノフによってCIAに提供されていた。そうした接触はソビエト大使館への浸透を目指すという正当な任務として認められていたが、実際にはその任務を隠れみのに使い、あきらかにきわめて高報酬の――個人的な――ビジネスを行っていた。さらに、銀行の取り引き記録を見ると、以前はグライムズと相乗り通勤していたエイムズは、GS－14等級のCIA工作担当官の給料（当時は七万ドル）には不相応なきわめて高額な買い物をたびたびしていたことがわかった。たとえば、五四万ドルの家を即金で買ったり、四万三〇〇〇ドルのジャガーのスポーツカーを新車で買ったり。

それでも、グライムズとヴェルテフィーユのCIAの上官たちは、もっと固い証拠が必要だとの考えだった。エイムズがコロンビア人の妻ロサリオの家族から大金の遺産が転がり込んだのだと――事実だとも嘘だとも確かめられないいいわけだった――同僚にいっていたことを気にしていたのだった。エイムズの買い物はぜんぶ、妻の浪費癖に応じてのことだったという者も、チームにいた。しかし、グライムズとヴェルテフィーユはそんな推測は信じなかった。

チームの結論はFBIとも共有する取り決めで、FBIがそれに基づいて調査したのち報告書を作成することになっていた。一九九三年三月にその報告書ができ上がったとき、ヴェルテフィーユとグライムズのチームはエイムズが重要容疑者だと記してあるものと思っていた。だが、単なる容疑者のひとりになっていたので、ふたりはがっかりした。国外逃亡される前に、エイムズに全勢力を注いでほしかった。「あの報告書を読んだ日は、わたしの人生で最悪の部類に入る一日だった」サンディーはいう。

FBI内部の派閥争いと、ひょっとするとかなり大きな組織のエゴのせいで、無意味な報告書ができたのだと考える者もCIAにはいた。しかし、報告書ができてまもなく、チームの士気は上向いた。FBIもすんなり見過ごすわけにはいかない新しい証拠が出てきたのだ。グライムズとヴェルテフィーユによるエイムズ事件に関する回想録、*Circle of Treason*（『裏切りのサークル』の意）の一四四ページには、遠回しの表現によって、つまびらかにできない極秘内容が言及されている。「一九九三年、運よくさらなる情報が入った」これだ。その情報が何であれ、「まだ納得していなかった人たちの心地よさのレベルがあがった」最近、ワシントンの国際スパイ博物館で行われたプレゼンテーションの席でも、グライムズは同じ言い回しを使った。ほとんど一言一句たがわずに。質疑応答の際、聴衆はだれも説明を求めなかった。最近の会話で、グライムズはほんの少しではあったが、深く話してくれた。くだんの新証拠によって、エイムズがスパイだと疑われたのではなく、「まちがいなくエイムズだとわかった」のだと。

ひょっとすると、二〇一四年のＡＢＣテレビシリーズ『*The Assets*（「資産《アセット》」の意）』から何かの材料が拾えるかもしれない。大ざっぱにではあるものの、同シリーズは*Circle of Treason*に基づいているのだから。エピソード８〝アヴェンジャー〟では、グライムズ役がベルリンで〝アヴェンジャー〟というＫＧＢの情報提供者と接触するシーンが出てくる。そこで〝アヴェンジャー〟は名前こそ出さなかったが、エイムズだと強くにおわせる。最近になって、グライムズはその件で渡欧したことはないといっているが、きわめて重要な情報提供者を新たに得たことは認めた。実際のＡＶＥＮＧＥＲ（アヴェンジャー）の情報提供者は、提供した情報の報酬として二〇〇万ドルを得たとされる。さらに、グライムズとヴェルテフィーユの本の一章がＣＩＡによって丸々削除されたことは、非常に興味深い。ゲンナジー・ワシレンコに関する章だったことはわかっている。ゲンナジーはＡＶＥＮＧＥＲではない。ただし、ともにヤセネヴォで勤務していた一九七〇年代中ごろからＡＶＥＮＧＥＲを知っていた。グライムズたちは彼の名前を知っていたが、名前を含むＡＶＥＮＧＥＲにまつわる謎の答えは、二〇一〇年にあきらかになる。

その決定的な情報がＦＢＩにも伝えられると、ＦＢＩはすぐさまレス・ワイザー・ジュニアを責任者として、暗号名ＮＩＧＨＴＭＯＶＥＲ、エイムズの本格捜査に着手した。ダイオン・ランキンのようなエージェントのおかげで、エイムズはすでにＦＢＩの容疑者リストに載っていた。[*20]

リック・エイムズと妻のロサリオは一九九四年二月二一日に逮捕された。新聞各紙も続々と出版される書籍も、レス・ワイザーを〝オルドリッチ・エイムズをつかまえた男〟と表しているが、実際にはヴェルテフィーユとグライムズのチームがFBIにエイムズをつかまえさせたのだ。エイムズは罪状を認め、終身刑を言い渡されたが、司法取り引きで妻は懲役五年にしてもらった。

1994年2月21日のオルドリッチ・エイムズの逮捕（提供：FBI）

まもなく、実状が判明した。エイムズの売国行為がはじまったのは、一九八五年にゲンナジーの友人モトリンとマルティノフをそれぞれ二万五〇〇〇ドルで売ったときからであり、その後も九年にわたって秘密を売り続け、合計で四二〇万ドルもの報酬を得ていた。逮捕後、ニューヨーク・タイムズのティム・ワイナーのインタビューを受けて、エイムズは裏切りの最大の動機がカネだったことを認めた。しかし、興味深いことに、カウボーイ・ジャックも悩ませたCIAの組織風土も原因として挙げていた。「私は酒浸りになったり、まともになったりを繰り返し、ときどき不祥事の崖から足を踏み外しそうになったが、転げ落ちることはなかった」エイムズはいった。「［ソビエト側の人間と」会う前にはいつも何杯か飲んだ。会っている最中も飲んだ」会うたびに、ウォッカのボトルがほとんど空になった。

ＣＩＡはエイムズによる大きな損失を見積もるのに忙しく、エイムズの動機はさほど気にしていなかった。一九九五年、ＣＩＡ長官ジョン・ドイッチュはエイムズの裏切りによる損害を以下のとおりまとめた。

・一九八五年六月、ソビエト連邦にいたアメリカのスパイ多数の身元を暴露し、少なくとも九人が処刑された。それらエージェントは我が国のソビエト連邦に関する情報収集と防諜活動の要《かなめ》だった。その結果、歴史上きわめて重要なときにソビエト連邦内の状況把握の機会を失った。

・その後九年も、ソビエト、のちにはロシアに対して活動していた多くのアメリカのスパイの身元を明かした。

・二重スパイ活動の技術や手法、スパイ活動の専門的知識、通信技術、エージェント確認方法を漏洩した。アメリカの二重スパイの活動について広範な知識を得て、それをソビエト側に流した。

・アメリカの防諜活動に関する詳細情報を漏洩し、当時の我が国の活動を頓挫させただけでなく、我が国をＫＧＢの作戦に対して脆弱《ぜいじゃく》にした。

・ＣＩＡなどの情報機関の職員の身元を暴露した（エイムズは、アメリカの情報機関数人の身元しか漏洩させていないと主張している）。我々はその主張を信じていない。
・アメリカ情報機関の技術的情報収集活動と分析手法の情報を漏洩した。
・終了した諜報活動報告、進行中の諜報活動報告、軍備管理の研究文書、国務省および国防総省の電信の一部を漏洩した。一例を挙げれば、あるスパイ活動では、厚さが五、六センチになると思われるほどの書類をＫＧＢに提供していた。

カウボーイ・ジャックは思ったとおりずばり本質を突いた。「エイムズはたったひとりで二〇年分の仕事を丸ごと消し去った。あいつはたかが三キロちょっとの紙切れのために渡しただけで、大勢の人間が精力を傾けて開発してきた九人を殺してしまった」

エイムズの裏切りの根底にどんな理由があるにせよ、膨大な損害が生じていた。エイムズの逮捕によって全アメリカ情報機関の士気が高まったのはまちがいないが、それも長続きしなかった。

まったくの偶然だが、エイムズが逮捕されたのは、ゲンナジーがジャックとダイオンに会いにバージニア州に来ていたときで、三人はテレビにかじりつくようにしてＣＮＮニュースを見ていた。ダイオンとゲンナジーは、ニュースを見ていたジャックの顔が蒼白《そうはく》になっていったことを覚えている。

「そんな、リック・エイムズだと！　おれの下で工作担当官をやっていたんだぞ！」ジャックは驚きの声をあげた。「あいつもハヴ・スミスの教えを受けたひとりで、ＣＩＡにありがちなアルコール依存になった……」ジャックはひと呼吸置いて続けた。「おれは口は悪い。だが、酒はやめた。それに、第一級の〝くそ野郎〟でもない。そこはちがう。たぶん部内に友だちなどひとりもいなかったんだろう。いま思えば、それも無理はない」

エイムズがワシントンのソビエト大使館に封筒を投下したというようなことをリポーターがいったとき、ゲンナジーはふと、あることを思い出した。ほんの数メートル先のジャックの客用のベッドルームに、ふたりの友人に見せようと持ってきたものがあった。ゲンナジーはスーツケースから秘密のマニラ封筒を取り出し、ふたりの銃士の前のテーブルに置いた。

「この前は持ってくるのをためらった」ゲンナジーはいった。「しかし、前回かばんを調べられなかったから、今回は持ってきた。もしかして、このエイムズってやつがおれの人生をめちゃくちゃにしたのか？」ダイオンはそのときの様子をこう語る。「ゲンナジーは、尋問で訊かれたり、いわれたりしたことを英語でメモした九ページのリーガルパッドを持ってきていた。ゲンナジーが読みあげていると、おれとジャックはピンときた」ペルトン、モトリン、マルティノフにはじまって、ゲンナジーの薬剤師の友人、それにガイアナの銀行窓口係のシェリーのことまで訊かれていた。「おれとジャックが書いたガイアナのメモに酷似していた。それで、バザード・ポイント（ワシントン支局）に行き、オリジナルを持ってきた。ジャックの家に戻り、オリジナルとゲンナジーのメモを突き合わせた。まるでコピー機で複写したかのようだった。それではっきりわかった。〝？（はてな）の電球〟が消えた。おれはジャックと顔を見合わせた。ジャックも同じことを考えていた」これでゲンナジーは、ジャックのオリジナルのメモに自分を陥れるようなことなど何ひとつ書かれていないことも、尋問で訊かれたことがこのメモとまったく同じであることもわかった。活動が筒抜けになっていたのは自分だけでなく、三銃士全員だったこともわかった。「それまでまだおれたちへの疑いがぬぐい切れていなかったとしても、これでおれたちじゃないことははっきりした」ダイオンはいう。

「そっちはセンターに提出した報告書でおれたちのことをどう書いた？」ジャックは訊いた。

「報告書は書かなかった。あんたらとは会うなといわれていたから」ゲンナジーは答えた。

「なるほど、それじゃ無理もない。おれたちのメモがあっちに流れて、おまえのメモはないとなれば、連中が疑うのも無理はない。おまえが何か隠しているんじゃないかとな」ジャックはいった。

「ジャックはＣＩＡをさんざん罵り、エイムズがガイアナのメモにアクセスできたはずはないといった」ダイオンはいう。「当時エイムズはローマにいた。しかも、ガイアナではスパイ行動でミスを犯していない。カウボーイは監視を見つける術《すべ》を熟知していた。ジャックのＩＯＣ（国内オペレーションズ・コース）のおかげで、おれもそういうミスはしなくなっていた。だから、エイムズのほかにも別の〝モグラ〟がいると思った」

「まだ血は止まっていない」ジャックはいった。

ジャックとダイオンはＣＩＡとＦＢＩ合同の二重スパイ狩りチームのほかのメンバーとも話し合った。そこには、ゲンナジーとはじめて顔を合わせた銃士専用運転手だったマイク・ロックフォードも入っていた。ロックフォードはゲンナジーのカリスマ性と遊び好きなところに魅了された。「カウボーイとダイオンが彼のどんなところが好きなのか、すぐにわかりました」

エイムズ逮捕後、アメリカ諜報界は漏洩箇所に栓がされたと思い、時期尚早ではあるものの一斉に安堵した。しかし、まもなく――三銃士の協力や進行中の調査によって――迷宮のようなアメリカのスパイ機関のどこかに、司法省がのちに〝アメリカ諜報史上最悪の大失態〟と呼ぶことになる事件を画策した別の裏切り者が潜んでいることがわかり、一気に落胆した。すべてを把握するのは困難だが、潜伏中の売国奴はエイムズよりはるかにたちが悪かった。

ＣＩＡとＦＢＩはいずれも、エイムズひとりであれだけの損失を引き起こしたとは考えられないというわかり切った結論に達した。ソビエト側に流れていたジャックとダイオンのメモのようなものは、エイムズの目に触れるところになかったのだから。エイムズの裏切りは多くのアメリカの資産《アセット》を死に追いやった。まだ残っている裏切り者も何十億ドルにも相当する情報を漏洩した。その男、あるいは女のせいで、ゲンナジーはレフォルトヴォに収監された。

一九九四年に現実を把握してから、モグラ狩りは当然ながら熱を帯びていった。

アメリカ議会をも巻き込み、上院情報問題特別調査委員会の委員長、デニス・デコンチーニはこの問題に関する公聴会をひらいたばかりか、エイムズの監房を訪ねてじきじきにインタビューまでした。ジャックとダイオンの見方と同じく、デコンチーニもあきらかだと思った。「他にもいる」銃士たちの結論をなぞるように、デコンチーニも述べた。

モグラ狩りチームはラングレーからＦＢＩ本部、バザード・ポイント、ニューヨーク支局へと広がっていった。[*21]再度、さまざまなリストが作成され、ポリグラフのテスト結果に疑問が残る三〇〇人のＣＩＡ局員が含まれているものや、何らかの情報を知りうる立場にあった二〇〇人のＫＧＢ職員の名前が含まれているものがあった。そのうちのあるＫＧＢ職員の所在がわかったとき、ロックフォードは飛行機に飛び乗り、遠く離れた地球の裏側まで会いに行き、百万ドルの報奨金を提示した。この謎を解くため、ロックフォードひとりで二八回も交渉に当たった。

2016年、マイク・ロックフォードがゲンナジーとジャックに合流

　また、ボブ・ウェイドとロックフォードは十数回もロンドンに赴き、一九九二年に元ＫＧＢ文書管理官のワシリー・ミトロヒンによってモスクワから持ち出されたＫＧＢファイルを調べた。一九七〇年代はじめにヤセネヴォのビルが建てられるとき、ミトロヒンはＫＧＢの記録

を旧ルビャンカのビルから移す責任者だった。だが、彼はひそかに多くの秘密文書を書き写し、ダーチャの床板の下に隠していた。その写しは一九九二年までに二万五〇〇〇ページにもなっていて、同年イギリスに亡命したときには、それをイギリスのＭＩ６に持ち込んだ。ロックフォードとウェイドが閲覧を求めて渡英したときまでに、ミトロヒン文書のおかげで七人のＫＧＢスパイと二重スパイの正体があきらかになっていた。アメリカ国内の情報漏洩箇所がミトロヒン文書でわかるかもしれないと期待するのも無理はなかった。だが、そうは問屋が卸さなかった。

一九九四年、ゲンナジーはスパイ技量を限界まで発揮していた――ただし、現場は家庭内戦線だった。一流のスパイに隠密行動《ステルス》を学んだ彼は、イリーナに対してきわめて巧妙に浮気を隠し続けていた。もちろんイリーナも何が起きているのかは感づいていたが、ロシア人の生活の知恵として目をつむっていた。ただ、家族は巻き込まないようにしてほしいという注文だけはつけていた。今度のターゲットはマーシャという、モスクワに住む二五歳下の美しい女性だった。そういう関係になったいきさつを問われると、ゲンナジーはトゲのある質問に対するいつもの切り返しを見せる。「悪いこと《シット》は起こるものさ。特におれが女性のそばにいるときは」ふつうならあまたの不倫も難なく切り抜けられるのだが、今回は特殊な状況だった。マーシャは娘のユリアの幼友だちで、そのときも親友のひとりだった。

信じがたいことだが、ゲンナジーはこの綱渡りを一〇年以上も続け、そのあいだにマーシャはゲンナジーの子を生み、ゲンナジーが彼女のために用意した街のアパートメントで暮らしていた。ゲンナジーはいまでも、どちらの家族も愛しているし、だれも傷つけたくないなどとのんきなことをいう。「そういうもんさ」彼は穏やかな口調でいう。結局、ゲンナジーには離婚する気はなく、ワシレンコの名前を受け継ぐ家族との関係にも、ふたつ目の家族との関係にもすっかり満足していた。ただし、通いの負担のほかに、金銭面での負担もあった。イリーナに収入の一部をくすねていることを気づかれずに、二家族を養わなければならなかった。

一九九四年、ゲンナジーはKGB時代の旧友にもっと大きな企業の副社長の座を提示されると、〈ブリット〉を清算した。元KGB職員のヴィクトル・ポポフが経営する新興の多国籍企業〈セキュリター〉は、ポポフの新しい民間セクター・セキュリティー帝国の一面でしかない。八〇人の元KGB職員をはじめ、合計一〇〇〇人の従業員を抱える〈オスコード・セキュリティー・グループ〉も、ポポフの経営だった。「国のためにしていたのと同じ業務をする企業です」ポポフはインタビューでそう語っている。〈セキュリター〉のパンフレットには、個人のボディーガード、企業の警備員、セキュリティー装備の設置、そしてコンサルティング・サービスが業務内容として挙げられている。「旧KGBの枠を集め、当社で再生しました」

当時、国際通貨基金《IMF》のセキュリティー部門のトップだった、ウィリアムズ・カレッジ時代のジャックの友人デイヴ・クックのおかげで、〈セキュリター〉はすぐにIMFと大型契約を取りつけ、IMFのモスクワ事務所のセキュリティーを請け負うことになった。一九九四年、ゴールドマン・サックスのモスクワ支店のオープニング・セレモニーの警備を指揮したとき、ゲンナジーはジョージ・H・W・ブッシュ元大統領とも会う機会があった。そのとき、ゲンナジーはブッシュに向かって吠えた。「あなたが七〇年代にＣＩＡを率いていたとき、私はＣＩＡに対抗してスパイをしていました」そんなジャブを受けても、ブッシュはかつての敵とともにカメラの前でポーズを取った。

〈セキュリタリー〉はアメリカの医療用品販売会社とも契約を結んだ。モスクワに輸出した薬が跡形もなく消え、しばらくしてアメリカの安価な〝灰色市場《グレー・マーケット》〟に現れて、本家と競合する状況が続き、同社は何百万ドルもの損失を出していた。ゲンナジーとジャックは今回もビジネス・パートナー関係を維持しており、〈ＦＫＣＦＯ〉（元《フォーマー》ＫＧＢ、ＣＩＡ、ＦＢＩ職員・局員）に社名を変えていた。

皮肉なことに、米露のリセットによって生まれた合弁企業狂乱が、今度はそのリセットを狂わせ、最近になってようやく落ち着いたばかりの八〇年代スパイ戦争が再燃した。その台風の目にいたのはゲンナジーの親しい友人で、元ＫＧＢ職員のウラジーミル・ガルキンだった。そして、陰で火消しにひと役買ったのが、もうひとりの親友カウボーイ・ジャックだった。そもそものボタンの掛けちがいは、陳腐な表現だが、ＦＢＩとＣＩＡという官僚機構間の誤解だった。それなら、誤解から対立するに至ったこの件の仲裁役として、両者から一目置かれている男ほどの適任がいるだろうか？

ゲンナジーとガルキンの友情がはじまったのは、ふたりとも七〇年代はじめの三年のあいだユーリ・アンドロポフ大学に通っていたときだった。ガルキンは卒業後、第一総局のXラインの上級職員になり、西側から科学技術の秘密情報を盗む任務に当たっていた。一七年におよぶキャリアで多くの成功を収めた。その中には、フランスの核プログラムへの浸透もあった。一九九六年、五〇歳のガルキンは一九九一年のソビエト連邦崩壊後すでにKGBを引退しており、〈ナレッジ・エクスプレス〉という米露の合弁企業を設立し、ニュージャージー州の展示会で監視機器を調達するために渡米した。しかし、FBIは一九九六年一〇月二九日、JFK空港に到着したガルキンを逮捕したのだった。

ガルキンはFBIに対し自分が元情報機関の職員だったと正直に伝え、ビザの申請書類にもその旨を明記していた。引退した工作担当官には手出ししないというCIAとロシア情報機関との暗黙の了解への注意喚起だった。勾留中、FBIはガルキンに最後通告を

出した。未解決のスパイ事件に関する情報提供に応じるか、三〇年ばかり刑務所で暮らすかの二択を迫ったのだ。ただし、協力すれば釈放後にアメリカ合衆国で暮らすこともできるし、おまけに報酬もたんまりもらえる。

しかし、ガルキンはモスクワにいる妻のスヴェトラーナに電話をかけさせてほしいと願い出て、妻にロシア情報部に事情を伝えるよう指示した。そのあと妻が受けた電話の一本はゲンナジーからだった。「モスクワのテレビでニュースを見て、すぐにスヴェトラーナに電話した。その後、ジャックに電話して、友人たちや元CIA局員全員に、ガルキン釈放に向けてあらゆる手を打つよう警鐘を鳴らした。釈放されなければ、ジャックのようにロシアでビジネスを展開しているCIA関係者が報復の対象になる。ジャックはいわれたとおりにした。アメリカで大きな声をあげ、AFIO［元諜報部員の会］に入っているすべての元CIAの友人たちに連絡した。おれたちはロシアでも盛大に騒いだ」

〝大声〟はCIAの耳にも入り、逮捕劇が世界中の新聞のヘッドラインに躍ると、CIAはダメージ・コントロールを考えはじめた。ガルキンは法廷に引っ張り出され、ブルックリンとボストンの留置場に入れられ、最終的にボストンから六五キロほど西に位置するウースターの連邦地方裁判所に出廷した。ロシア大使館はニューヨークの被告側弁護士ジェリー・バーンスタイン（組織犯罪対策班の元メンバーで、同班は〝グッドフェロー〟のヘンリー・ヒルを寝返らせたことで有名である）を雇い、ガルキンの弁護に当たらせた。バーンスタインは最近になって、ガルキンは「楽しい男だった。愛嬌たっぷりで——人のいいふつうの男だった」といっている。また、判事が検事側をにらみつけ、朗々たる声でこう語ったことも覚えている。「第三次世界大戦でもはじめる気かね！」バーンスタインは、ガルキンがロシア大使館で宿泊できるよう非の打ちどころのない保釈報告書をまとめたが、KGBは聞く耳を持たなかった。「彼らは完全に無罪放免されなければ、国際問題にできるようにそのまま留置場に置きたいとのことでした」バーンスタインはいう。

舞台裏では、CIA長官のジョン・ドイッチュが責任の所在を巡ってFBIとやり合っていた。FBIはガルキンを逮捕するつもりだとCIAに前もって知らせたと主張したが、ドイッチュはそんな知らせはまったく受けていないと断言した。

一一月一五日、ロシア首相ヴィクトル・S・チェルノムイルジンが、アメリカ副大統領アル・ゴアに電話し、直接抗議すると、緊張はかつてないほど高まった。ドイッチュはゴアの同意を取りつけ、訴えを取り下げるよう司法省を説得した。法廷では、バーンスタインの記憶にあるとおり、「国家安全保障による棄却の申し立てがありました」ガルキンは一七日間の勾留を経て解放され、すぐさま妻の待つ母国へ飛んだ。出発前、FBIは謝罪し、FBIロゴの入ったコーヒーマグを贈った。ガルキンは今日に至るまでゲンナジーと連絡を取り合っている。ゲンナジーは、その件がクライマックスに向かって動き出す大きなきっかけをつくったのは、ジャックの仲裁だと信じて疑わない。

こうしてKGB資本家の安全確保の前例ができると、ゲンナジーは安心してほかの元KGBの同僚を連れてこられるようになった。上司のポポフもそのひとりで、アメリカに来たポポフをジャックとダイオンに引き合わせ、セキュリティー分野でともにビジネス・チャンスを追いかけられるようになった。ゲンナジーのスパイ仲間の第一弾がアメリカに来る前、ジャックはゲンナジーに、スパイ仲間の名前を形式的にロックフォードとダイオンに知らせると伝えていた。ロックフォードとダイオンは彼らに話を聞きたがるだろうと。ジャックは国家に忠誠を誓った海兵隊員であるだけでなく、実際のところ生涯現役を貫く意気込みのCIAの男でもあるから、よくあるコンサルティング会社を興し、ラングレーと親しい関係を保っていた――元KGB職員のコンサルティング会社がヤセネヴォの仕事を請け負うのとまったく同じ構図だった。ジャックはゲンナジーに対して、ロックフォードが特にヴィクトル・チェルカシンに話を聞きたがっているようだとも伝えていた。チェルカシンも民間のセキュリティー会社経営に携わっていた。そして、今後セキュリティー関連の会議があったら、チェルカシンを呼んでくれないかと、ジャックはゲンナジーに頼んだ。

ジャックは渡米してくる元KGBの名前をFBIに伝えても、まず何も起こらないとも確約もした。ゲンナジーの仲間は重大な情報は持ち合わせていないだろうし、チェルカシンは特にそうだが、金銭面でもまったく困っていないから、国を売り渡す必要もない（チェルカシンはこのとき〈アルファ＝プーマ〉という民間セキュリティー会社を率いていて、大企業といくつもの大型契約を結び、従業員は一〇〇人を超えていた）。ただし、それはすべての関係者を納得させる方便にすぎなかった。ゲンナジーは前のめりになるでもなく、招待することに同意した。ジャックはゲンナジーに真実を語った。しかし、渡米してくるロシア人たちが転向を促されることはないといったのは嘘だった。

アラン・コーラーはワシントン支局《ＷＦＯ》の防諜チームに配属されたばかりの若いＦＢＩ局員で、進行中のふたり目の裏切り者探しの状況はおそらくよく把握していたのだろう。ＷＦＯにやってくると、カウボーイ・ジャックと顔も合わせていないうちに、その存在感と高い名声も強烈に感じ取った。「伝説としてのジャックは知っていました」コーラーはいう。「古参の局員はみんなジャックの噂をしていました」ＣＩＡを引退して何年も経つというのに、ジャックがＣＩＡのモグラ狩りに何をもたらしたのか、コーラーはよくわかっていた。「ジャックの強みのひとつは、幅広い層のロシア人とじかに話ができることだった」

むかしと同じように、ジャックは家族にも手伝ってもらった。ミシェルは当時三〇歳で、〝モクシー〟というニックネームがついていたが、当時の状況をこう語る。「わたしの仕事はワシントンでの会議と会議の空き時間のあいだ、ＫＧＢの人たちの世話をすることでした。ショッピング、博物館、あちこち連れていきました」しかし、ＩＯＣ訓練のときと同じように、ミシェル／モクシーは父親の工作員としての働きもしていた。「わたしはだれの気をそらすのか、指示されました。その隙にＦＢＩがほかの人を探るわけです。パーティーでも同じでした。父が目で合図してくると、わたしはだれかと話しはじめ、父が別の資産《アセット》やターゲットとふたりだけで話せるようにするんです」

一九九七年二月、〈ＨＴＧ＝セキュリタ―〉のジョイント・ベンチャーは、核廃棄物処理のセキュリティーに関する会議に出席させるために、ヴィクトル・チェルカシン、アレクサンドル・パヴロフスキー、そしてヴィクトル・ポポフといった引退したＫＧＢ職員をジョージタウン大学に送り出した。そのイベントのあいだ、ジャックとゲンナジーは多くの国々の使用済み核燃料を太平洋の環礁に廃棄する提案をした（最終的にコロラド州の提案に決まった）。チェルカシンは会場でロックフォードとダイオンの上司である新任ＷＦＯ防諜部長レイ・ミスロックに紹介されたとき、ジャックには勧誘のたぐいはないと重ねていわれていたが、これからどんなことが起こるのかはっきりとわかった。

会議の休憩中、チェルカシンたちはアレクサンドリアでブランチを取ったが、偶然にもジャックの知り合い数人がそこに居合わせた。ルポルタージュ作家のダン・モルデア、諜報活動の専門家でありドキュメンタリー映画のプロデューサーでもあるジェフ・ゴールドバーグ、そして元上院犯罪調査委員長で現民間セキュリティー・コンサルタントのフィル・マニュエルの三人だ。

マニュエルはもともと軍の防諜部にいた人で、当時は合弁企業〈ＨＴＧ＝セキュリタ―〉のパートナーになったばかりだった。その後、二度にわたってジャックとロシアに行くことになる。ジャックと〈ＨＴＧ〉パートナーのベン・ウィッカムはビジネス界の事情に疎かったので――ベンは調査を、ジャックは訓練を担当していた――マニュエルが同社の非公式ビジネス・アドバイザーになり、クライアント対応を手伝っていた。クライアントはロシアでの事業展開を狙っているものの、どんな相手と組むことになるのか、それに拡大化する新興財閥《オリガルヒ》の腐敗に不安を感じているアメリカ企業が多かった。人間性を鋭く見抜くマニュエルは、ジャックがチェルカシンのような人たちと触れ合う様子をじっと観察していて、CIAがなぜジャックの訓練技術をそれほど信頼しているのかがわかった。ジャックはほんのかすかな感情の変化、〝気配〟を嗅ぎ取っていた。

マニュエルが考えるに、ジャックは〝カウボーイ〟の仮面《ペルソナ》で相手の警戒心を解き、乱暴な言葉遣いで人を煙《けむ》に巻く――おそらく常に裏切り者を探していたのだ。「ジャックは相手に知ってもらいたいことだけをいう」マニュエルは知的な面でジャックとの関係を築いていた。彼は〝まじめなジャック・プラット〟を知っていた。ジャックはカウボーイの外見をまとい、素の姿を守っていたのだ。ロシア史を知り尽くした根っからの反共産主義者――人目に触れず戦いを続けてきたが、憎むのはロシア人自体ではなく、危険な共産主義システムだけという最後の本物の反共戦士――の姿を。マニュエルとジャックは、ソビエトの諜報活動について何時間も話し続けた。ジャックはロシアのマルクス主義地下運動新聞イスクラ（〝火花〟の意）の話題を持ち出し、革命がはじまったときのレーニンがどんな風に感じたのかとか、プロパガンダがどんな役割を果たしたのかといった話をした。「ジャックはそういった知識にどっぷり浸《つ》かっていて、ロシア人たちがいま直面している困難のもとをたどればそこに行き着くと感じていた」

〈HTG〉の取締役会の役員に任命されたばかりのモルデアも、一九九四年にマニュエルと同じく共通の友人にジャックを紹介された。その友人とは、コロンビア特別区首都警察のカール・ショフラー刑事、かの有名な一九七二年六月にウォーターゲートの侵入者たちを逮捕した人物である。ほかにも、年に四回ひらかれていたショフラーのブランチ会には、元CIA局員ベン・ウィッカム、元FBI局員ハリー・ゴセット、ニューヨークの元争議屋でFBIのコンサルタントに転身したロン・フィーノなどが顔を出していた。要するに、ワシントン界隈の捜査機関関係が入り交じる強烈な集団だった。それから数年後、この新しいつながりがジャックとゲンナジーを支える重要なシステムとなる。ジャックと親しくなったジェフ・ゴールドバーグは、しばらくジャックの半生を本にしようかと考えたが、さまざまな理由で書かれずに終わる本があり、その企画も進められることはなかった。[*22]

もちろん、ジャックとゲンナジーについてはすべてがそうだが、相手の緊張をほぐし、先を読む意識がなくなることはない。ハリー・ゴセットは銃士たちと一緒に、マクリーンにあるCIAのたまり場〈エヴァンス・ファーム・イン〉でランチを食べたときのことを披露している。しかし、ジャックがここを選んだのは、ゲンナジーもすぐにわかるとおり、メニューとはまったく関係ない。話が進んでいたあるとき、ここにはDC駐在時代によく使っていた投函所があったと、ゲンナジーはさりげなく打ち明けた。「そっちの本部にこんなに近いところに投函所があるとは、あんたらは思いもしなかっただろうな」ゲンナジーは鼻を高くした。

「あそこの石の下のことか？」ジャックはいい、道端に転がっているバスケットボール大の石を指さした。ゲンナジーはこくりとうなずいた。それを見て、ジャックはゲンナジーとハリーに石のほうへ行こうと身振りで示した。「まだ投函するやつがいるかもしれんな」ジャックはいった。

「確かめようぜ」ジャックがゲンナジーに石をどかしてくれというと、ハリーにはゲンナジーの顔から笑みが薄れていくのがわかった。石をどけると、地面に折り畳んだ紙があった。

「たまげたな」ジャックはびっくりした声でいった。「なんて書いてあるんだ」

ゲンナジーは紙を拾い上げ、読みあげた。

「あんたってやつは！」ゲンナジーはジャックにいった。

ハリーによると、紙にはこう書いてあった。〝この投函所ははじめからわかってたぜ。じゃあな。カウボーイより〟

ＩＯＣコースはなくなったものの、ジャックが若手教育に注いでいた情熱は別の形で存続していた。ジャックの海兵隊時代の旧友マティー・コールフィールドの妻パットが、一九九〇年代に下院のペイジ・スクールで働いていて、ジャックに学生たちの前で講演してほしいと招待した。コールフィールドがパットに講演はどうだったのかと訊くと、パットはこういった。「よかったわ。学生たちもジャックのお友だちがとても気に入ったみたい」

「友だちというと？」

「KGBのお友だちですって。とてもハンサムな方」ジャックが元KGB職員を下院に潜り込ませたとは、さすがのマティーも信じられなかった。

一九九八年、ジョージタウンでの会議から一年後、ロシア人たちはまたアメリカに戻った。ジャックはかつての敵ゲンナジーとチェルカシンをグレート・フォールズの自宅に泊めた。ハリー・ゴセットは、大勢のKGBあがりのロシア人がジャックの前庭でウォッカを飲んで酔っぱらっている情景をありありと覚えている。ロシア人たちが渡米した表向きの理由は、バージニア・ビーチのエスピオナージ・リサーチ・インスティテュートで開催される組織犯罪をテーマとした警察シンポジウムだったが、チェルカシンにはカリフォルニアに留学していた娘のところに寄るという目的もあった。ジャックのFBIの友人コートニー・ウエストは、かつて車のセールスマンをしていた。彼はチェルカシンが近づいてきて、自動車の輸出入ビジネスを立ち上げについて話をしたことを覚えている。「にわか成金のロシア人資本家は、でかくて古いビュイックやポンティアックを乗り回すのが大好きだ、と彼はいっていた」ウエストはいう。「ただ、キューバで走っているようなやつほど古いのはだめだが、とも付け加えていた」

彼らはバージニア・ビーチに行き、まずロシア人側がロシア・マフィアとの戦いに用いた戦術についてプレゼンテーションを行い、アメリカ側が必要とする情報をすべて教えることに同意した。カウボーイ・ジャックはアメリカのマフィアに関するプレゼンテーションをした。バージニア・ビーチにいたとき、チェルカシンは右脇腹に強烈な痛みを感じ、カウボーイ・ジャックは地元病院に連れていった。注射を打たれると、チェルカシンは口の中が不快な味になり、注射に自白薬でも混じっていて、このあとアメリカ情報部に転向を促されるのではないかと疑った。自白薬は入っていなかったが、転向を促されるのは正解だった。

痛みも治まりビーチに戻ると、チェルカシンに黒髪の男が近づいてきた。天蓋のついたビーチチェアのすぐそばまで歩いてきた。チェルカシンの自伝*Spy Handler*にも記されているが、そのときのやり取りはこんな感じだった。

「ヴィクトル・チェルカシンですか？」

「ああ」

「マイケル・ロックフォードと申します」

会議について少し無駄話をしたあと、ロックフォードは核心に触れ、自分がＦＢＩの人間だと認めた。

「ロシア大使館について詳しく調べており、長年にわたり、同大使館で勤務している多くの職員と知り合いました。あなたのアメリカ勤務時代の話を聞かせていただけませんか」

「あまりお力になれないかと思いますよ」チェルカシンは答え、引退してもう七年にもなると付け加えたあと、オルドリッチ・エイムズについては、新聞で読んだことぐらいしか知らないと嘘をついた。ロックフォードはチェルカシンに対して、モトリンたちの処刑に関する情報を持つ別の情報源を探しているといった。その後、はったりをかましたのか、あるいはCIA分析官があらぬ嫌疑をかけられているとでも思っていたのか、ロックフォードはすぐに検挙できるだろうといった。確証がほしいだけだともいった。チェルカシンがその情報源に会っていたこともわかっているとも付け加えた。それもはったりだった――それに、外れてもいた。実際には、情報源の身元を知る者はKGB内にはいなかった。わかっていたのは、〝ラモン・ガルシア〟という名前を使っていたことだけだった。[*23] 実のところ、アメリカ側と変わらず、ロシア側も〝ガルシア〟がどの機関の人間なのかさえ知らなかった。

「FBIは一〇〇万ドルの報奨金を支払う用意があります」ロックフォードはいった。

どう答えるか一秒たりとも考える必要はなかった、とチェルカシンは書いている。「一〇〇万ドルなど私の名誉に比べれば取るに足らない」どのみちカネなら充分にあるとも付け加えた。チェルカシンは席を立ったが、会議期間中さらに何度か話を持ちかけられた。チェルカシンは動揺し、娘に会いに行かずに予定より早くモスクワに帰った。しかし、FBIはこの元KGBワシントンDC支局の防諜部長への呼びかけをあきらめておらず、ロックフォードはチェルカシンを引き入れる希望を保ち続けた。

ジャックとゲンナジーの次の冒険はまったく予測できなかった。アメリカの複数のテレビ放送ネットワークがCIA設立五〇周年を記念して特別番組の制作をはじめ、同時に、当時を代表するアメリカ人俳優も、五〇周年記念の長篇《ちょうへん》映画の制作を考えていた。CBS、ディスカバリー・チャンネル、そしてロバート・デ・ニーロの三者が専門家を必要としていた。華やかでテレビ映えする専門家ならなおよかった。ふたりのカウボーイは最高潮《プライム・タイム》に向かって動き出そうとしていた。

12 表舞台

〝エージェントの母親になり、父親になる必要がある……結婚するくらいの覚悟が要る！〟

ふたり目の二重スパイの捜査が秘密裏に進んでいた一方で、マスコミ各社はスパイものコンテンツを仕込んでいた。その多くは、一九四七年のＣＩＡ設立から区切りの年が近づいていることに触発されたものだった。

トップ・バッターはカウボーイ・ジャックの友人で、ショフラーのブランチ会にも参加しているジェフ・ゴールドバーグだった。一九九六年から一九九七年まで、ゴールドバーグはＢＢＣとディスカバリー・チャンネルのために、一九九七年三月三一日放送予定の『*CIA: America's Secret Warriors*（『ディスカバリーチャンネル　ＣＩＡ－アメリカ中央情報局の内幕』）』という三時間におよぶドキュメンタリーの共同製作をしていた。CIA公認の詳細なドキュメンタリー——のちに栄えあるデュポン＝コロンビア賞を受賞した——のために、ゴールドバーグはジャックやジャックの元同僚ミルト・ベアデンをはじめ、数多くの注目に値するスパイを引き入れた。カウボーイ・ジャック・プラットのはじめてのメディア出演だった。「メディアとのインタビューの受け方を教えてやらないといけなかった」ゴールドバーグはいう。「ジャックにとっては、はじめて世間の注目を浴びるわけだから」ところが、ジャックはカウボーイを貫き、指導されてもほとんど覚えようとしなかった。それどころか、その最初のインタビューを見れば、ジャックがカメラの前でありのままのペルソナを曝しているとしか思えなかった。家族にも、世界中に大勢いる友だちにも愛されるのは、そういうところだった——CIAの幹部は例外だったが。

次に連絡してきたのはミルト・ベアデンだった。まばゆいばかりにきらびやかな仕事のことで、三銃士全員に話を持ちかけてきた。名優ロバート・デ・ニーロが、自身も出演し監督も務める、製作中のリアルなスパイ映画《サーガ》『グッド・シェパード』の技術指導を探しているという。一九九四年に引退して以来、ベアデンは元CIAメディア・コンサルタントの第一人者として新しいキャリアを切りひらいていた。同僚の中には、〝ハリウッド〟・ベアデンと呼ぶ者もいた。一九九七年、デ・ニーロは六〇年代はじめのCIAを題材にした映画を制作しようとしたが、形にはならなかった。その後、CIAの起源を扱った『シェパード』の話が持ちかけられた。「私は常に冷戦に関心があった」デ・ニーロは当時そういっている。「冷戦時代に幼少期を迎えたからね。諜報活動には興味をそそられたよ」

その映画はハリウッドでは珍しくもない泥沼にはまり、一九九四年にエリック・ロス脚本、フランシス・フォード・コッポラ監督、コロンビア映画配給で製作がはじまったが、その後、監督がMGMのジョン・フランケンハイマーになり、さらにロバート・デ・ニーロが引き受け、当初はユニバーサルが製作する予定だったが、結局モーガン・クリーク・プロダクションに替わった。

九〇年代後半にデ・ニーロがその映画のプロジェクトを引き継いだとき、俳優兼監督は親しい友人で同じマンハッタンの住人、偉大なるアメリカ外交官リチャード・ホルブルックにコンサルタントを推薦してもらった。ホルブルックは世界各地で勤務してきたが、九〇年代はじめには在ドイツ・アメリカ大使として活躍していた。ベルリンを起点に活動していたホルブルックは、当時のCIAボン支局長であり、SE部時代にはジャックの同僚だったミルト・ベアデンとも、業務を通じて良好な関係を築いていた。

「ほとんどスパイ作戦のようにはじまった」ベアデンは当時をそう回想する。「ボブ［デ・ニーロ］がスパイ・サスペンスをやりたいといったら、ホルブルックがペーパー・ナプキンを裏返しておれの電話番号を書いた[*24]」デ・ニーロはナプキンの番号どおり、ニューハンプシャー州のベアデン宅に電話した。ベアデンははじめ、電話をかけてきた人の話を信じなかった。「へえ、そうかい」先方がロバート・デ・ニーロだと名乗ると、彼はそう応答した。

細部にとことんこだわることで有名なデ・ニーロはベアデンに対し、スパイ技術だけでなくK

GBにも詳しい〝現場に強いやつ《ストリート・メン》〟がぜひともほしいと伝えた。「ボブはこれからモスクワに行くとかで、KGB関係者をだれか知らないかと訊いてきた」ベアデンはいう。「すぐに浮かんできた」かつてIOCを仕切っていたカウボーイ・ジャック・プラットほど現場を理解している者など知らないし、KGBの幹部以外だれにでも愛されている、ジャックの友だちゲンナジーほどKGBの門戸を盛大にひらける者も知らない。ジャックとデ・ニーロはジャックの妹を通してすでに互いのことは知っていた。「おれがデ・ニーロに会う二年前に、ポリーが『グッド・シェパード』の脚本の草稿を送ってきた」ジャックはいった。「『くそつまらんな』と感想をいったが」

それでも、三銃士——とロックフォード——は映画のプロジェクトに参加し、それから数年にわたって、映画の撮影が進み、編集が繰り返されているとき、ベアデンに手を貸してデ・ニーロにスパイ技術を教えたり、米露双方のスパイを紹介したりした。一九九七年夏、ベアデンはデ・ニーロと一緒にモスクワ国際映画祭に行った。デ・ニーロはそこでロシアの生涯における功労を表彰された。だが、彼はこの映画祭を〝作戦上の口実〟に利用し、途中で会場を抜け出してゲンナジーとそのKGBの仲間と会っていた。そこには防諜部門のトップ、レオニード・シェバルシンもいた。もちろん、デ・ニーロと同席しただけでも業界内での箔《はく》がつくわけだから、デ・ニーロが来てくれたことは、ゲンナジーにとってもジャックとの合弁企業にとってもいいことだった。ベアデンとロックフォードによれば、KGBの連中はみんな映画スターに会いたがっていたから、ジャックがデ・ニーロの名前を出すだけで、ロシアのどんな門戸もあいたという。

ルビャンカのKGB博物館にて。（左から右）ヴィクトル・バデノフ（KGB）、ゲンナジー、ロバート・デ・ニーロ、バリー・プリマス（俳優）、身元不詳のカメラマン、ミルト・ベアデン

デ・ニーロが映画祭から抜け出すとすぐに、ゲンナジーはデ・ニーロと落ち合い、ＫＧＢの友人ヴィクトル・バデノフに紹介した。その後、彼らは旧ルビャンカ本部ビル内にあるＫＧＢ博物館に行った。あるとき、ゲンナジーはこの名優をちょっとしたロシア式休養施設に案内しようと思い立った。「おれたちはボブを産業用倉庫が立ち並ぶ街に連れていった」ゲンナジーはそのときのことを語る。「そこの市長が滝のある巨大サウナをつくっていて、おれたちはそのサウナに入った」その後の出来事はベアデンの記憶に焼き付いている。「ＫＧＢの連中はみんなサウナでフェルトの帽子をかぶっていた。すると、腕にロシアの戦車の刺青《いれずみ》を彫った大男が樺《かば》の枝でおれたちの体を払いはじめた」ベアデンはそのときのデ・ニーロの様子を語ってくれる。「身長が三メートルもありそうな戦車の刺青のマッサージ師に鞭打《むちう》たれていた。その大男がデ・ニーロに『おれを愛してるか？』としきりにいっていた。ボブは愛してないようだったが」

モスクワ旅行では、ボクシング・トレーニ

ング施設が入っているスタジアムにも行き、何かの映画のシーンを見過ぎたかのように、地元のタフガイのひとりが『レイジング・ブル』のスターを見つけて、リングにあがって二、三ラウンド、スパーリングをしようといってきた。「デ・ニーロはどんな話にも乗っていた」ベアデンはいう。「だが、あのときはしきりにおれに顔を向けて、『おれは殺されたりしないだろうな』といいたそうだった。ほかの職員が、どっちが勝つかとおれに訊いてきた。おれはボブが三ラウンドまでに倒すというと、本当にそうなった」

嵐のようなモスクワ旅行の締めくくりとして、彼らはモスクワの南東に位置するグロモフ飛行研究所に立ち寄った。そこでデ・ニーロは宇宙飛行士に会い、与圧服を着せてもらった。だが、宇宙飛行士も、樺の枝を振り回すコサックも、ロシア人カウボーイ、ゲンナジー・ワシレンコほどデ・ニーロに強烈な印象を与えることはなかった。ふたりとも同じように生きる喜びを感じ、仕事に関しては頑固なまでにストイックだった。ベアデンとデ・ニーロはふたりとも、ゲンナジーの気さくな人柄だけでなく、テレビ向きのカリスマ性にも魅了された。「配役手配業者《セントラル・キャスティング》から派遣されてきたような男だ」ベアデンはいう。

「主要なKGBの役「ユリシーズ」を演じさせたかったが、そうはいかなかった」デ・ニーロはいう。二〇〇五年『シェパード』の撮影がようやくはじまったころ、ゲンナジーはまたしてもこの地表から消え去っていた。

デ・ニーロは銃士たちからスパイ技術の実践面だけでなく、人間性の面も学んだ。「何でもそうだが、人とのつながりがすべてだ」彼はいった。「ひとりの人間が自分の命を調教師《ハンドラー》の手にゆだねる。だから、ハンドラーは資産《アセット》が気持ちよく動ける環境をつくらないといけない……KGBとCIAの連中は、一皮剝けば兄弟みたいなものだった」

最近になってデ・ニーロは、カウボーイ・ジャックがよくいっていたスパイ活動の教訓を実践しているようだ。「人に見られているかもしれないから、一日二四時間ずっと演技をし続けていた」とジャックはいっていた。デ・ニーロも同じだった。「おれはステージにあがっているが、この仕事をしていると、ときどきおもしろいこともある。みんな自分が思っているような人間ではない。自分はこんなやつだと他人に信じさせるんだ。諜報をやっている人たちと親しくなるにつれ、彼らがどれだけ頭がよくて魅力的か、よくわかった。彼らも生身の人間で、邪悪そのものじゃない」ジャックはデ・ニーロという人間をこう表現していた。「最高の工作担当官になってただろうな」

『シェパード』の製作にかかった何年ものあいだ、デ・ニーロは四〇人以上のCIA局員と二〇人以上のKGB職員に会った。だが、長い付き合いになったのは、ベアデン、ジャック、そしてゲンナジーだった。銃士たちにとって、この友情がまもなく劇的な反響を生むことになる。

映画コンサルティングにより合わさるように、ジャックとゲンナジーの合弁企業も続いていた。ゲンナジーはますますアメリカに出張するようになり、北アメリカの美しい多様性を味わう機会も増えた。あるとき、ＫＧＢ時代の友人ミハイル・アブラモフとダラスに足を延ばした。テキサス州上院議員ゴンザーロ・バリエントスがじきじきにメスキート・ロデオなどの〝ひとつ星の州《ローン・スター・ステイト》〟テキサスの呼び物に付き添った。同年、ゲンナジーは息子のイリヤをモンタナ州ボーズマンでの牧歌的な狩りや釣りに連れていったり、ジャックの友人ネイサン・アダムズの家に泊めてもらい、イエローストーン国立公園を見に行ったりした。ゲンナジーがアメリカの大自然にますます魅了されていくにつれ、ジャックはＫＧＢ職員にパラダイス・ヴァレーを見せるだけで、何人が転向に応じるのだろうと思わずにはいられなかった。

比喩的な意味において〝大空の州《ビッグ・スカイ・カントリー》〟モンタナの対極に位置するのは、モスクワ諜報界の閉所恐怖症になりそうな地表の割れ目だろう。この時期、ミルト・ベアデンとジャーナリストのジェームズ・ライゼンも、『ザ・メイン・エネミー』のリサーチの一環としてそこに行った。「おれはむかしのＫＧＢのつてに連絡した」ベアデンはいう。「〝ガヴリーロフ・チャンネル〟［一九世紀ロシアの詩人にちなんでつけられた呼び名］と呼んでいたその連中のひとりに連絡して、サーシャ・ゾモフとのインタビューをセッティングしてもらえないかと頼んだ。おれたちは長年、互いに〝大見得《カブキ・ダンス》〟を演じてきた。そろそろ顔を突き合わせてもいいだろうとね」顔合わせはモスクワの高級ホテルで設定された。サーシャは入り口の真ん前の駐車禁止区域に車を駐《と》めた。ベアデンが見ているなか、コンシェルジュがサーシャの車をどかそうとすると、この無表情の元ＫＧＢのスパイ・ハンターは身分証を見せた。哀れな若いコンシェルジュは顔から血の気が引き、慌てて散った。

スパイ現場の共通のむかし話を少しばかりしたあと、ベアデンは個人的なことを聞き出そうとした。「いつまでその仕事を続けるおつもりですか？」

「裏切ったやつをつかまえるまでだ」サーシャは答え、少しして付け加えた。「ワシレンコとプラットの件は承知している」

サーシャがＣＩＡによる〝ゲット・ゲンナジー〟作戦のことをいっているのだと思い、ベアデンは巧みに話題を変えた。ジャックとゲンナジーの危うい友情について自分の胸に留めていることまで、敵に教えるつもりはなかった。

ベアデンは別れ際にいった。「またモスクワに来ることがあれば、連絡しますよ」

「はは！　それにはおよばん。どうせわかる」

アメリカに帰ると、ベアデンはジャックに面と向かっていった。「ゲンナジーと近づきすぎると、ゲンナジーが殺されるかもしれないと忠告しておきたかった。おれはジャックにこういった。『ゾモフが目を光らせているぞ！』だが、ジャックは聞き入れようとしなかった。あのふたりは危険なゲームをしていたんだ。ジャックはゲンナジーが好きすぎて周りが見えなくなっていた。おれたちは部下たちに親しくしすぎるなと常にいっていた。でないと、だれかが死ぬことになると。この仕事につきものの危険のひとつだ。だれかに国を裏切らせるためには、固い絆を結ぶしかない――だが、度が過ぎることもある。ジャックとゲンナジーのように」

一九九八年、ベアデンの共著者ジェームズ・ライゼンが、ロサンゼルス・タイムズ紙に、ジャックとゲンナジーの奇妙だが現実の友情譚《たん》を書いた。このときふたりは、ゲンナジーのガイアナ勤務中の誤認逮捕など、オルブライトのインタビューのときより深堀りしてもいいと思っていた。ジャックとゲンナジーはハリウッドにすっかり魅了され、一見するとベアデンの警告など意に介さず、自分たちの半生を元にした映画や本ができないかと探っているようだった。マティー・コールフィールドによると、「ポリーがジャックとゲンナジーの映画をつくりたがっていた。九〇年代後半には、打ち合わせでカリフォルニアに来たけれど、うまくいかなかった」

CBSニュースのフィル・シムキンも、一九九八年のロサンゼルス・タイムズの記事を読み、報道記者のダン・ラザーとスコット・ペリーとともに、『60ミニッツII』でふたりのエピソードをつくることにした。そのエピソードには、ジャック、ゲンナジーとして、ゲンナジーのKGB時代の同僚が多数出演した。ゲンナジーがこのプロジェクトに引き入れたスパイ仲間の中には、レオニード・シェバルシン（元第一総局長）、ヴィクトル・ポポフ大佐（上級防諜将校）、ミハイル・アブラモフ（カナダから国外追放された）、ウラジーミル・ガルキン（引退後だいぶ経った一九九六年、アメリカ当局により誤認逮捕された）、ヴィタリー・テペリン（アンドロポフ大学時代のゲンナジーのクラスメイト）などがいた。*25

そのドキュメンタリーでは、ジャックとゲンナジーのインタビューがふたりのスパイ哲学を紹介する導火線として使われている。心の奥底で互いをどう思っているのかも当然入っている。ゲンナジーにいわせると、スパイの原動力は「ボス、暮らし、妻への不満」なのだった。ジャックは自分の仕事をしっかり定義した。「おれはスパイではない。スパイをする人間を探すことがおれの仕事だ。おれにはクレムリンに潜り込むことなどできないさ！」ゲンナジーはスパイ調教の技術をまとめた。「エージェントの母親になり、父親になる必要がある……結婚するくらいの覚悟が要る！」ジャックも〝結婚〟観を引き継ぎ、当初からゲンナジーの若さを利用したいと思っていたと認めた。「これがうまくいけば、死ぬまで一緒にいられる」**そっと、そっと、つかまえろ。**

ジャックはさらに認めた。友だちのままでいると取り決めてはいたが、それでもその誓約を棚にあげて、ゲンナジーを引き入れようとしたこともあった。ジャックはその行為をこうまとめた。「友だちならしないかもしれないが、有能な情報部員ならするかもしれない」その言葉から、友情にどれだけ忠実であっても、奥底には愛国心があることがわかる。

ふたりの銃士がメディア進出のウォーミングアップをしていたとき、ふたりの元同僚はまだふたり目のロシア側資産《アセット》を暴こうとして、〝塹壕《ざんごう》〟でもがいていた。その塹壕のひとつは、美しい地中海の島にあった。一九九九年七月、ゲンナジーのかつてのDCレジデンチュラのボス、ヴィクトル・チェルカシンがキプロスで休暇を楽しんでいると、だれを隠そう、FBIの飽くなき男マイク・ロックフォードがホテルの部屋にやってきた。チェルカシンによると、彼はロックフォードに対して、車で島国を回りながら誘いの文句を聞いてもいいといったのだという。このときも一〇〇万ドルが提示された。やはり、取り引きには乗らなかった。

解放されたチェルカシンは、これでようやくロックフォードに会うこともないだろうと確信した。だが、驚いたことに、二カ月後、チェルカシンが娘のアリョーナの結婚式でカリフォルニアに行くと、ロックフォードが今度はアリョーナのアパートメントに現れた。よくもこんなときにスパイごっこをしてきたなと、チェルカシンは声を殺してロックフォードを罵しった。しかし、今度はロックフォードの口から誘いの言葉は出てこなかった。チェルカシンの話では、ロックフォードはチェルカシンがアリョーナのアメリカ人新郎をロシア情報部に引き入れないと確約を求めただけだった。チェルカシンはそんなことはしないと伝えた。その後、ロックフォードに会うことはなかった。

ロックフォードは度重なる失敗で疲れ切っていた。しかし、ロックフォードも、彼が追っている裏切り者もこの時点では知るはずもないが、これ以降ループ・ゴールドバーグのマンガのようにごちゃごちゃと事件が起きて、裏切り者の転落がはじまることになる。ゲンナジーが裏切り者捜査の要になっていく。そして、偶然の巡り合わせか、その裏切り者こそ、ゲンナジーを不当にレフォルトヴォに追いやった男だとわかる。

13 キャビアの重い箱

〝いまからおまえのかみさんは車のエンジンもかけられなくなる〟

アナトリー・ステパノフ中佐が〈セキュリター〉のオフィスにちょっとした迷惑を引き起こしたことが、すべてのきっかけとなった。ステパノフはB・B・キングの大ファンであるKGB職員で、何年も前になるが、ワシントンでゲンナジーと一緒だった。ワシントン勤務の七〇年代以来、ステパノフは出世して、違法行為《イリーガル》（**第14、15章を参照**）を取り仕切るS局の副局長の地位にあった。しかし、ステパノフはずっと局長の地位と将官の階級を狙い続けたが、いずれも認められなかった。KGBが解体されると、ステパノフは多くの仲間と同様にセキュリティー・コンサルティング業界に参入したが、まったく成功しなかった。やはり多くの仲間と同じく、輸出入業にも手を出した。

「毎年恒例の引退職員の会合でステパノフにばったり会った」ゲンナジーはいう。一九九九年のことだった。調子はどうかと尋ねると、ステパノフはこう答えた。「仕事がないんだ」おまけに離婚して、息子はぐれてしまったとも付け加えた。

「それなら、うちのオフィスに寄ってみろよ」ゲンナジーはいった。

「〈セキュリター〉はとても大きなオフィス・ビルを所有していて、多くの元同僚がよく立ち寄ってテーブルとってスペースを使っていた」ゲンナジーはいう。「翌週、ステパノフもやってきて、テーブルと電話を使っていいということになった」

〈セキュリター〉に来たはいいが、ステパノフは無能だとがわかった。おまけにどじでもあった。秘書課に在籍するある人はステパノフに〝スネーク〟とあだ名をつけた。ゲンナジーが〝痔《じ》並みの厄介者〟と表現したとおり、ステパノフはあっという間にオフィスの電話を使って、四〇〇ドル分の通話をした。〝痔並みの厄介者〟はすぐに泣き言をいってきた。手っ取り早く帳尻を合わせようと、いわく付きのキャビア輸入取り引きに手を染めたら、ロシア・マフィアともめてしまった。ついてはアメリカで売りさばいて、マフィアから借りたカネを返したいから、アメリカに行かせてほしいとのことだった。

ステパノフは、ニューヨークに派遣してくれるなら、売り上げの二〇パーセントを手数料として〈セキュリター〉に支払ってもいい、とゲンナジーに提示した。〈セキュリター〉はニューヨークで一〇〇万ドル分のキャビア輸出の仲介手数料を受け取れるはずだという話だった。もっと

ゲンナジーのディナモ・バレーボール・
チーム（左から3人目がゲンナジー）

ゲンナジー・ワシレンコ
少佐、KGB

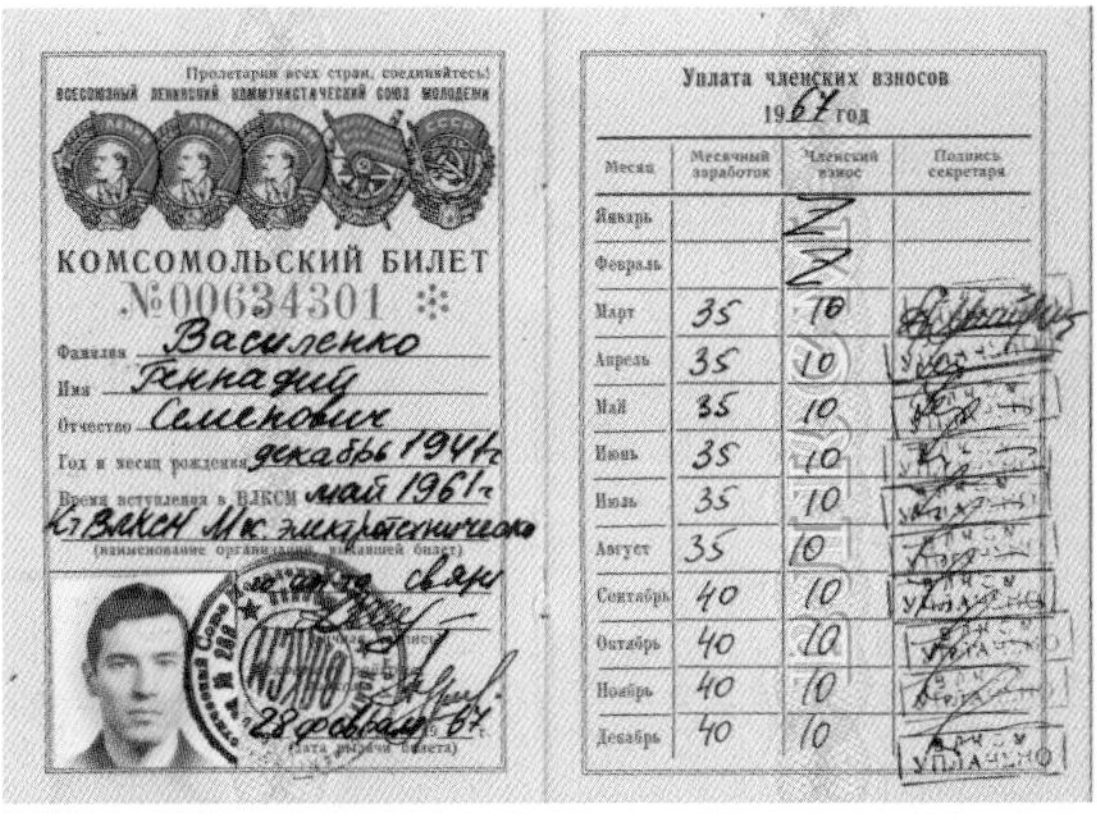

Пролетарии всех стран, соединяйтесь!
ВСЕСОЮЗНЫЙ ЛЕНИНСКИЙ КОММУНИСТИЧЕСКИЙ СОЮЗ МОЛОДЕЖИ

КОМСОМОЛЬСКИЙ БИЛЕТ
№00634301

Фамилия Василенко
Имя Геннадий
Отчество Семенович
Год и месяц рождения декабрь 1941 г
Время вступления в ВЛКСМ май 1961 г
(наименование организации, выдавшей билет)
28 февраля 67
(дата выдачи билета)

Уплата членских взносов
1967 год

Месяц	Месячный заработок	Членский взнос	Подпись секретаря
Январь			
Февраль			
Март	35	10	
Апрель	35	10	
Май	35	10	
Июнь	35	10	
Июль	35	10	
Август	35	10	
Сентябрь	40	10	
Октябрь	40	10	
Ноябрь	40	10	
Декабрь	40	10	

ゲンナジーのコムソモー
ル（全ソ連邦レーニン共
産主義青年同盟）会員
カード

ジャック・プラットが父親、ジョン・チェイニー・プラット二世と妻のペイジの前でアメリカ海兵隊少尉に昇任する

ポリーとジャック（提供：サシー・ボグダノヴィッチ）

プラット家の姉妹。ラオスにて

ダイオン・ランキン

ジョン・〝マッド・
ドッグ〟・デントン

ジョージ・パウステンコとゲンナジー
(提供：タマラ・〝タミ〟・パウステンコ)

ヴィタリー・ユルチェンコ（左）、ゲンナジー（右）、身元不詳の同僚

ゲンナジー（左）とドミトリー・ヤクシュキン（右）

ゲンナジー（中央）とイリーナ（右から4人目）、セルゲイ・モトリン（右から3人目）。ワシントンの旧ソ連大使館にて

ゲンナジー。ガイアナのジョージタウンにある護岸にて

ダイオンとゲンナジーがガイアナで非常に安全なピクニックに出かける

ジャックとダイオン。ガイアナのジョージタウンにて

四銃士。サンディエゴにて

沖合いで釣りを楽しむ〝マッド・ドッグ〟、ゲーニャ、カウボーイ（提供：ジョン・デントン）

ギャングプランク・マリーナ。背景にレストランが見える（80年代はじめ）（提供：リンダ・ハーダリング）

メリーランド州ベセスダのウィスコンシン・アヴェニューに建つエアー・ライツ・センター・ビルディング。70〜80年代にかけてＣＩＡのＤＣ〝国内支局〟が入っていた

ウィスコンシン・アヴェニューのモント・アルトに移る前の16丁目にあった旧ソ連大使館

〝ザ・センター〞——ルビャンカ、モスクワにある旧ＫＧＢ本部兼刑務所

〝ザ・ウッズ〞——モスクワから約18キロ離れたヤセネヴォ・スパイ・センター。ロシア対外情報庁（ＳＶＲ）、旧ＫＧＢ第一総局本部の所在地

モスクワのレフォルトヴォ刑務所の中庭

ガイアナのジョージタウンのペガサス・ホテルで、ジャックがゲーニャにサプライズ。1985年2月（提供：ダイオン・ランキン）

〝ロシアン・カウボーイ〞、ゲーニャ。1997年、モンタナ州ボーズマンにて

ゲーニャとロバート・デ・ニーロ

ショフラーのブランチ会の面々。(左から右) ジャック、ダン・モルデア、ジェフ・ゴールドバーグ、ゲーニャ、ベン・ウィッカム、ハリー・ゴセット、フィル・マニュエル (提供：ダン・モルデア)

1997年、ゲーニャが起業家に転身した元ＫＧＢ職員たちをアメリカに連れてくる。(左から右) フィル・マニュエル、ヴィクトル・ポポフ、ゲーニャ、ジャック、ダン・モルデア、ヴィクトル・チェルカシン、アレクサンドル・パヴロフスキー (提供：ダン・モルデア)

アレクサンドル・〝サーシャ〟・ゾモフと友だち（提供：ミルト・ベアデン）

カウボーイ・ジャックとアナトリー・ステパノフ。モスクワにて（提供：ミシェル・プラット）

国賊、ロバート・ハンセン（ＦＢＩの写真）

ロン・フィーノ、ゲーニャ、ジャック、2013年12月

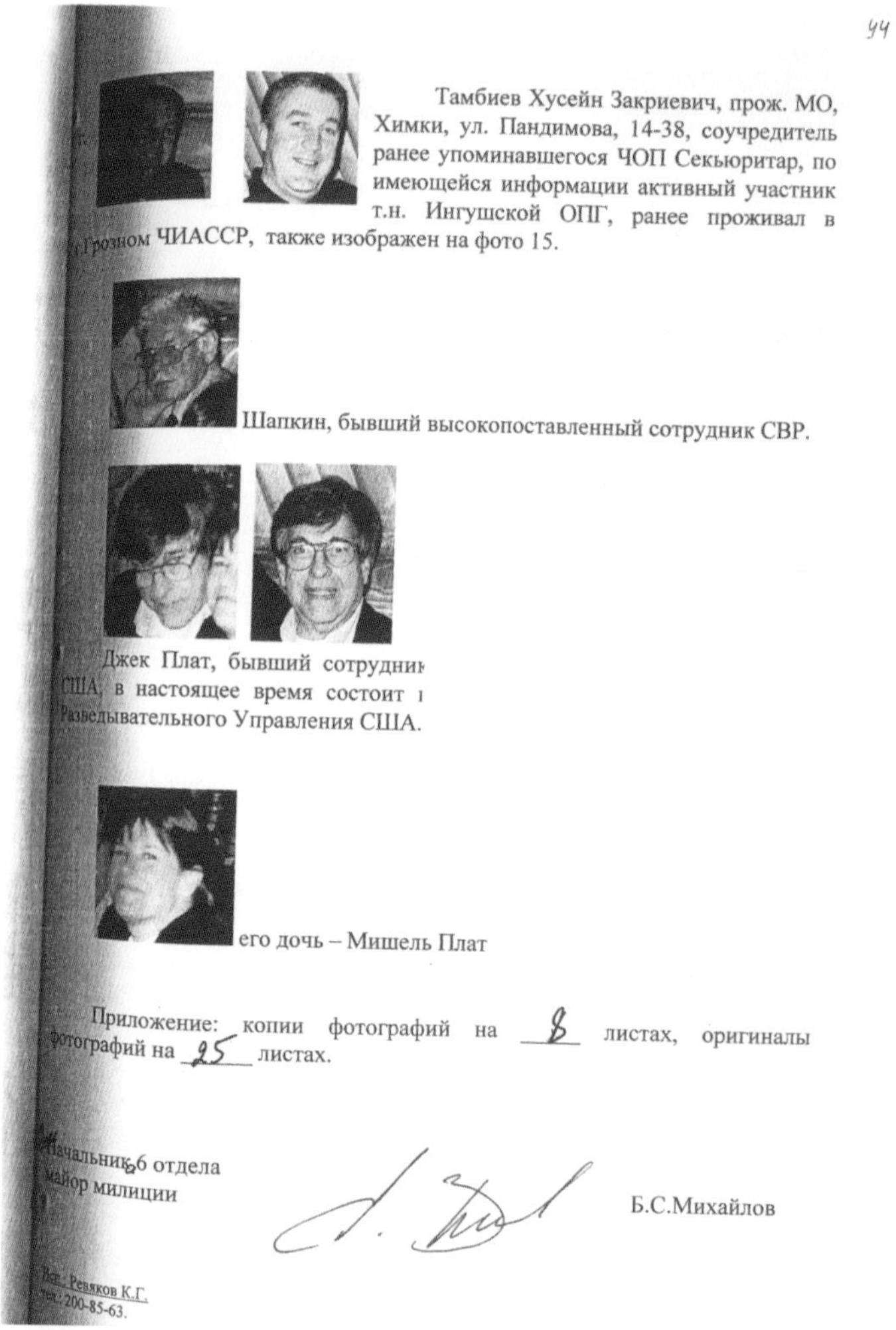
44

Тамбиев Хусейн Закриевич, прож. МО, Химки, ул. Пандимова, 14-38, соучредитель ранее упоминавшегося ЧОП Секьюритар, по имеющейся информации активный участник т.н. Ингушской ОПГ, ранее проживал в г.Грозном ЧИАССР, также изображен на фото 15.

Шапкин, бывший высокопоставленный сотрудник СВР.

Джек Плат, бывший сотрудник
США, в настоящее время состоит
Разведывательного Управления США.

его дочь – Мишель Плат

Приложение: копии фотографий на 8 листах, оригиналы фотографий на 25 листах.

Начальник 6 отдела
майор милиции

Б.С.Михайлов

Исп.: Ревяков К.Г.
тел.: 200-85-63.

ＫＧＢが押収した〝証拠〞文書。これが2006年の裁判でゲンナジーに不利な証拠として使用された（中央にジャックの写真がある）

判決言い渡し時のアレクサンドル・ザポロジスキー（右）と弁護士。2003年モスクワにて（ユーリ・マシュコフ／イタルタス通信／ゲッティ・イメージズ）

ゲーニャの新しいパスポート。2010年の釈放前に発行

2016年のゲーニャ。ウィーンからのフライトで着ていたTシャツを着用

2010年7月9日、ゲーニャの乗った飛行機がダレス空港に着陸。まったくの偶然により、ジャックが同機の着陸の様子を見ている姿を、フリーランス写真家のジム・ロ・スカルゾがとらえていた（ジム・ロ・スカルゾ／ＥＰＡ／シャッターストック）

〈オールド・ブローグ〉での再会

2013年8月、ふたりのカウボーイが友人の70歳の誕生パーティーに出席。ニューヨークにて

タキシード姿のゲーニャ？　2012年全米公開の映画『世界にひとつのプレイブック』にカメオ出演

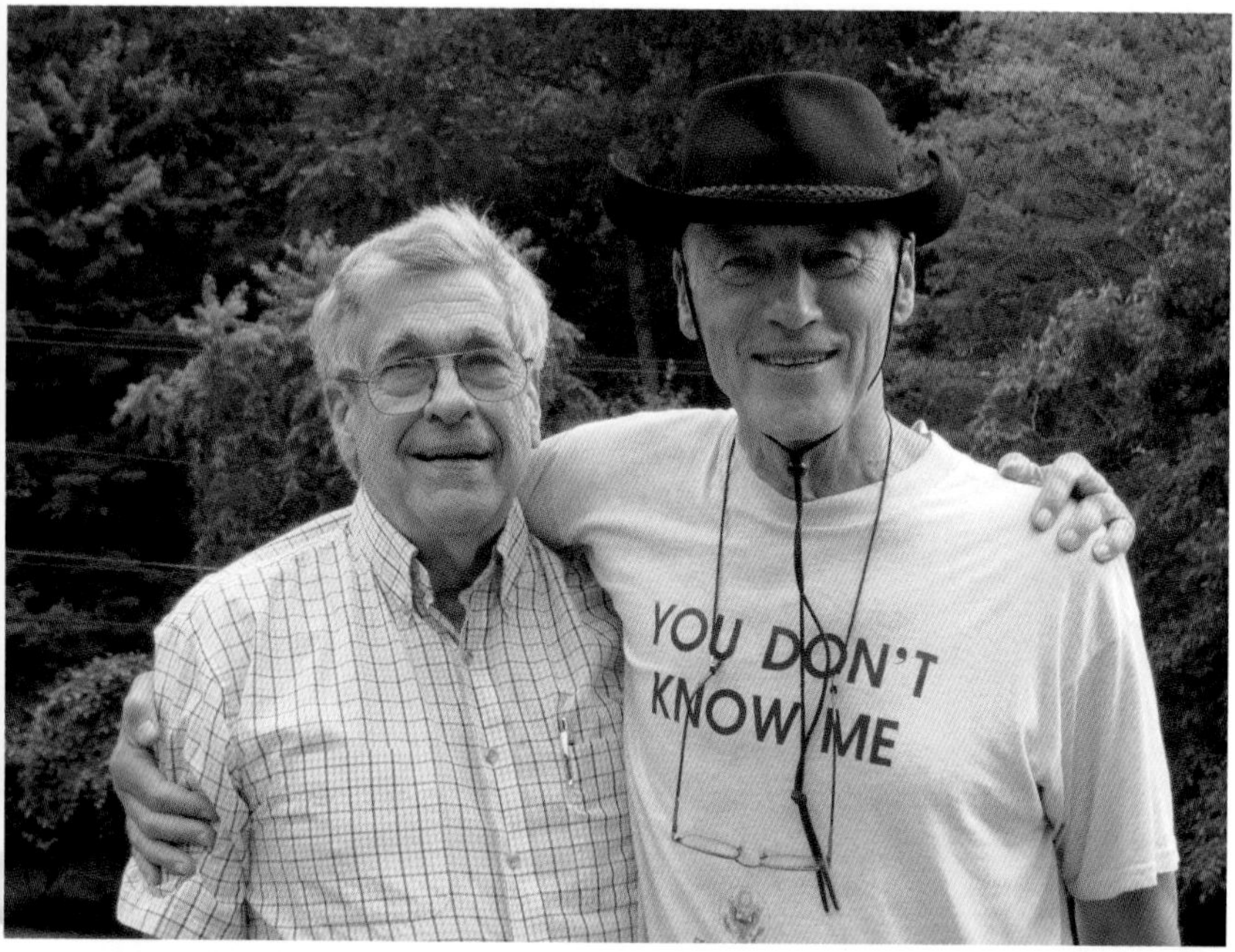
YOU DON'T
KNOW ME

"COWBOY"
JOHN "JACK" CHENEY
PLATT, III
CENTRAL INTELLIGENCE AGENCY
UNITED STATES OF AMERICA
FEB. 18, 1936 – JAN. 4, 2017

も、その前に殺されないように、ロシア・マフィアの説得に成功すればの話だ。カウボーイとゲンナジーは話し合い、双方からステパノフを支援することにした。カウボーイもゲンナジーも、スネークの渡米にギャングとキャビア以外の意義があるとはまったく思っていなかったとはっきり語っている――だが、実際には、非常に重要な課報につながった。

ステパノフを支援する最大の目的は、この迷惑きわまりない悪友をオフィスから追い出すことにある、とゲンナジーはカウボーイに対して語っていた。カウボーイも同情を寄せた。ステパノフのことはほとんど知らないが、すでに絞め殺してやりたくなっていた。

「ニューヨークに連れていけるかどうか、やってみよう。そいつはパスポートを持っているのか？」カウボーイは訊いた。

「いや、だが、そっちでビザを手配できるなら、パスポートはどうにかなる」ゲンナジーはいった。ステパノフは何年も前にパスポートをどこかに置き忘れて紛失していた。当時、ロシア市民は内務省か外務省発行の海外用パスポートを取得できたが、ゲンナジーには両機関に大勢の友人がいた。「外務省内で身分を偽って業務を遂行していたやつならいくらでも知っていたから」ゲンナジーは説明する。「パスポート用の本人確認書類を承認する業務を請け負っていた。すでに社員や家族など、何十件ものパスポートをつくっていた。［ステパノフの］パスポートの取得には三、四カ月かかったが、どうにか手に入れた。もちろん、ビザは別だ」

カウボーイは合弁企業関係のモスクワ出張のついでに、〈セキュリターー〉のオフィスで、ひとりでステパノフに会った。

「ゲンナジーの知り合いなら信頼してもいい」ステパノフはいい、こう付け加えた。「おれたちで別の取り引きができるかもな」

カウボーイはステパノフの目をじっと見つめた。この男には生理的に受け付けないものを感じたが、実のところ、ステパノフには嫌われるような言動はなかった。当座は。カウボーイはステパノフの本心がわかったと思った。機密情報を売りたいのだ。無事にアメリカにいられるなら、比較的に重要度の低いソビエト時代の情報を売り渡してもいいということだろう。なにしろいまでは、手っ取り早くカネを稼ごうと、大勢の元ＫＧＢ職員が西側への接触を図っていた。

だが、ステパノフはキャビアを売りさばくほかにも、アメリカの市場で売りたいものがあるといってきた。具体的には、ロシア人形のマトリョーシカだという。〝ああ、そうかい〟とカウボーイは思った。

カウボーイのほうはというと、ハバナでゲンナジーを売り渡したやつを探し出そうと躍起だったが、だれなのかさっぱりわからず、せめてもの思いで、飽くなき二重スパイ狩りに遂行しているＦＢＩやＣＩＡの仲間に手を貸していた。ステパノフが実際にアメリカに来たら、ＦＢＩのモグラ狩りチームに紹介するつもりだった。カウボーイはそうやってゲンナジーの元同僚をほかにも紹介してきた。そのことはゲンナジーも知っていたが、何とも思っていなかった。そういう連中はモグラのことも二重スパイのことも知らなかった。

「FBIのカネなどもらいたくなかった」カウボーイはいった。「ゲンナジーの友だちの命を奪い、ゲンナジーをレフォルトヴォに追いやったやつを探し出すためにやっていただけだ。動機の八〇パーセントは、ゲーニャの友だちを殺し、ゲーニャを危うく殺しかけたやつを探し出すことだった」また、カウボーイはFBIの〝ペニーワイズ〟・リストのことも知っていた。アメリカにいる裏切り者の正体を知る立場にあったロシア人を、FBIがリストアップしたものだ。

ステパノフとの話がはじまってまもなく、カウボーイはワシントンのマイク・ロックフォードにも一報を入れた。カウボーイとゲンナジーは知る由もなかったが、ロックフォードはすぐさまステパノフの名前が〝ペニーワイズ〟・リストの最上位近くに記されていることに気づいた。それどころか、ロックフォードはヨーロッパでステパノフに何度か会って探りを入れていたが、あまり成果はなかった。ステパノフがヨーロッパでは安心できないし、アメリカに行くまで安心できないというのが主な理由だった。当時、ロックフォードはCIA局員のブライアン・ケリーに関する情報を探していた。ケリーは一時《いっとき》、裏切り者ではないかとあらぬ嫌疑をかけられていた。ステパノフが持っている一見すると何でもない情報のおかげで、パズルの一ピースが埋まり、裏切り者の特定に近づけるかもしれない。それがケリーなのかだれなのかは知らないが。この時点では、どんな情報でも、どんなささいな情報でも貴重だった。

カウボーイはCIAのかつての同僚たちにも現況を随時伝えていたが、ゲンナジーに〝投資〟してきて正解だったといいたいだけだと思われたのか、ぞんざいに扱われた。投資はたしかに正解だったのだが。

となると、問題はどうやってステパノフをニューヨークへ連れ出し、ロシア情報部の神経を逆なでしないで、ステパノフが安心できる形でロックフォードに会わせるかだ。パスポートの申請に手を貸したゲンナジーは、申請理由として「ロシア・マフィアに借りている盗まれたキャビアの代金を稼ぐため」とはさすがに書けなかった。さらに、カウボーイとロックフォードはそういったことをあまりに急ぐわけにはいかなかった。急げば、ゲンナジーが危険を嗅ぎつけて、パスポート取得をストップする。そこで、カウボーイとロックフォードは、ステパノフのロシア人形売買の適当なビジネス・パートナーを探さなければならなかった。

カウボーイはこの茶番劇を鮮やかに演出した。ＦＢＩには、ニューヨークの高名なフリック・コレクションで美術キュレーターになった協力者がいた。事情通によると、若いころからゲイだと公言していたエドガー・マンホールは、ＦＢＩへの入局を希望していたが、不寛容な体質に阻まれたという。それでも、ＦＢＩとのコネは維持していて、希少なロシア人形を買ってくれそうな美術商にステパノフを紹介することぐらいは喜んでするると申し出ていた。

カウボーイは前もって何度かマンホールと顔を合わせていた。マンホールは自分が全体の中でどんな役割を果たすことになるのか、まったくわかっていないばかりか、いつもカウボーイに「ヘイ、ハンサム！」と呼びかけていた。カウボーイはマンホールに向かってうなり、テキサス生まれの海兵隊の自分が、ニューヨークのアート・シーンなんかにどうしてかかわれるものかと思った。結局、このおれさえほとんど耐えられないのだから、ゲイ嫌いのロシア情報部はアメリカの防諜作戦の一環だとは思いもしないだろうと思った。

モスクワでは、ゲンナジーがステパノフのために、KGBのパスポートを管理する部所へ提出する書類に連署していた。パスポート申請は「カネを稼いでくるからアメリカに行かせろとしつこくすり寄ってくるこのくそ野郎を、どうにか振りほどきたい」一心でやったのだと、ゲンナジーはずっといっている。

カウボーイはステパノフをロックフォードに紹介する旨をゲンナジーに再度伝えた。カウボーイは、渡米するゲンナジーの元KGBの友だちをみなそうしていた。「わかっているだろうが、おれはFBIに手を貸している」カウボーイはゲンナジーにいった。「だが、心配は無用だ。このスネークは何も喋らん——そもそも何も知らんだろう」

二〇〇〇年四月、ステパノフはニューヨークへ飛んだ。マイク・ロックフォードとFBIのチームも、ニューヨークへ向かった。カウボーイはひとりバスで移動した。ステパノフの到着前に、カウボーイとロックフォードはホテルで落ち合い、どう勧誘するかを打ち合わせた。「まずおれが出迎えて、キュレーターのところに連れていき、見込みがあるかどうか探る」カウボーイはロックフォードにいった。

ステパノフがマンハッタンにやってくると、カウボーイはフリック・コレクションでステパノフをマンホールに紹介した。マンホールはいっていたとおり、ロシア人形に関心があるといった。

人形が売れてカネになるかもしれないと、ステパノフの目がきらりと輝いた。カウボーイはそれを心に留め、自問した。〝手はずどおり、取り引きに失敗することになったら、こいつはどんな顔をすることやら〟

その後、昼食をとっていたとき、ステパノフは〝例の件《ケース》の第一弾《ボリューム・ワン》〟を持っているとカウボーイにいった。カウボーイはこう思った。〝何のことかさっぱりわからん〟。もっとも、知りたいとも思わなかった。しかし、何年も前にハバナでゲンナジーを売り渡したやつをどうしても突き止めたいと仲間に公言していたとおり、アメリカにいる裏切り者と関係があるのかもしれないと期待した。その後、ホテルに戻ると、カウボーイは〝第一弾《ボリューム・ワン》〟の件をロックフォードに報告し、ステパノフについては計画どおり進めるよう進言した。その時点で、カウボーイはステパノフをマンホールに会えないようにして、ロックフォードが次の手に出る時間を稼ぐことになった。

ある日、ステパノフがニューヨークの歩道に姿を見せると、〝偶然に〟マイク・ロックフォードに出くわした。ロックフォードはいった。「やあ、話があるんだが」ステパノフは〝危ない〟やつでも見るような目をロックフォードに向けた。そのロックフォードはいう。「無理もない。[あいつは] 知らないやつとは話さないというから、おれは名刺を見せた。そうやって話しはじめた」ロックフォードは前に海外で会ったことがある、とステパノフにいった。

ステパノフはいった。「マイク、おれは酒を一緒に飲まないやつは絶対に信用しないんだ」

ロックフォードは、邪魔の入らない隅のテーブル席があるバーを急いで探した。

ステパノフはロックフォードに会っていないときは、新しい友だちのジャック・プラットに会っていた。そのジャックはロックフォードに様子を報告していた。二週目に入ると、ロックフォードはこのステパノフという男を前にさじを投げかけていた。ジャックがロックフォードに檄《げき》を飛ばしたのはそのときだった。それが歴史を変える檄となった。

ロックフォードはのちにワシントンの国際スパイ博物館とのインタビューで、ジャックの名前こそ出さなかったが、〝チーム・メンバー〟が「私の尻を蹴り飛ばして家の外に出し続けた。私は出たくなかった」といっている。ジャックはこう回想している。「おれはロックフォードにいってやった。『何をするつもりか知らんが、最後までやり通せ。あいつはおまえのことを訊いてこない。尋問されているともいってこない。あいつはまたおまえと会うつもりだ』」

ステパノフの精神状態をもみほぐし、少しずつ母国を裏切りやすくするしかないとジャックは思った。この段階に来ると、ジャックは〝スネーク〟など雑魚《ざこ》にすぎないという気持ちはなくなり、ひょっとすると大当たりかもしれないと思うようになっていた。ジャックほどの猛者《もさ》でさえ自分の身の危険を感じ、あらゆる防諜技術を駆使しつつ、ぴりぴりしながらこのゲームを続けた。ジャックはステパノフに会い、即興で台本を考えながら、フリック・コレクションのキュレーターが気変わりしてロシア人形から手を引いてしまったとステパノフに伝えた。突然、ステパノフはカネもなくニューヨークで行き詰まり、希望と呼べるものはひとつしか残っていなかった。

〝例の件《ケース》の第一弾《ボリューム・ワン》〟とかいうものを売るしかない。〝スネーク〟はロックフォードと取り引きする、とジャックは確信した。

ジャックは任務を完遂してニューヨークを離れ、ロックフォードのチームが作戦を引き継いだ。ジャックはコンサルティング業が恋しくてたまらなかった。スネークのことも、マンホールのことも、気にしなかった。

一方、ニューヨークのバーでは、ステパノフがロックフォードに力説していた。おれたちの関係を一段先へ進めるには、信頼の醸成が大前提だ。ロックフォードはわかったと同意した。そして、酒を酌み交わした、とロシア語に堪能なロックフォードはそのときのことを語る。「二週間以上もいろんなバーで飲んだ。タラモア・デュー［三回蒸留のアイリッシュ・ウイスキー］を飲んでいたとき、ついにステパノフの口が滑らかになった。『もっといえよ、おい』作戦と作戦名を変えたくなった」ロシア語で語り合い、探り合いはじめてから一〇日目、ロックフォードがまたこのいい加減な人形／キャビア売りを切り捨てようかと思っていた矢先、ステパノフはKGBに〝ある事態〟が生じ、その状況を把握するに至ったいきさつを話したいと申し出た。作家のデイヴィッド・ワイズは、その後の会話をロックフォードからうまく聞き出し、二〇〇二年出版の著書*Spy*で紹介している。

ロックフォードは〝ある事態〟というのが何なのかわからない、とターゲットにいった。

「その内容を教えてやってもいい」ステパノフはいった。「じっくり話し合って条件を詰めたあとで、この問題の解決に向けた協力の手はずを考えはじめようじゃないか」

「まあ、そういうことならいいだろう。通りに出て、ホテルに行き、その手順を踏むことにしよう」

ステパノフはFBIにカネを無心した。FBIの返答はシンプルだった。「情報がなければ、カネは出さない」

ロックフォードとステパノフの協議の席で、ステパノフはアメリカ側の探しものはたしかに持っているといってきた。アメリカ情報機関に潜伏しているロシア側資産《アセット》に関するきわめて危険な情報だという。ロックフォードはいつもならポーカー・フェイスなどお手のものだったが、このときばかりは言葉を失い、驚きが顔に出たのではないかと不安になった。そのひとことで、ロックフォードや、モグラ狩りのスタッフや、一〇年以上にわたってこの作戦に投じられてきた巨額の費用に向けられていた非難が消え去った。もちろん、気になる重要な事実関係もひとつあった。いったいどうしてステパノフのようなKGBのスネークが情報の鉱脈を掘り当てたのか？

無理もないが、名前は伏せてほしいという信頼に足る消息筋に聞き取りをしたところ、次のようないきさつだとわかった。

九年前

一九九一年八月、共産党強硬派の陰謀団がミハイル・ゴルバチョフの改革に嫌気が差し、大胆にもクーデターを企てた。ゲンナジー・ヤナエフ副大統領が大統領就任を宣言し、ゴルバチョフを避暑地クリミアの別荘に〝監禁〟した。軍部は表向きにはヤナエフの指揮下にあり、クリミアの空港を閉鎖し、ゴルバチョフがモスクワに戻れないようにした。ソビエト諸州（当時はすでに独立国）、さらにアメリカ大統領のジョージ・H・W・ブッシュもクーデターを非難した。クーデターを首謀した連中は支援が得られないと悟り、二日と経たずにクリミアへ逃亡し、ゴルバチョフが政権に復帰した。

クーデターがすばやく鎮圧されたおかげで、ソビエト政府の奥底で感じられた純粋な不安と恐怖は覆い隠された。八月二二日、強硬派への逆風は最高潮に達し、ルビャンカ・ビル内部の有名なKGB本部ジェルジンスキー広場には、二万人が押し寄せて抗議の声をあげた。何時間も苦悩のすえ、政府職員は巨大なドイツ製のクレーンを持ち出し、そこから重量一五トン、高さ約一一メートルの鋳鉄でできたKGB創設者〝鉄のフェリックス〟・ジェルジンスキー像の首に縄がけられた。〝絞首刑〟となった像が撤去されると、ルビャンカ内部では、KGBへの憎しみに駆られた〝刑の執行者〟たちがこのカタルシスをどこまで求めるのかと恐怖が膨れ上がった。

この混乱のさなかに、最高機密の不都合な諜報ファイルが、我を忘れて手に負えなくなった暴徒の手に渡り、表ざたになるのではないかと、ソビエト連邦指導者たちは慌てた。ルビャンカ・ビルの五階オフィスから様子を窺《うかが》っていたKGB議長、レオニード・シェバルシンは、ついに命じた。「すべてのドアと門を閉め、バリケードを築け。鉄格子もチェックしろ」

ソビエト連邦の最後の生き残りには、恐れる理由があった。ドイツ製クレーンという偶然の一致は、だれひとりとして忘れていなかった。東ドイツ体制がたそがれを迎えていた二年前、かつて人々の恐怖の対象だった国家保安省シュタージ本部の職員は、慌ててファイルを廃棄しはじめた。シュレッダーにかけたり、焼いたりした。エルフルト市民の一部が煙突から黒い煙が立ちのぼっているのに気づいた。本部ビルはガス暖房だ。それなら白い煙が出るはずだと思った怒れる群集は、ガス以外のものが燃えているのではないかと、至極まっとうな疑問を抱いた。一九八九年一二月四日、群集はビル内になだれ込み、占拠した。軍事裁判所に一報を入れたうえで、本部内に入ると、国有のファイルを窓から表の通りに投げ捨てはじめた。軍事裁判所の職員がそのファイルを押収し、すぐさま確認した。この現象が東ドイツ各所のシュタージ・ビルで繰り返された。

〝パラノイド〟という言葉は誇大妄想を表現するものとして誤解されることが多いが、〝パラノイア〟

1991年8月23日、モスクワ暴動後、労働者たちが解体されたフェリックス・ジェルジンスキーの像を平台トラックに載せる（APフォト：アレクサンドル・ゼムリアニチェンコ）

は不合理な恐怖と定義されている。ソビエトでクーデターの報が広がるにつれて、ＫＧＢが感じていたのは、秘密が暴露されるという完全に合理的な恐怖だった。

抑圧されていた大衆が本部に殺到してきたときに、東ドイツの役人がそれほど純粋な恐怖を感じたことを念頭に、ＫＧＢもビルの周りに護衛を置いた。とりわけルビャンカとヤセネヴォの本部ビルについては、警備態勢に万全を期した。その後、ファイルをトラックに積み込み、スモレンスクの〝安全な〟一時保管施設に輸送することになった。管理態勢などほとんど、あるいはまったくなかった。まして目録などあるはずもなかった。何千箱もの保存用ファイルがトラックに積み込まれ、何百人ものＫＧＢ職員がこの狂乱にかかわった。

ヤセネヴォでファイルを運び出したひとりが、アナトリー・ステパノフだった。ステパノフは人がものを隠すからにはそれ相応の理由があると感じていた。知ってもらいたくないようなまずいことがあるからだ！

クーデターのとき、ステパノフはさまざまな思いを抱いていた。最近の昇進機会を逸した怒りも、その思いのひとつだった。だが、不安も抱いていた――ロシア国民の暴徒に対する不安ではない。新たに失職し、慌てて逃げていく知り合いのＫＧＢ職員の多くと同じように、自分の将来に対する不安だった。いまや同志全員がライバルだ。かつてのＫＧＢ職員が新体制下で何をやればいい？　叱責されるだろうか？　処刑か？　国を捨て、どこか別の場所で新しい人生をはじめるのか？　そこはどこだ？　ＫＧＢの内部事情をもっと知りたいと思う者がいるところかもしれんな。たとえば、アメリカ合衆国とか。

アナトリー・ステパノフには強みが必要だった。

ヤセネヴォのビルでは、ステパノフはもうじき元KGB職員になるその他大勢のひとりとなった。そして今、保管庫から台車にファイルを載せ、果てしなく続く廊下を伝って積み下ろし場へ運び、輸送用トラックに載せている。台車にファイルを載せていると、キリル文字でラベルのついたあるファイルの箱が目に入った。そのラベルの文字を英語に直せば、〝ラインKR／USトップ・シークレット〟。箱の中には、アメリカの消印がついた封筒、アメリカ製フロッピー・ディスクの入った小さな箱、〝ラモン・ガルシア〟のラベルがついたオープンリール・テープの箱、そして、通常は秘密の投函に使われるダークグリーンのビニールのゴミ袋ふたつが入っていた。

そのとき不意に思いついたのか、はじめからそのつもりだったのかは知らないが、ステパノフはこの箱を自分で持ち帰り、よく確認してやろうと思った。貴重な情報が入っているかもしれない。これをネタにして、ロシア・マフィアからも、分解しつつあるソビエト連邦からも遠く離れ、新しい人生をはじめる資金を稼げるかもしれない。大混乱のなか、台車を押して廊下をゆっくり進みながら、ステパノフは計画を必死で考えた。

ひとりになるまで廊下にとどまり、隙を見てすばやく門衛のクローゼットにでも隠して、あとで取りに来るか。あるいは、自分の持ち物の一部だということにするか。その夜、おおかたの職員と同じように、デスクに入れておいた私物はすべて片づけていた。とにかく、お宝は未明前にステパノフの車のトランクに入れられ、やがて田舎のダーチャに持ち出された。無事にダーチャの中に運び入れると、ステパノフは詳細な書簡を読み、手に入れた箱の中身を知った。とてつもなく重要な意味を持つ資料だった。

ステパノフが持ち帰ったのは、国際スパイ業界の宝くじを引き当てたような代物だった。アメリカ情報機関内部に潜むふたり目の貴重な二重スパイに関するKGBの正式ファイルだったのだから。しかし、その刺激的な資料を売りさばきたいという気持ちと、実際に売りさばくことはまるでちがう――つかまれば、グラーグで一年ばかり拷問を受けたあと、レフォルトヴォの地下室で頭を撃ち抜かれる。しかも、妻子がどんな目に遭うか、わかったものではない。

それで、ステパノフはよく考え、じっと待った。八年ものあいだ。ほぼ一〇年にわたってお宝を保管したあと、一九九九年後半にモスクワでジャック・プラットに会い、ジャックとゲンナジーの関係を知ると、権謀術数を高速で始動させた。ステパノフにはわかっていた。掘り当てたお宝を市場で売りさばくには、アメリカへ渡り、アメリカ当局と話をする必要がある。そして、カウボーイ・ジャックこそ、そのアメリカ当局だということもわかっていた。[*26]

二〇〇〇年春にニューヨークで二週間におよぶ〝求愛活動〟のすえ、ロックフォードとステパノフはついに取り引きの条件で折り合った。ただし、FBIとCIAの両長官の承認を取りつける必要があり、さらに、ステパノフの働きへの報酬を決めて法律の定める契約書を作成する必要もあるとロックフォードは断っていた。条件が公開されることはなく、ロックフォードも絶対に漏らさなかったが、情報筋によると、ステパノフは七〇〇〇万ドルもの報酬を勝ち取った——決められていた一〇〇万ドルの報奨金をはるかに超える額だった。ステパノフは家族ともどもアメリカに移住し、新しい身分も与えられた。

最後に残った問題は、**いったいどうやってその資料をアメリカに持ち込むか**だった。ステパノフがモスクワに戻り、ブツを持って（おそらくダーチャに隠していたのだろうと、カウボーイは思った）中立国で受け渡す。そんな手はずが整えられた。このとき、CIAのマイク・スリックが、新設したステパノフのアメリカの銀行口座にかなりの額を入金する許可を出す一方、CIAの工作担当官は、中立国での荷物の受け取り、外交用郵袋で第三国への送付、その後チャーター機でアメリカへの送付という計画を立てた。細心の注意を要する移送であり、計画と実行を合わせて数カ月かかる。あるとき心臓が止まりそうな場面があった。ステパノフが受け渡し場所に姿を見せず、CIAは、またしてもロシアにまんまと一杯食わされたのかと考えた。おそらくはジャックの支援を受けて、FBIが再度ステパノフに連絡を取り、移送計画は再開された。

二〇〇〇年一〇月、ロックフォードのチームがステパノフの資料を無事にアメリカに持ち込む作業に着手する一方、ジャックは〈HTG〉社員として最後のモスクワ出張に行った。モスクワのルビャンカ内にあるKGB博物館を訪れていたとき、若い軍人風の男がジャックに近づいてきた。ジャックはすぐにその男がFSBだとわかった。

「私はロシア政府の者です」その見知らぬ男はいった。

「時間の無駄だから、くだらん前置きは飛ばせ」ジャックは目一杯カウボーイを装って答えた。「本当はどこの者だ？」

するとは男は得意げに笑みを浮かべ、ジャックに内務省の身分証を見せて訊いた。「お話しできませんか？」

「いいが、ここではだめだ。明日〈セキュリター〉のオフィスでなら」

その日の夜、ゲンナジーはジャックをモスクワ観光に連れ出した。インツーリスト旅行会社のガイドをナンパでもしていたのだろうが、ゲンナジーがふらりとその場を離れたので、カウボーイは赤の広場で写真を撮っていると、数人のごろつきが近づいてきた。カウボーイ・ブーツ、ステットソン・ハット、黒いベストといったいでたちの初老の男だと思って見くびり、カメラを指さして、シャッター音がやかましいといちゃもんをつけてきた。ごろつきたちがナイフを抜き、カウボーイに大股で迫ってきた。カウボーイは虚勢というか、元海兵隊員だから自分の面倒ぐらい自分で見られるという思いを失ったわけではなかった。恐れはなかったが、戦術がまるで思い浮かばなかった。六四歳の自分が、二〇代のネアンデルタール人の四人組を相手に、いったいどうすればいい？　相手のひとりがカウボーイが持っていたカメラをたたき落とした。カメラは地面に落ち、部品が飛び散った。３５７口径銃を持っていればよかったという思いが脳裏をよぎったのは、人生でこのときだけだった。

「罪悪感にさいなまれるんじゃないか」カウボーイはいった。なぜそんなことをいったのかはわからないが、敵に包囲されているとき、人は自分の行動も、その動機もめったにわからないものだ。

ジャックの最後のモスクワ出張。（左から右）ヴィタリー・テペリン（KGB）、ゲンナジー、ヴィクトル・ポポフ（KGB）、ジャック

ごろつきたちは信じられないといった顔で互いを見やった。革の服に身を包んだ左右がつながった一本眉毛の男が、カウボーイの襟ぐりをつかもうと空いているほうの手を伸ばしたが、一本眉毛の肺から息がぜんぶ吐き出されると同時に、背中の上のほうにミサイルが着弾したかのように、首下から蜘蛛《くも》の巣状に激痛が走った。ナイフが地面に落ちた。一本眉毛がよろめき、右隣にいた男が首を巡らすと、一本眉毛の顎先がちらりと見えたが、人間の顎とつながるはずのない何かの道具の先が顎から突き出ているのがわかった。次はその男が、棍棒《こんぼう》を振り回す原始人と化したゲンナジーに無力化された。その間《かん》、大切にしている銃の口が火を噴くかのように、ゲンナジーは口からロシア語の悪態をつきまくっていた。

三人目のごろつきはショックで立ち尽くしていた。仲間が腹ばいで倒れていることより、異国語の悪態にびっくりしているかのようだったが、ゲンナジーに棍棒の先で口を殴られ、男は歩道に歯を何本か吐き出した。一方、四人目の男は急に自分が単独プレイヤーになったことに気づいた。「おまえはおれのお気に入りになりそうだな」ゲンナジーは訛った英語でおびえたごろつきにいった。「今朝起きたときにはひとりになるとは思いもしなかったんだろ？　仲間がいるときには自信も出るもんだ」

ゲンナジーは頭《かぶり》を振って最後に残った男にフェイントを見せた。四、五回目のフェイントで、男の顔に〝くそ喰らえ〟とでも訴えかけるような表情が広がり、知らない界隈に一目散に逃げ去った。

ゲンナジーは口をあんぐりあけているジャック・プラットを見て、カメラを指さした。「カメラを拾えよ、ジャック。ここを離れるぞ」

ふたりは車に駆け戻り、走り去った。

「ゲーニャ、おまえは命の恩人だ」

ゲンナジーは哲学的な答えを返した。「そういうことにしておこう。あんたもいつかおれの命の恩人になるさ」

ジャックはむかしこういう夢を見たことがあったが、それはゲンナジーにはいわなかった。

翌日〈セキュリタ―〉にいると、ＦＳＢの男が時間どおりに現れ、ジャックはその男とふたりで話をするため外に出た。

「さて、どんな用だ？」ジャックは訊いた。

「我々はあなたに興味があります」ＦＳＢエージェントが答えた。「あなたがバージニア・ビーチで作成したマフィアに関する報告書を拝見しました。我々とも契約を結びませんか？　ゲンナジーと結んでいるような契約を？」

哀れなその男は、考えうるかぎりもっとも愛国的な海兵隊のひとりを相手にしているとはまったく知らなかった。ジャックはこのエージェントがどんな話を持ちかけるのか、よくわかっていた。

「ボス連中にこういっておけ」ジャックはいった。「**おととい来やがれ！**　それに、おれはゲンナジーと契約など結んでいない！」

哀れな男はびくりとした、とジャックはのちに語っている。

この対談のあと、ジャックは二度とロシアには行かないと決めた。

同月しばらくして、アナトリー・ステパノフが〈セキュリタ―〉のオフィスに立ち寄り、やたら忙しかったからしばらく来なかったとゲンナジーに話した。その後、ステパノフが「永遠に、消えてしまった」とゲンナジーは回顧する。[*27]

ジャックがモスクワから戻るとすぐ、ステパノフの資料の箱も、迂回ルートを経てついにワシントンのＦＢＩ本部に到着した。ＦＢＩのモグラ狩りチームの高い地位にいるあるメンバーが、ジャックの帰国ときわめて貴重なファイルの到着が〝同時〟だったのは決して偶然ではないといっているのはたしかだ。「ジャックとＦＢＩ局員はブツを引き取りにウィーンに行っていた」その情報提供者は匿名を条件にそういっている。大切な資料なのだから、監視回避技術を知り尽くしている者に持ち帰らせたいとＦＢＩが考えるのは当然だ。また、ジャックはウィーン勤務の経験もあったから、ウィーンでいちばんいい受け渡し場所や投函所もよく知っていた。また、ジャックがモスクワ出張のあとでウィーンに寄ったと考えるのが妥当だろう。あるいは、モスクワ出張は、ジャックが海外へ行く本当の理由を隠すための壮大な口実だったのかもしれない。実際にジャックが切望されていたモグラ関連ファイルの運び屋になったのだとすれば、ロシアに二度と戻りたくない理由がさらに重くなる。次にロシアに行けば、執念深いサーシャ・ゾモフによって、少し前に出くわしたごろつきたちよりはるかに技量の高いごろつき集団が差し向けられるかもしれない。

受け渡しの詳細はどうあれ、秘密のファイルは無事にアメリカに到着し、ＦＢＩ分析官が分析をはじめた。書類やフロッピー・ディスクのほかにも、裏切り者が使っていたビニールの投函袋もふたつ入っていた。その投函袋に指紋採取の薬品を振りかけると、言い逃れのしようがない指紋がふたつ浮かびあがった。〝ラモン・ガルシア〟の仮名を使っていた裏切り者とＫＧＢの調教師《ハンドラー》とが話している録音テープも入っていた。分析官はそれを聞いて茫然《ぼうぜん》とした。ＣＩＡのブライアン・ケリーの声が聞こえてくるものと思っていたが、自分たちの同僚の声が聞こえてきたのだ。ＦＢＩ局員、ロバート・ハンセンの声が。指紋を照合してみると、やはりハンセンの指紋と合致した。

マイク・ロックフォードの胸の内では、戦いが繰り広げられていた。**ついに見つけたぞ！**　だが、見つけたのはＦＢＩの者だ。ＦＢＩだと思っていたやつはいない。ましてや、堅物で控えめなロバート・ハンセンとは思いもしなかった。ハンセンはリック・エイムズとはまるでちがう。歯に金ぴかの詰め物とか、若いかみさんとか、ぴかぴかのジャガーとか、高そうなカーテンをつけた現金払いで買った郊外の家とか、そんなものはいっさいない。

二〇〇一年二月一八日の誕生日に、ジャックはのちに友人としか明かさなかったＦＢＩの人間から電話を受けた。「今夜のニュースを聞いてくれ。誕生日おめでとう」

ジャックは夜のニュースをつけ、バージニア州北部でハンセンが逮捕されたことを知った。その後まもなく判明したのだが、ハンセンはアメリカがやっとの思いで手に入れたスパイだけでなく、一〇億ドルかけてＤＣレジデンチュラの下に掘ったトンネルの情報も売り渡していた。おかげで、ロシア側は何年ものあいだ偽情報を流すことができた。ステパノフがロックフォードとの交渉時にほのめかし、ロックフォードを慌てさせたのは、トンネルの情報が漏洩しているということだった。

ロバート・ハンセンを〝変わり者〟だというのは、控えめな表現である。たしかに、ソビエト側調教師《ハンドラー》に伝えていた、異国風の〝ラモン・ガルシア〟という感じではない。高圧的なシカゴの警察官を父に持ち、若いころにはことあるごとに無能だといわれていたようだ。表向きには、ハンセンはカトリックに改宗し、妻と四人の子供たちとともにバージニア郊外で暮らしていた。陰気な雰囲気を漂わせた青白いむっつり顔のサラリーマンのようだったという者もいる。そうした同僚たちは、陰で〝葬儀屋〟と呼んでいた。たしかに、逮捕時に撮影された顔写真を見るかぎり、黒服のハンセンは、テレビシリーズ『アダムス・ファミリー』に出てくるラーチに似ている。

　しかし、こうした人物評は多分にあとから積み上げられたものであり、「おれはわかっていたんだ！」といいふらしたい人間の利己的な本能がつくり出したものかもしれない。馬の合う者たちとは楽しく付き合う、内気だが気持ちのよいインテリだと思っていた同僚もいる。さらにいえば、ハンセンの逮捕は若い同僚たちを恐怖で圧倒した。彼らはハンセンを師と仰ぐようになっていたのだ。彼らでもハンセンが裏切り者だとわからなければ、ほかにどの宇宙の基本原理をまちがえているかわかったものではない。ＦＢＩという組織の虚栄を突き通す疑問だ。ハンセンがこれほど破壊的なスパイだといわれるのは、理由があってのことだ。**アメリカ防諜界の枠をとても、とても見事に騙していたのだから。**

　ハンセンはオプス・デイの会員だった。信者に尋常とはいえない自罰行為を要求するカルト的カトリック分派だ。ハンセンの魂は、世の中が考える彼のイメージそのものだった。ストリップ・クラブに通い、ひそかに――そして、たびたび――自分と妻のボニーのセックス動画を撮っていた。少なくともひとりの友人には夜のスケジュールを知らせ、その友人に木の枝から窓越しにベッドでの自分たちの行為を見せていた。

ハンセンは頭はよく、自分はFBIの同僚たちより知的にすぐれていると思っていた。それでも、その頭のよさで他人を攻撃しないように気をつけていた。しかし、心の底――奥底――では、傲慢さと不安がたぎっていた。ソビエト側調教師《ハンドラー》にじかに会わないことが、つかまらないための妙手だとおそらく考えていたのだろう。長いあいだ、その考えは正しかった。この事件の識者によると、売国行為によって得ていた一四〇万ドルに加えて、仰々しい無償の宿命感に突き動かされて、FBI入局後まもなく自分からソビエト側の腕に抱かれたようだという。結局、ソビエト側はハンセンに誘いをかけてはいなかった。**ハンセンのほうからソビエト側に働きかけたのだ。**いや、ハンセンは才能に恵まれていたから、周りののろまどもと一緒にのろのろと出世の階段を上っていられなかったのだ。金と頭脳に恵まれていたことを人に漏らさず、雇い主であるFBIとアメリカをあらゆる機会に――必要なら殺人の手助けまでして――傷つけ、その間《かん》ずっと、自分の意のままになる心の中の豊かな王国で生き続けていた。

ステパノフのパスポート申請書にサインしてから、これほど早くハンセンが逮捕されたと聞いて、ゲンナジーはまたカウボーイがまずいことをしてくれたかもしれないと思い、吐き気がした。それでなくても、当局はゲンナジーがアメリカ人と親しすぎると思っている。しかも、サーシャもまだFSBのどこかに潜んでいる。

カウボーイと話したとき、ゲンナジーは怒りを爆発させた。ゲンナジーは怒声をあげた。「おれを利用したな、この野郎！　おかげでおれは殺されていたかもしれないんだぞ」

カウボーイはいいわけした。「おれはあいつを紹介したが、情報を持っているとはだれも思っていなかったんだ。おれだって、ハンセンが裏切っていたとは思いもしなかった。ハバナでおまえを密告したのも、ハンセンだ！　おまえをレフォルトヴォ送りにしたのもそのくそ野郎だ！」

「だが、おれが頭を撃ち抜かれたら、そのきっかけはあんただ！　どうしてそっちの狙いをおれに教えなかった？」ゲンナジーは迫った。「キャビアとマトリョーシカ人形のいんちき話だと思わせやがって！」

「おれも何が釣れるかわからなかったんだ、ゲンナジー。それに、いずれ大物が釣れたとしても、おまえを面倒に巻き込むつもりなどなかった。だが、ここはおれの国だ。おれはおまえの国を取りあげたりはしなかった。おまえもおれの国を取りあげるな！　おれはアメリカ人で、おまえはロシア人だ」

「連中はおれが知っていたと考えるに決まっている！」

「だれも知らなかったんだ！」カウボーイはいった。「おまえはパスポートの申請書類にサインしただけだ。その後はおまえの手の届かないところ、まったく知らないところ、どうしようもないところで、無数のことが起きた」

「あんたはＣＩＡを知っているが、おれはＫＧＢを知っている」ゲンナジーは答えた。「こっちじゃ、人を処刑するのに証拠さえ要らない」

ゲンナジーは最悪の失敗を犯したのかもしれない。だが、それならどうすればいい？　自分がしたこと、しなかったことはわかる。ゲンナジーがステパノフのパスポート申請書類にサインしたのも、ほかの大多数の申請書類の処理と同じだと宿敵サーシャ・ゾモフに思ってもらうよう祈るしかない。やはり、息を凝らしているしかない。

ゲンナジーがステパノフの書類を承認したことが世紀の二重スパイ逮捕につながろうなどとは、カウボーイにもゲンナジーにもまったくわからなかった、とベン・ウィッカムはいう。ゲンナジーにとっては、厄介者のスネークを追い払いたい一心でサインしただけで、カウボーイにしても、ほとんど見込みがないと思ってＦＢＩに紹介した。「ビザを出すのは珍しいことでもない」ウィッカムは説明する。「［ステパノフが］本当にあのファイルを持っていたと聞いたときには、カウボーイもゲーニャと同じくらいびっくりしていた」

二重スパイはふたりともとらえられた――ハンセンは二二年ものあいだ国を売り続け、人命だけでなく一〇億ドル相当の電子機器、コンピュータ、スパイ衛星の情報が無駄になり、エイムズの場合も、九年におよぶスパイ活動によって少なくとも九人のＣＩＡ資産《アセット》が殺された。

エイムズかハンセンと部屋にふたりきりになったらどうするかと問われると、カウボーイはこう答えた。「そういう状況はよく考える……こういうだろうな。『いまからおまえのかみさんは車のエンジンもかけられなくなる。どんな連中を裏切っていたのか思い知るがいい。くそでも喰らえ！』」たしかに、マティー・コールフィールドはいう。「ジャックが常軌を逸したかのように怒り狂ったのは、エイムズとハンセンの裏切りの話をいたときだけだった」

忍耐、幸運、ファイアウォール、工作員――狩りの内実を知る者も知らされていない者も――が交錯し、ぶつかり合い、利用し合っているうちに一点に交わり、一気に気運が高まった結果、ロバート・ハンセンの逮捕につながったのだ。ハンセンが逮捕されるまで、どんなものが出てくるのかだれも完全にはわかっていなかった。ステパノフでさえもわかっていなかった。

ハンセン逮捕によってさらにいくつかの疑問が浮かびあがる。

ゲンナジーはキャビア犯罪がどこへ向かうか、本当に何も知らなかったのだろうか？ 短く答えるなら、このモグラ狩りにかかわっていた者はおしなべて、ゲンナジーは目的について何も知らされていなかったという。重要な役割を果たしたプレイヤーたちに訊いても、盗まれたファイルの中身はだれにも――ステパノフにも――完全にはわかっていなかったという。ゲンナジーがロシア側の大きな資産《アセット》の逮捕に協力したのだとすれば、モグラ狩りに加わっていた複数のプレイヤーが、どんな成果を得られるのか、はじめから順次、正確に把握していったことになる。

ゲンナジーは何も知らずに防諜作戦のたぐいに協力させられているのではないかと、疑いもしなかったのだろうか？ ありえる。だが、ビジネス界や諜報社会には、ソビエト連邦崩壊に乗じて手っ取り早い儲け主義に走る者がよくいた。ゲンナジーは、デスクを通り過ぎていくほかの数多くの問い合わせと区別せず、ステパノフのパスポート申請書類もほかの申請書類と同じように承認した。そう考えるのが自然だ。ゲンナジーは今日に至るまで、ハンセン逮捕に手を貸していたとはまったく知らなかったと明確に述べている。

別の疑問もある。何年も前に友人のゲンナジーがとらえられ、拷問され、収監される原因をつくったやつを探し出すことが最終目標だ、とジャック・プラットはことあるごとにいっていた。それなのになぜ、ゲンナジーがまずい状況に陥るかもしれない方向へ、都合よく操ったりしたのか？　可能性はいくつか考えられる。ひとつ目は、当然だが、ジャックも事情を知らされずに動いていたという可能性だ。だが、それは信じがたい。自分で認めているとおり、ジャックはのちにハンセンだと判明した男をつかまえたかったのだから。それに、FBIにも積極的に協力していた。二〇世紀最大の売国奴のひとりをつかまえた一流のチームの一員でありながら、何も知らずに操られるわけがない。

ジャックは大物の裏切り者の逮捕に協力したかったが、その作戦全体がどこへ向かうのかまでは知らなかった。そう考えれば、筋は通る。今回もジャックの自身の言葉に立ち戻ってみよう。『60ミニッツII』のインタビューで、真の友だちが互いを危険な目に遭わせられるものかと訊かれたとき、ジャックはこう答えている。「友だちならしないかもしれないが、有能な情報部員ならするかもしれない」まさに、ゲンナジーとの友情はジャックにとってとてつもなく大きかったが、国への忠誠はさらに大きかったのだ。常に忠実であれ《センパー・ファイ》。

ハンセン逮捕から何年も経ったころ、ロックフォードはこういっている。[*28]「［ステパノフは］まじめな話、アメリカ政府にとって英雄のようなものだった……。彼のしてくれたことは、ずっとありがたいと思っている」しかし、ロックフォードはステパノフがいまどこにいるのか、まったくわからないという。「彼は何でも話し、協力を惜しまなかった。政府は小切手を切り、彼の必要とする形で支援する用意ができた。だから、我々はよい協力関係を築けた。我々は柔軟に対応し、彼も人生の苦しい時期を柔軟に乗り切った。それだけの価値はあると思う。人と人との関係だという点は理解してほしい。そういったことは『一発やって、はい、サヨナラ』というわけにはいかない。いまも続く関係なんだ」

　この事件におけるほかの英雄は、ジャック・プラットとダイオン・ランキンの二銃士だった。ふたりがゲンナジーとの関係を二〇年にわたって、ＣＩＡの意向に反して根気強く続けていなければ、ステパノフはカウボーイ・ジャックに会うこともなく、ジャックがステパノフをロックフォードに紹介することもなく、ロバート・ハンセンの仮面をはぐこともなかったのだ。この二銃士こそが、それぞれのボスに対して、ゲンナジーとはゆっくり付き合うべきだと頼み込んだのだ。ゲンナジーへの投資分を回収できるとすれば、遠い未来だとふたりだけはわかっていた。ただし、どんな形で回収できるのかは、だれも知らなかった——知りえなかった。それこそが、**そっと、そっと、つかまえろ**なのだ。

二〇〇一年はスパイ業界にとってたいへんな年になったが、この年に起きたスパイ・ドラマはハンセンの逮捕劇だけではなかった。ほかの事件も、ゲンナジーにとって今後何年も先まで重大な意味合いを持つことになる。

もちろん、ステパノフはキャビアを売り払って一〇〇万ドルを稼ぐことはなかった。キャビアも、マトリョーシカ人形も、もとからなかったのだ。ぜんぶ詐欺だった。しかし、ステパノフはハンセン逮捕に協力して、その何倍もの額を手にした。ゲンナジーはというと、知らず知らずのうちに生涯二番目に大きなリスクを背負い込んでしまった。残されたのはセキュリティーの仕事としつこい恐怖だけだった。どこかで、サーシャ・ゾモフがロバート・ハンセンの代償を払わせる者を探している。ぞっとすることに、それはだれでもいい。

14 嵐の前の静けさ

затишье перед бурей

ハンセン逮捕という誕生日プレゼントがジャックに届けられてまもなく、ゲンナジーの旧友で、〝ＡＶＥＮＧＥＲ〟[*29]（「復讐者」の意）として知られる情報提供者がモスクワで逮捕された。ＡＶＥＮＧＥＲはジャックのＳＥ部の同僚リック・エイムズにとどめを刺し、当時、一時的にアメリカで暮らしていた。エイムズ関係の情報を提供した代わりに、彼はアメリカ政府から二〇〇万ドルを受け取ったといわれる。五〇歳のＡＶＥＮＧＥＲは妻とふたりでしばらくバージニア州ヘイマーケットにいたが、その後、メリーランド州コッキーズヴィルに移った。消息筋によると、ＣＩＡは彼らに九八万ドルで家を買いあたえ、その後二〇〇一年にも四〇万ドルで別の家を買いあたえたという。ＡＶＥＮＧＥＲは自宅を拠点として、メリーランド州で〈イースト＝ウエスト・インターナショナル・ビジネス・コンサルティング〉という会社を経営していた。コンサルタントと自称していたものの、彼をスパイだと見抜いていた（少なくとも、そうかもしれないとは思っていた）鋭い隣人もいたし、ポルノ作家だと思っていた者もいた。

ＡＶＥＮＧＥＲは二〇〇一年にモスクワにおびき寄せられた。彼の妻がいうには、ＫＧＢの懇親会という名目だったようだ。アメリカを発《た》つ前、彼はマイク・ロックフォードともうひとりの局員とバージニア州で会った。ふたりの局員は、行かないほうがいいといった。ほんの一年前にハンセンがロシア側に流したファイルのひとつに、彼の情報も含まれていたのだ。「彼はおれたちの話を信じようとせず、帰国した」ロックフォードはいう。AVENGERはモスクワの空港に到着した直後に逮捕された。

「証拠は充分に揃っていた」モスクワのガゼータ紙はその後の二〇〇三年にひらかれたAVENGERの裁判の様子を報じている。「裁判官はこの国賊に検察側の求刑より二年長い刑期」、合計で一八年の懲役を言い渡した。AVENGERの消息が世界に伝わるのは、これが最後ではなかった。七年後の二〇一〇年、彼の実名が浮上し、ゲンナジー・ワシレンコと永遠にリンクされることになった。今後、ある男の暴露がAVENGERとゲンナジーふたりの命運を大きく左右する。それどころか、その暴露があったおかげで、思いがけずゲンナジーの命が助かるのだ。

アメリカがステパノフを得て、AVENGERを失ったあと、別の元KGB職員が自分の身――そして、自分が持っているファイル――をアメリカの情報機関に託した。米露双方の消息筋によると、その職員はアレクサンドル・ニコライエヴィッチ・ポテイエフというミンスク生まれの四九歳の男だった。KGBの出世階段を順調に上っていったポテイエフは、ロシアで新設されたSVRという対外情報庁に入ることになり、一九九〇年代はじめにニューヨークに配属された。ポテイエフはこのニューヨーク勤務中にCIAに徴募されたと考えられている。異動でヤセネヴォ・センターに戻ると、やがてSVRのS局の副局長に昇進した。S局はアメリカ合衆国内でのスパイ作戦を取り仕切る部所だ。プーチンと新興財閥《オリガルヒ》の支配下になり、全国的な経済状況の悪化を懸念するステパノフをはじめロシアのスパイたちと同様、センター勤務のポテイエフも独自のスパイ活動の記録をため込んでいた。

二〇〇一年、ポテイエフは、身分を偽ってアメリカで暮らしているロシア側スパイ一〇人の情報をアメリカ側に流し、二〇〇万〜五〇〇万ドルも稼いだとされる。そのうち、少なくともふたりは、その時点まで一六年も潜伏するという〝偉業〟を成し遂げていた。ターゲットとなる国の国民に溶け込むそうした秘密スパイは、ロシア諜報の業界用語では〝違法《イリーガル》〟として知られ、ソビエト／ロシアのトレードマークである。〝イリーガル〟と呼ばれるゆえんは、敵対国の情報機関同士で合意している規則を破り、ホスト国の外務省や内務省に登録されていないからである。イリーガル計画は一九一七年のロシア革命後にはじまった。当時、新生ソビエト連邦は他国に正式に承認されておらず、したがって外交官の身分は利用できなかった。何百人もの志願者をふるいにかけ、残った少数の志願者だけが同計画に受け入れられ、ニューヨーク・タイムズの言葉を借りれば、〝孤立と緊張の日々に備えた厳しい訓練と心理的スクリーニング〟を受ける。ソビエト共産党書記長レオニード・ブレジネフは、弱点も欠点もない、もっともストイック、勇敢かつ強靭な者だけを計画に参加させた。二〇一五年、一九七〇年代に同計画を率いていたワージム・アレクセエヴィッチ・キルピチェンコ中将は、諜報史記録保管所に対して、イリーガルたちが受ける重圧を紹介している。「一夜だけ、あるいは公演期間中だけ他人になりすますことと、かつて生きていた人物、あるいは特別に〝つくりあげられた〟人物になりきり、母語ではない言葉で考え、夢を見て、本物の自分を考えないようにすることとはまったくちがう。そうであるから、よくこんな冗談をいう。作戦という舞台にあがるイリーガルには、人々を演じるアーチストという称号が与えられてしかるべきだとね」ロシアの立てた計画では、イリーガルは互いに会うことも許されず、活動を開始するのは、戦時中か戦前の重大局面において外交関係が断たれ、〝合法《リーガル》〟のロシア・レジデントで外交官として活動していたスパイたちが帰国を余儀なくされたときのみだった。そんな万一のとき、イリーガルは、通常はレジデントのスパイが管理する現地連絡員の調教にあたる。平時には冬眠を続け、とりわけ資産《アセット》の徴募や、真の身元が割れるかもしれないほかのスパイ活動は控えるように厳命されている。危機が発生しなければ、イリーガルは任務を負うことなく生涯を終えることもある。*30

二〇〇一年、こうしたイリーガルが目立った活動を開始した徴候はなく、アメリカ当局はロシア側の情報源と諜報技術を特定できるかもしれないと（精巧な電子機器を使ってスパイ間とスパイ・モスクワ間で通信を行う方法を突き止めることなど）、彼らを監視することにした。

元ＫＧＢ職員たちが、〝主敵〟とあちこちでカネを稼いでいるなか、モスクワでは、サーシャ・ゾモフの腸が煮えくり返っていた。そして、もうひとりの裏切り者を追い詰めなければならなかった。そいつの首根っこをつかまえたとき――〝なら〟ではない――には、きっと見せしめにしてやると思った。

二〇〇一年、ハイジャックされた二機の民間機がニューヨークの双子の摩天楼に激突したとき、すべてが一変した。意外でもないが、ジャックの〈HTG〉のようなセキュリティー会社では、同時多発テロのあと電話がいつまでも鳴り止《や》まなくなった。同じころ、ハリー・ゴセットは、海外でも列車に対する多数のテロがあったと語っている。その結果、〈HTG〉はテロリストがターゲットとする輸送機関の下見をする手法を学ぶ、一週間単位の訓練を請け負うようになった。訓練はニューヨークからロサンゼルスまでの〈アムトラック〉の大半の大きな駅で行われた。

ジャックの娘ミシェルは、父親やゴセットのようなほかの〈HTG〉監督官と一緒にニューヨークへ行き、先述の訓練を見たあと、ハドソン・ストリート一一〇のペントハウスで、家主のデ・ニーロや下階の住人でもあり、よくデ・ニーロと共演するハーヴェイ・カイテルとひとときを過ごした。デ・ニーロは、ベアデンや銃士たちに手伝ってもらいながら、まだ『グッド・シェパード』のリサーチをしていたこともあり、テロリスト役を演じるエージェントの疑似尋問を見学したりした。また、ハヴ・〝奇術師《イリュージョニスト》〟・スミスの一流のスパイ・マジックもいくつか習得した。

「ある日、訓練のセットでボブに蛇腹《じゃばら》折りをやってみせた」ミルト・ベアデンはいう。「一枚の紙を蛇腹に折ってまっすぐ立たせ、折り目に火をつけるときれいに消えてなくなる。煙も出ない。灰がふわふわと天井に飛んでいくさまが、『シェパード』の脚本家［エリック・］ロスの代表作

『フォレスト・ガンプ／一期一会』で羽の舞う冒頭シーンにたまたま似ていたので、ネタとして取っておくことになった」

ジャックは、進行中のデ・ニーロへのコンサルティング業務中に起きた笑える出来事をひとつ紹介してくれた。デ・ニーロが、ハヴィランド・スミスの〝すれちがいざまの受け渡し〟技術を人ごみの中でできるようになりたいといってきた。ジャックはアムトラックの許可を取ったうえで、訓練のために、眼鏡と帽子で顔をあらかた隠したデ・ニーロをペンシルヴェニア駅に連れていった。それでも、ポークパイ・ハットを眉まで下げていても、デ・ニーロはちょくちょく気づかれた。作戦のただ中にサインをねだられるスパイがどこにいる？　ジャックは笑い、デ・ニーロもそれまで聞いたことがないせりふで作戦を中止した。

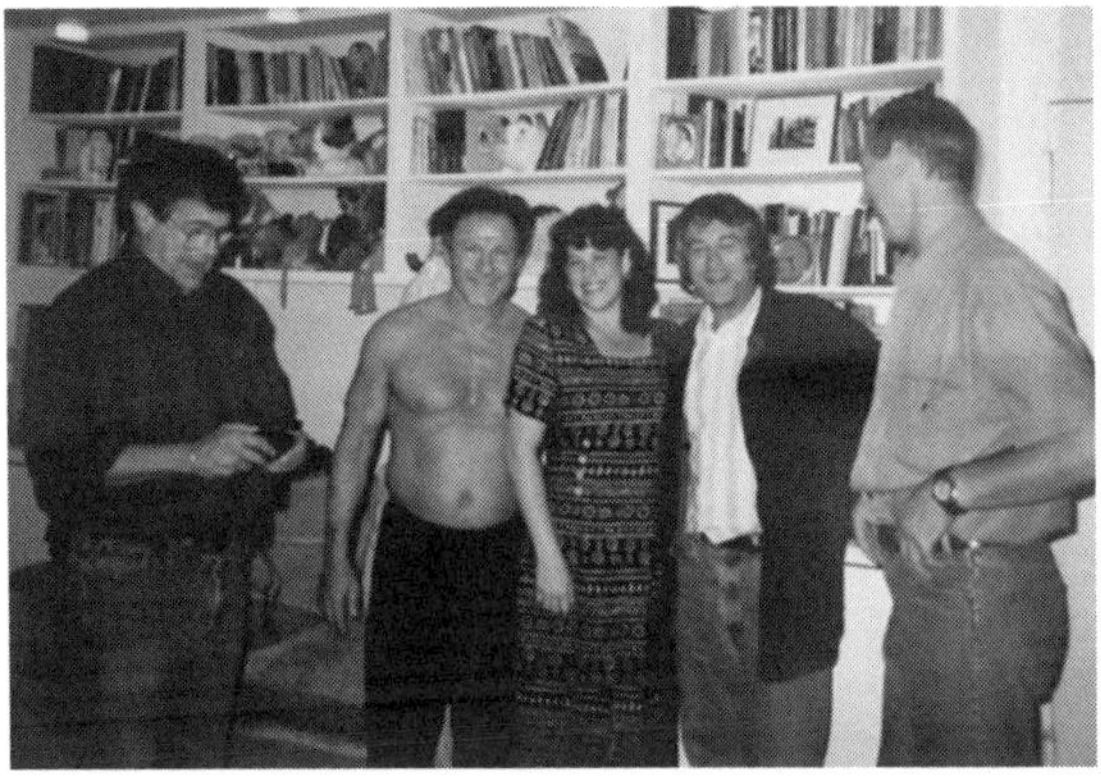

ジャック、ハーヴェイ・カイテル、ミシェル・プラット、ロバート・デ・ニーロ、ゲンナジー（左から右）

「おまえは馘《ユア・ファイヤード》だ！」

「まじめな話をすれば」ゴセットはいう。「うちで訓練を受けた者たちは、やがて駅の下見に来ていたテロリストを大勢とらえた」

一方、ロシアでは、ビジネス界は――そして生活全般も――アメリカとはちがった混乱に陥っていた。元KGB大佐ウラジーミル・プーチンが独裁的な大統領制を敷きはじめたことからもわかるとおり、むかしながらの強硬派が、アメリカの悪徳資本家のロシア版ともいえる新興財閥《オリガルヒ》と手を組んでいた。ロシア版のヴァンダービルト、ロックフェラー、モルガンは、アブラモヴィッチ、ベレゾフスキー、プロホロフという名前だった。新興財閥《オリガルヒ》は前大統領ボリス・エリツィン政権下で台頭したが、次のプーチン大統領は自身の新体制に忠誠を誓わなかった者たちをパージしはじめた。残った新興財閥《オリガルヒ》は、ロシアでもっとも貴重な資産や天然資源の多くをこっそり――ものすごい安値で――買いたたく権利と引き替えに、プーチン支持を表明した裕福な実業家だった。[*31]作家でロシア事情に詳しいグレゴリー・ファイファーはこう説明する。「プーチンと新興財閥《オリガルヒ》は競争の範囲を狭め、法執行期間の権限を強化し、疑いと恐怖という手法を導入した。その結果、かつての情報機関職員の中には、クレムリンと、いたるところに強力なコネを持つ実業界が、ほかの国民を搾取する様子を、ただ傍観するしかないと考える者もたしかにいた」小口の業務についても、ジョイント・ベンチャーの蜜月期は、波が引くように終わった。[*32]

〈HTG〉のCEOベン・ウィッカムは近年になって蜜月後における同社の帳簿を読み返した。「ゲンナジーなどロシア側の社員を通しての問い合わせ件数は、この時期に大幅に減った」ウィッカムはいう。「ある大手クライアントは、相当な注意が必要となったためにロシア関係の利益が減っていた。具体的な要因はいくつかあった。(a)一九九八年、ロシアの取引銀行が倒産し、(b)プーチンの権力増大により、アメリカの銀行や投資会社が、とりわけ石油・ガス部門におけるロシア企業の国有化を恐れた」

ゲンナジーにしてみれば、この逆行のためにビジネス・キャリアの優先順位を見直さなければならなくなった。渡米して急いで合弁企業を立ち上げようと、二〇〇二年にパスポートを申請した際に撥《は》ねられてからはなおさらだった。ロシアにはあまり残っていない実入りのいいフルタイムの仕事を、どうにかしてひとつ確保しなければならなかった。二〇〇三年、いかにもゲンナジーらしいが、続々と設立されていた企業のひとつ、〈NTVプラス〉[*33]に運よく収まり、同社のセキュリティー副部長となった。またも〝同窓〟の元KGBのつてが力になった。今回のつては新しいボス、元KGBのイゴール・フィリンだった。一九七〇年代の同僚で——DCレジデンチュラのバレーボール・チームメイトでもあった。この新しい高報酬の仕事は、ワシレンコの拡大家族を財政面で力強く後押しした。巨大企業〈NTVプラス〉は、全ロシア国民の七〇パーセントが視聴するアナログのNTVチャンネルの一部門で、ロシア初のデジタル衛星チャンネルだった。当時、NTVはロシア全国をカバーする唯一の民間テレビ・チャンネルだった（今日のNTVプラスは二四〇チャンネルで放送を提供している）。

二〇〇四年後半、ミルト・ベアデンはデ・ニーロに代わって〈NTV〉のゲンナジーに手紙を書き、『グッド・シェパード』が構想からほぼ一〇年の時を経て、ついに二〇〇五年八月に撮影開始の運びとなったから、ゲンナジーにもじきに配役《キャスティング》エージェントと面接して、『グッド・シェパード』の台本を読んでもらうことになると知らせた。「ほかの俳優たちとオーディションを受けたが、やたら緊張していた」ゲンナジーは回想する。「それで、オーディションの前に酒を飲んだんだが、英語を読むのは楽じゃないから、たぶんあまりうまくやれなかった――酔っていたからなおのこと」同年夏が終わるまでには合否が決まるので、スタジオから連絡があるとのことだった。

二〇〇五年三月二八日、ようやくパスポートとビザを確保すると、ゲンナジーはタイム・ワーナーとHBOの担当者と会うため、イゴール・フィリンとニューヨークに到着した。二〇〇一年の同時多発テロを受けて、大企業はセキュリティー戦略を共有するようになっていた。ゲンナジーは空き時間にロバート・デ・ニーロに会い、演じることになるかもしれない〝ユリシーズ〟役について話を重ねた。その後、ワシントンに移動して、仲間の銃士たちにも会った。

このころになると、このスパイ仲間は自分たちの人生劇場がすべて終わったと認識していた。ゲンナジーは収監されたが釈放され、ジャックともども成功したビジネスマンになり、家族ぐるみで行き来している。新興財閥《オリガルヒ》の横暴はあっても、ゲンナジーの暮らし向きはよかった。世界中にすばらしい友人がいて、出張もできて（ロシア人にとっては贅沢《ぜいたく》だった）カネになる仕事もあり、郊外のダーチャもあり、愛する家族が複数あり――しかも映画スターにまでなろうとしている。アメリカのスパイ仲間、銃士たちもいまでは非常勤となり、ようやく家族との大切な時間を過ごせるようになった。ダイオン・ランキンはジョージア州メイコンで満ち足りた暮らしを送り、たまにFBIの仕事を請け負っている。カウボーイ・ジャックはというと、日中はグレート・フォールズで〈HTG〉の訓練を監督し、夜にはお気に入りの映画『ホップスコッチ　或《あ》るエリート・スパイの反乱』と『007　死ぬのは奴らだ』を見て、不眠症になりかけている。ウォルター・マッソーの『ホップスコッチ』は、プラット家にとって特に身につまされる映画だった。権威を毛嫌いし、窓際に追いやられるCIA局員が主人公だからだ。

ジャックはひとり孫息子と過ごす時間もやっと増えた。ダイアナの息子コーディーとの時間だ。何年もあとになって、コーディーはジャックを小学校の〝お仕事の日〟に連れていったときのことを教えてくれた。授業の前、児童たちは大きくなったら就きたい仕事を書かされた。「くたびれたカウボーイのいでたちでジャックが入ってきたとき、みんなぼくがホームレスを連れてきたと思ったんだ」コーディーはいう。「そしたら、ジャックがおれはスパイ・ハンターだといった。クラスメイトたちはさっき書いた就きたい仕事を慌てて消してた。気まずかったな――弁護士とか、消防士とか、そんな人たちの話が聞けると思っていたところへ、ぼくはとんでもないジェームズ・ボンドを連れてきてしまったんだから」

ゲンナジーのほうでも、狩りと釣りに明け暮れた二〇〇五年の楽しい夏は、娘ユリアの三九歳の誕生日である八月二五日に最高潮に達した。その日はモスクワの日でもあり、ゲンナジー、マーシャ、そしてゲンナジーのもうひとつの家族がそのお祭りをダーチャで見物することになっていた。

　一方ヤセネヴォでは、サーシャ・ゾモフがゲンナジー・ワシレンコに十字線をぴったり合わせていた。

15 あんたはおれを知らない

みんな折れる——程度はそれぞれだが。

——ゲンナジー・ワシレンコの刑務所日記より

二〇〇五年八月二五日

刑務所の床に転がり、途切れがちな意識で朦朧《もうろう》と、家族の前でスペツナズに取り押さえられた場面を思い出しながら、ゲンナジーはFSBがなぜハンセンを売り渡したと告白しろと迫っているのか理解できずにいた。サーシャ・ゾモフはスケープゴートを探しているだけなのか？　一九八八年にゲンナジーの有罪を証明し切れなかったことをまだ根に持っているのか？　ハンセンのファイルを売った〝スネーク〟・ステパノフのパスポート申請を許可したからか？　一九八八年にカウボーイが書いて、ハンセンがKGBに流したときのように、また電信内容を誤解したのか？

何年も経ってから、ゲンナジーはふと、まさか本を誤読したのではないかと思い当たることになる。その誤読説が正しいかどうかは確かめる術もないが、ありうるのはたしかだ。二〇〇二年、各種受賞歴のある作家デイヴィッド・ワイズが、ハンセンの武勇伝を綴った本、*Spy: The Inside Story of How the FBI's Robert Hanssen Betrayed America*（『スパイ：ＦＢＩのロバート・ハンセンがアメリカを裏切った内情』の意）を出版した。同書がついにヤセネヴォの北米部に持ち込まれ、翻訳者がペーパーバック版二二〇ページの残念な言い回しの文章三つを読んだとき、その目がきらりと輝いた。ＦＢＩがふたり目の裏切り者（ハンセン）に関するＫＧＢのファイルを売ってくれる者を探していたというくだりで、ワイズはこう書いていた。

> ＦＢＩの防諜担当はしだいにある元ＫＧＢ職員に目を向けるようになった。彼がＦＢＩの目に留まったのは、ワシントンに駐在していたときだ。そのロシア人は情報機関を引退後、民間ビジネスに参入し、モスクワに住んでいた。

もちろん、その記述は本物の裏切り者であるアナトリー・ステパノフにぴたりと当てはまるが、偶然にもゲンナジー・ワシレンコにはさらに当てはまる。ワシントン駐在歴のある元ＫＧＢ職員で、裏切り者のモトリンとも親しかった。モスクワに住み、ジャック・プラットのビジネス・パートナー。ＦＢＩのダイオン・ランキンがこれほど長いあいだ興味を示していたラインＫＲ職員。

そして、この第三の銃士は監房のコンクリートの床でもだえているのだった。*34

年金を剝奪されたこののけ者が、国を売らずにふたつの家族、少なくとも半ダースの子供たち、アメリカの事務所、郊外のダーチャを持てるというのか？　ゲンナジーを苦しめていた者たちはそう思っていたにちがいない。CIAかFBIから、ほかにどんな贈り物をもらった？　彼らの中心にいるのは、FSBの偏執的なスパイ・ハンターであるサーシャ・ゾモフだが、モスクワではサーシャの手先が、ゲンナジーのダーチャと同じようにワシレンコ家のアパートメントを破壊していた。彼らは裏切りの証拠をせっせと探し――仕込んでいるのだ。

ゲンナジーは苦しみの中で監房の床に横たわっていた――逮捕時に着ていた服が血だらけになったとの連絡を受けて、イリヤが持ってきたFBIのロゴが入ったスウェットシャツを着ていた。また痛めつけられるだろうとは思っていたが、文明化したはずの刑務所のあるエリアで新手の拷問がはじまっていた。マーシャが待合室の粗末な椅子に座り、幼いふたりの息子、イワン一〇歳とアレックス七歳をなだめようと必死だった。息子たちはマーシャにしがみつき、互いにしがみつき、泣いていた。横になれるカウチも、テレビも、雑誌も、子供たちにお絵描きをさせる鉛筆と紙さえない。ここにいる警察の人たちには、子供がいないの？　ちょっとしたおもちゃのたぐいがあったとしても、幼い子供の気を紛らすのがどれほどたいへんか、この人たちは知らないの？　ワシレンコ家のダーチャに荒々しく踏み込んできたスペツナズにもおびえていたが、これからどうなるのかさえまるでわからなかった。それに、おなかも空《す》いていた。飲み食いは禁止だときっぱりいわれていた。当局は待ての一点張りだ。でも、何も待てばいいの？　時間が過ぎていくにつれ、三人は惨めな気持ちになっていった。マーシャは問い合わせたが、待てといわれた。待て。待て。特別なことを用意しているみたいに。

たしかに用意していた。

数時間後、警官に付き添われて、別の家族が待合室に入ってきた。ゲンナジーの妻、イリーナだった。イリヤも一緒だった。彼らはすぐに互いに気づいた。なにしろ、マーシャはゲンナジーとイリーナのふたりの子供、ユリアとイリヤの親友なのだから。それで、マーシャはふたりの幼い男の子を抱えて、刑務所の待合室で何をしているの？　イリーナは思った。しかも、男の子たちは空似では済まされないくらいゲンナジーに似ている。イリヤはいつの間にか、自分の若いころにそっくりな男の子たちの目を見つめていた。この子たちは、そう簡単には許せない裏切りの生きた証《あかし》だ。そんな父親が味わっている苦しみは、今後何年ものあいだイリヤの怒りの原因になる。

モスクワ大学の遺伝学や心理学の学位などなくても、この状況を見れば、どんなことになっているのか――長いあいだどんなことになっていたのか――イリーナにはわかった。マーシャの表情は老練なスパイのそれとはだいぶちがう。妻にとって夫が女たらしだとわかればたしかにつらいが、イリーナは何年も前に折り合いをつけていた。しかし、夫が別の家族を囲っていたとなれば、どんな妻もそう簡単に受け入れられない。

看守が声を殺して笑いながら待合室のドアを閉め、他者の入室を禁じて、渦巻く人間模様を和らげる者が入れないようにした。

サーシャ・ゾモフとFSBにしか企画できない〝懇親会〟でどんな言葉が交わされたのか、ゲンナジーには決してわからないが、その場にいた者たちはあまりにやり切れなかったのか、何年もの月日が経ってもほとんど話そうとしなかった。ゲンナジーがコンクリートの床でもだえているとき、FSBの者がやってきて、そのすばらしい知らせを伝えた。ほんの数メートル先で家族の懇親会があった、と。ゲンナジーはどうなったのかと、ひとりきりで想像するしかなかった。

ゲンナジーの心は三つの問題のあいだでピンボールのように跳ねていた。むき出しの傷のずきずきする痛み。ゲンナジーがハンセンを売り渡した（テロリズムの罪に問われていることはいうまでもなく）とFSBが信じて疑わない状況で、この先に何が待ち受けているのかという恐怖。そして、彼のふたつの家族がどうなるのかという不安。この先どうやってイリーナを支えればいい？　まして、どうやってその目を見ればいい？　どうやって大きいほうの子供たちと向き合えばいい？　あの子たちの幼なじみがおれの子をふたり生んでいるというのに。そのマーシャと息子たちの面倒をどうやって見たらいい？

想像を絶する逆境の苦しみにあっても、ゲンナジーは子供のような空想と希望を宿す余裕は持ち続けた。収監される前も、この二家族の板挟みは切り抜けられる、と彼は信じて疑わなかった。そんなにむずかしいことか？　イリーナとは何年も接点がない。子供たちは愛しているが、子供たちも、知らなければ傷つくこともない。ゲンナジーは享楽のにおいを嗅ぎつけたら、必ず味わってきた。ここまでいろいろ苦労してきたのだから、それくらいして何が悪い？　それに、おれはスパイだ。スパイには秘密と策略がつきものだ。超大国のために暗闇で音も立てず動けるスーパー・スパイなら、もうひとつ家族をこっそり囲うぐらいわけないじゃないか？「悪いこと《シット》は起こるものさ」浮かんでくる疑問に、ゲンナジーはまったく悪びれることもなく、いまでもそう答える。だが、監房の床に横たわっていたときには、この先どうなるのかまったくわからないが、イリーナとの結婚が終わったことだけはわかった。

ゲンナジーがモスクワやその周辺の刑務所に収監されてまもないころ、サーシャ・ゾモフはじかにゲンナジーを尋問していた。「[真犯人が]見つかるまで、おまえを守るために収監し続けてやるよ」サーシャはそう誓った。強硬な態度を取り、ゲンナジーと鼻を突き合わせてまくし立てたが、暴力で痛めつける仕事はほかの連中に任せた。FSBの食物連鎖の下層にいる連中が、サーシャがその場を去ったあとでゲンナジーを痛めつけた。もちろん、ゲンナジーはサーシャをあおるチャンスは必ずものにした。たとえば、サーシャとの尋問には、ダイオン・ランキンにもらったFBIのスウェットシャツか〝あんたはおれを知らない／証人保護〟のロゴつきTシャツを、天気に合わせて着ていた。扇動的な服装についてサーシャにねちねちと突かれたが、ゲンナジーはまじめにこう答えた。「気持ちよくて暖かいからな。着心地のいいFSBのシャツを持ってきてくれたらいい。お望みなら着てやろう」〝本当にロシアを裏切ったのであれば、FBIのシャツを着るような鉄面皮ぶりを見せたりするか？〟サーシャはそう自問していたにちがいない。〝それとも、こいつはそんなことは気にもしないのか？〟

ゲンナジーが警察の留置場に入れられてから五日後、FSBはひどい刑務所から別のひどい刑務所にゲンナジーを移して、屈辱を与えた——まずソーンツェヴォの警察の留置場に一週間、次に〝グラーグの十字路〟と呼ばれる悪名高いクラスナヤ・プレスニャ拘置所に二カ月。それから五年のあいだに、一〇カ所以上の刑務所や拘禁施設に入れられた記憶がゲンナジーにはおぼろげに残っている——同じ地獄に何度か入れられたりもした。ゲンナジーが拷問を受け、ときには独房監禁されることもあって、心も体も芳《かんば》しくないことが多かったのだから、どこで、いつ、どんなことが、どんな風に行われていたのかを正確に言い当てるのはむずかしい。それでも、本書の共著者は、ゲンナジーからの聞き取りと断片的な文書記録、二〇〇五年から二〇一〇年の投獄期間のハイライトとローライトを時間軸にしたがってつなぎ合わせようと試みた。

刑務所から刑務所への急な移動は、先住の罪人たちに新入りの最悪の裏切り者を拷問させて、まいらせるためだった。しかし、ゲンナジーにはエリート・アスリートの極上の肉体がある。彼は自分の肉体が生存に役立つことを願った。自分のスポーツの才能のおかげで三〇年前にカウボーイ・ジャックの目に留まり、反面、あの男との友情のおかげで、またこんなところにたたき込まれたという皮肉も忘れていなかった。

二〇〇五年のニューヨークでは、ゲンナジーがとらえられていることも知らず、ロバート・デ・ニーロがカリスマ性のあるそのロシア人を映画スターに仕立て上げようとしていた。ゲンナジーが収監されたまさにその月、何年も遅れて、デ・ニーロの『グッド・シェパード』の主撮影がはじまった。どうやらゲンナジーはオーディションに合格していたらしい。「ゲンナジーにユリシーズ役を演じてもらいたかった」デ・ニーロは最近明かした。「だが、見つけられなかった」（結局、その役はウクライナ人俳優オレグ・ステファンに与えられた）[*35]。

バージニア州では、ジャックも苦しんでいた。彼はすぐさまゲンナジー逮捕の記事をインターネットで見つけた。友だちを危険な目に遭わせて責任を感じていた。拷問部屋のようなロシアの刑務所で、サーシャがゲンナジーにどんな恐ろしいことをしているのかは想像がついた。

ジャック・ロッシのソ連強制収容所に関する著作の献本を、ジャックは一度ならず棚から手に取った。何十年も前にロッシに書くよう説得してできたその本が、ウォルター・マッソーのコメディー映画『ホップスコッチ』に代わって、夜の供になっていた。ジャックは友だちのゲンナジーを思いながら、罪人であふれ、不衛生でぞっとする地下牢《ちかろう》――ロッシの言葉を借りれば〝くろぎの悪夢〟――についての本を読んだ。囚人が真っ赤に焼けた鉄板で生きたまま火炙《ひあぶ》りにされたとか、若い脱獄者が雪中で殺され、ツンドラを抜けて逃げようとした囚人の唯一の食糧になったといった逸話も、その悪夢に含まれていた。カリスマ性にあふれた楽天的な親友もそんな目に遭っているのかと思うと、いたたまれなくなった。

ネットワーク・テレビの追跡報道のプロデューサー団体のまとめ役、アイラ・シルヴァーマンはジャックの友人であり、ジャックのグレート・フォールズの贔屓の店、〈オールド・ブローグ・アイリッシュ・パブ〉でよく夜にジャックを慰めた——ジャックはストイックにニアビアやソフト・ドリンクしか口にしなかった——ことを覚えている。「ジャックは毎日そのことを話していた」シルヴァーマンはいう。「自分が許せなかったんだろう。どうにかしてゲーニャを助けようと、だれにでも助言を求めていた」ハリー・ゴセットもやはり、「ほかにゲーニャを助ける手だてはないか？」とジャックがだれかれかまわず訊き回っていたという。ゴセットによると、ジャックはイリヤと連絡を取り合い、イリヤから聞いたひどい状況を〈ブローグ〉に集まってくる連中に伝えていた。「たしかジャックは、ゲーニャが脚に血管の問題を抱えているといっていた」ゴセットはいう。「彼はこのままだとゲーニャが死ぬと思っていた」

ゲーニャが逮捕されてすぐ、カウボーイはイリヤを通じて支援のメッセージを送りはじめた。しかし、この収監されている友は返事をよこさなかった——おそらくは、よこせなかった。むなしさと怒りが募り、ジャックは聞いてくれる人には必ずこういうのだった。「ゲーニャの逮捕はダメージ・コントロールだ。ロシア側はハンセンの件でだれかをつかまえる必要があっただけだ」

二〇〇六年春になると不安は限界に達し、ジャックは動かないとどうにもならないと腹を決めた。七〇歳の引退したCIA局員なのだから、自分より若く、現役で活躍している助っ人《すけと》が必要なのはよくわかっていた。しかし、このころにはCIAにも、ゲンナジーの苦境に対するCIAの無策にも嫌気が差していたので、そっちのつては頼っても無駄だった。見たところ、必要とされる技量がもっとも集まっているのはショフラーのブランチ会のメンバーだろう。CIA局員、FBI局員、ワシントンDC警察、議会調査員、暴動に関する情報提供者、私立探偵などがいるのだから。この面々なら、もっとも繊細な作戦の取り組み方も知っているし、だれが適任かも知っている。

五六歳のルポルタージュ作家のダン・モルデアは、ショフラーのブランチ会の中心メンバーのひとりだった。オハイオ州アクロンの生まれで、ワシントン・インディペンデント・ライターズ協会の元会長でもあるモルデアは、アメリカで大きな力を持つ人々（マフィア、全米トラック運転手組合の腐敗した指導者、ロナルド・レーガン大統領）や組織（NFL、MCA、ニューヨーク・タイムズ）とも対決してきた名実相伴う人物である。驚異的といえる根気強い調査技術に加えて、人当たりがよくて実直な人柄もあり、首都ワシントンでもっとも広い人脈を持つ男だといわれていた。三〇年以上もDCオーサーズ・ディナーを調整してきた。一〇〇人を超えるアメリカの一流作家が年二回、ジョージタウンに集い、打ち解けた雰囲気で人脈を広げるパーティーだ。ジャックは一〇年以上前に、ショフラーのブランチ会の〝名づけ親〟であるカール・ショフラーその人によってモルデアに紹介されていたが、今回はモルデアにゲンナジーの苦境に関する助言を求めた。

「ゲンナジーがまた姿を消したあと、ジャックは私に電話をよこした」モルデアはいう。いつもの陽気な声がいつになく沈んでいるように聞こえたという。モルデアは一九九七年に二度、ショフラーのブランチ会でゲンナジーに会っていた。チエルカシンなどの元KGBの友だちを連れて、〈HTG〉の関係でジャックに会いに来ていたときだ。

「なるべく早く会ってくれ」ジャックはいった。翌日、ロズリンのマリオット・ホテルのレストランで、ジャックはモルデアに頼み込んだ。「ゲンナジーを助けてくれないか？」そして、ゲンナジーがこんなことになったのは、セキュリティー上の巨大な問題の解決のためにFBIに協力したからなのだともいった。「彼はそうとは知らずにFBIのハンセン逮捕に手を貸したのだ」ジャックは声を抑えていった。

「それまで、その問題でゲンナジーがどんな役割を果たしたのか、私はまったく知らなかった」モルデアはいう。「つまり、ゲンナジーの釈放に向けて働

REPLY: MOI BRAT!

AS YOU SEE, I GOT THE MESSAGE. VERY HAPPY TO HEAR FROM YOU.
UNDERSTAND THE HIGH DEGREE OF FRUSTRATION BECAUSE OF INJUSTICE.
ALL WHO KNOW YOU, YOUR CAREER, YOUR TEMPERAMENT. KNOW THAT THIS WAS A "TRAP" -- G A V N O...

FOR NOW, THE FOLLOWING FRIENDS HAVE DEMANDED THAT THE FIRST MESSAGE TO YOU MUST CONTAIN THEIR FOND GREETINGS TO YOU-- THAT YOU ARE N O T FORGOTTEN-- THAT SOME PEOPLE ARE TRYING THEIR BEST FOR AN EARLY RELEASE FROM THE PRESENT SMOLENSK LOCATION.

JACK AND PAIGE, FATHER-0F-2 AND JENNIFER, BEN AND JULIE, BOB &TONI, DEE AND CODY AND BOB AND MISH, THE GODFATHER AND TONY OF FBI FAME, MAD DOG AND MIKE THE COUNTERSPY,ALL THE GUYS FROM SHOFFLER BRUNCH (DANNY,PHIL, HARRY, JEFF, TOMMY THE COP, KARL THE COP,IRA AND HIS TV FRIENDS), VAL AND IRENE, KARL SEGER AND FAMILY, MANU FROM TEL AVIV, THE DESK GUYS AND STACEY AT THE VIRGINIA BEACH HOTEL, POLICE CAPT BILLY DEANES, PHIL PARKER, AND LANE'S WIFE MARY ELLEN, AISLING FROM "ROCCO'S".

FINALLY, ILYA KNOWS YOU GOT A CARD (CHRISTMAS) FROM DE NIRO. THE DATES ARE NOT FIXED YET BUT WHEN BOBBY D VISITS MOSCOW (TO MAKE THE MOVIE) HE WILL ASK TO VISIT YOU WHEREVER YOU ARE.

CHEERS.
SAD BUT SMILING MUSKETEER

きかけることが、愛国者としての務めだと思った」ほとんど即座に、モルデアは答えた。「どうにかできそうなやつを知っている」

モルデアが名をあげたのは、付き合いの長い友人で情報提供者でもあるロン・フィーノだった。フィーノはニューヨーク州バッファローの元争議屋で、ひそかにFBIとCIAのコンサルタントもしていて、多くの大物マフィアを刑務所に送り込む協力をしていた。やがてロシアでも仕事をするようになり、ウォッカをアメリカに輸入しているうちに、特にアメリカの情報機関や法執行機関のために、ロシア・マフィアの情報をたくわえていった。

翌日、モルデアはフィーノに話をもちかけた。「このときフィーノと顔を合わせて、ゲンナジーの事情について話した」モルデアはいう。「フィーノは、ゲンナジーを刑務所から出せるかもしれないロシア政府の役人を買収するカネを工面してはどうかといってきた」ジャックは何年も前、フィーノとふたりで伝説のCIA局員ディック・ストルツの武器密輸事件捜査を手伝ったことがあり、フィーノのことは覚えていたが、"GORKY"(ゴーリキー)というコード・ネーム以外の素性は知らなかった。何年も経ってからの再会を、ジャックはこう表現した。「モルデアがフィーノに紹介してくれた。彼の奥さんの家はベラルーシで食肉加工工場を営んでいて、力を貸してくれそうなロシア・マフィアにも連絡が取れるから」

ミシェル・プラットによると、ジャックはフィーノとある種の取り引きをしたという。ゲンナジーが獄中で殺されないでいるかぎり、フィーノの奥さんの一家が肉を半額で仕入れることができるという内容だった。（詳細を知る者はだれもいない。あるいは、知っていても語ろうとはしない）。フィーノのほうはジャックにロシア・ギャングの大物の名前を伝えた。それを受けて、ジャックはゲンナジーの息子イリヤにそれを教え、イリヤに連絡させた。

名前を知らされたマフィアのひとりは、〝スラーヴァ〟（ロシア語で「栄光」の意）という、モスクワのルベルツキー地区を拠点とする恐ろしい人物だった。スラーヴァは、一万ドルでゲンナジーを助けようとフィーノに返答していた。イリヤは表向きは家族の蓄えを切り崩したというそのお金を持って、スラーヴァの手下のもとへ行った。そのころ、ゲンナジーは監房で凍えていた。このころにつけた日記にはこう書いてあった。「寒房［原文ママ］にはまだ暖房が入らない。みんな凍えている」[*36]

最近のインタビューからすると、その後は次のように展開したと思われる。

イリヤはスラーヴァの手下のあとをつけて、寂《さび》れた店舗の裏手へ行った。恐怖と希望の入り混じった思いで店内に入った。恐怖を感じるのは、人殺したちと取り引きするからだ。希望を抱いているのは、その人殺したちが父を自由の身にできる、あるいは、少なくとも父を人として扱わせられる特異な立場にあるかもしれないからだ。〝ただいい人になりたくて大きなことを成し遂げるような連中だとはとても思えない〟とイリヤは思った。

そこの店舗は売り物など何も置いていないたぐいの店だった。こんな店のことは聞いたことがあるし、マフィア映画でも見たことがある。表によくわからない看板を掲げて、店内で行われていることを隠しているのだ。このいかにもありがちな〝セット〟はアメリカの映画製作会社から借りてきたものじゃないのか、それとも、物事はこういうところで進められるという了解が、世界中の犯罪者集団に蔓延《まんえん》しているのか？

刺青を彫った若いちんぴらが戸口の壁に寄りかかって立っていて、イリヤをじろじろと見て、たいしたことねえなとでもいうかのように鼻であしらった。無理もない。イリヤには——痩せていて、童顔だし、大学生でもとおりそうだ——どう見ても歯が立たない。このちんぴらはひとこともいわずにそれをイリヤに伝えた。黙って腕を組み、にやついた顔をイリヤに向けた。裏社会では、言葉を使わないで人を侮辱することがおもしろいと見なされているのだろう、とイリヤは思った。

イリヤはスラーヴァにいわれて来たと伝えた。刺青の男はやはりたいした反応を見せなかった。ただ、こういうかのような顔をした。〝スラーヴァを知ってるのか、大物さんだな。おれをいじめないでくれよ、大物さんよ〟

イリヤはごくりと唾を呑み込むと、父親を助けるために来たのだとさらに力説した。〝このちんぴらは、危うい父親を助けようとしている息子が大嫌いなのか〟

刺青の男がくるりと背を向け、奥の部屋に入っていった。数分後に出てくると、手振りでイリヤに来いと伝えた。イリヤは暗いコンクリート床の部屋にそっと歩を進めた。そこには、ずんぐりしたひげ面の男がふたり、安っぽいテーブルの二角の椅子に座っていた。まるでゲームでもしていたか、カネを数えていたかのようだったが、テーブルの上には何もなかった。

年かさの男が口をひらいた。「おまえがイリヤか？」

「はい」

「イリヤ・ワシレンコか？」

「はい」

マフィアはにやりとして、イリヤが有名なスーパー・スパイの息子だというようなことをいった。

イリヤは何もいわなかった。リーダーのマフィア——ドクター・ノオと呼ぶことにしよう——はイリヤに座れとはいわず、イリヤも座っていいですかと訊く気にはなれなかった。ここから逃げ出したい一心だった。すぐに。しかし、いまは逃げられない。前のテーブルについているこのふたりのマフィアとうしろの戸口にいる刺青の男に挟まれ、現実的な逃げ道はなさそうだ。この部屋から逃げ出せたとしても、マフィアたちはこっちが何者なのか、父親がだれなのかもわかっているし、まちがいなく突き止められる。ほかに手だてもないのだから、この場にとどまり、この顔合わせからの生還を試みるしかない。

受け身でいてもどうしようもないから、イリヤはいうべきことをいおうと腹を決めた。せめて少しだけでも。何といっても、こっちだっておもしろい人物と知り合いでなければ、独自の能力を持った男たちと知り合いでなければ、こんなところに来たりはしない。

「スラーヴァなら私の父を助けることができるから、ここに来るようにいわれました」

「スラーヴァはどうやって助けるといった？」ドクター・ノオが訊いた。

「父は刑務所にいます。容疑はテロリズムですが、父はやっていません――」

「反逆罪だと訊いたが」ドクター・ノオがいった。

イリヤはゲンナジーが国を裏切っていないし、罠にはめられたのだといった。ドクター・ノオは事態をちがった角度から考えていて、ゲンナジーがはめられたのだとすれば、それは偉い人がそう望んだからかもしれないといった。そういった連中の思惑などわからないし、彼らの計画に巻き込まれるのはごめんだといった。

ドクター・ノオは、スラーヴァはどうやって助けるといったのかともう一度訊いた。イリヤは最終目標はとても単純だと伝えた。父は誤って収監されているのだから、イリヤの家族の望みは裁判所にゲンナジーの無実を理解してもらい、釈放してもらうことだ。

ドクター・ノオはそれは弁護士の仕事だと説いた。

ふたりのマフィアが落ち着いて座っている前で、イリヤはもじもじしはじめた。そして、裁判官は聞き入れてくれないだろうといった。スラーヴァなら父が騙されたことを理解してくれる権力者を知っていると思っていた、と。

マフィアはショックを受けたふりをした。私に公務員を買収しろというのか？　そんな、いけないことだぞ！　我が国ロシアでは、そんなことは絶対にやらない！　なにしろ、賄賂は違法行為だ。我々をだれだと思っているんだ？

イリヤはじっと耐え、交渉を続けた。スラーヴァなら適切な当局者に父を釈放してもらえるよう、あるいは釈放は無理でもいまよりましな扱いを受けるよう口添えすることができる——あるいは、だれかに口添えさせることができるといわれてきました。

ドクター・ノオはカネは持っているのかとイリヤに訊いた。イリヤは持っているといい、上着のポケットから一万ドルの札束が入った封筒を取り出し、テーブルに置いた。若いほうのギャングが封筒を手に取り、中を見た。中身に満足したかのように、こくりとうなずいた。

「助けていただけますか？」イリヤは訊いた。

「ああ、もちろんだ」ドクター・ノオが答えた。

「何をしていただけるのですか？」

「そうだな、何をしようか……？」ドクター・ノオはその後、恐るべき提案のあらましをいった。おまえは生かしておいてやる、以上。ゲンナジーについては何もしない。何もな。もし、実際に、FSBがおまえの父親を朽ちさせたいのであれば、私が彼らの意向にしたがわない理由はない。なぜ私がFSBともめごとを起こさなければならない？　スラーヴァの名前を出せといったまぬけに、どんな手を使っても——たとえ私は何もしないとしても——売国奴の父親を必ず助けるすばらしい紳士に会ったと伝えろ、とイリヤはいわれた。イリヤはそれ以上何もいわなかった。何かいえば、ドクター・ノオがイリヤを捜し出し、殺し、切り刻んだ断片を郵便で父親に届けるだろうから。そのあとでゲンナジーも殺すだろう。

「わかったか？」ドクター・ノオが訊いた。答えなど知りたそうではなかった。

イリヤは体の感覚が消えていき、汗が噴き出すのがわかった。耳がおかしくなったのだろうか？　この獣どもはカネだけ取って、父を助けるつもりなど毛ほどもないのか。イリヤはじっと座っているふたりの男を見た。笑み、あるいはロシア人らしい大笑いのあと、大声でこういってくれないかと待った。「冗談だ！　もちろん手を貸してやるよ、若いの！」

しかし、励ましの言葉はなく、弱肉強食の世界で残酷な獲物をむさぼるサメの黒い目があるだけだった。映画業界の連中はよくもこんな獣どもを、複雑な感情とオペラ的な野望に満ちたシェイクスピア作品の王に仕立て上げようなどと思い立ったものだ。実のところはゴキブリと大差ないというのに。

イリヤはここまで来たら何をいっても無駄だと思った。この件は決まったのだ。彼は奥の部屋から出た。ほんの数歩の距離だというのに、エベレストの頂上までの長い登りのように感じられた。店舗に出たとき、さっきの刺青のちんぴらが飛び出てきて刺されるのではないかと思った。だが、ナイフこそ持っていなかったが、刺青の男のからかいの言葉が深く突き刺さった。イリヤはナイフが刺さったまま、表のドアをあけて外に出た。

暗がりからからかう声が聞こえた。「スラーヴァによろしくな」

イリヤは暗いモスクワの通りを歩き続けた。裏切りと絶望で頭の中が燃えていた。カウボーイとカウボーイの伝説的ともいえるコネクションをもってしても、どうしようもなかった。あれほどの謎めいた仲間がいるカウボーイでさえ、新生ロシアではいいカモにされるのか。これからどうしたらいい？　世界がこんな獣だらけなら、父はどうなってしまうのか？　父は諜報界で何かをして当然の報いを受けているのか？　それとも、家族にこんな仕打ちをしたカルマが巡ってきたのか？　イリヤはこれからどこへ行けばいいのかさえわからなかった。たったいま起きたことを、どう家族に伝えればいいのかわからないが、何かは伝えないといけない。これ以上ひどいことにはなりようがないんじゃないか？　いや、ありえる、と思った。父が殺されるかもしれない。家族が殺されるかもしれない。それでも、イリヤは怒りでいっぱいだったので、家族にも、カウボーイにも、カウボーイの友人たちにも、事実をそのまま伝えようと腹を括った。

彼の中では生死をわかつと思われた決断を下したとき、イリヤは恐るべき可能性に圧倒された。ここまで骨を折ったのに、父の釈放とはまったく関係がなかったとしたら？　マフィアがカモに襲いかかり、傷ついた家族を脅してカネをむしり取ろうとしただけだったら？　父の謎多き友人たちにも、腐りかけの食料の袋を持ち、バブーシュカをかぶって街角に立っている老女ほどの人脈しかないとしたら？　〝くそ喰らえ〟イリヤは思った。〝たぶんスラーヴァなどはじめからいなかったのさ〟

バージニアでは、イリヤがモスクワでスラーヴァの名前を出して交渉したいきさつをカウボーイから聞いて、ロン・フィーノも呆気《あっけ》にとられていた。大物プレイヤーに連絡を取って、どういうことなのかはっきりさせることを約束した。ただ、なぜＣＩＡがこういうことをしないのかといぶかり、フィーノはこう訊いた。「どうして自分たちでやらないんだ？」

「それは」カウボーイは答えた。「こっちのＣＩＡ《カンパニー》は憶病者だからだ」

こうして、カウボーイ、フィーノ、そしてショフラーのブランチ会の面々は辛抱して待つことになった。だが、ロン・フィーノはイリヤの件を我がことのように考え、カネの一部を自分の蓄えからイリヤに払い戻した。

16 甦ったグラーグ

〝頼む、ジャック。おれを忘れるな。おれはあんたの命を救った。今度はあんたがおれの命を救う番だ〟

ゲンナジーの最初の裁判は二〇〇六年の五月と六月にようやく、モスクワのコロヴィンスキー地区裁判所ではじまった。当初の容疑は、ゲンナジーのダーチャで爆薬や火器が〝発見〟されたことから、テロリズム罪だった。テロリズム容疑はおそらく心理戦で、実際に公開法廷でそんな罪状を持ち出したりはしないだろう、とゲンナジーは思っていた――だが、出してきた。しかも、検察は一九年を求刑してきた。ちょっとした拷問も加わるから、実質的には死刑だ。ゲンナジーは証拠を提示されたとき、目と耳を疑ったし、おそらく陪審もそうだろうと思った。弁護士は陪審裁判を要求したが、裁判官はその申し立てを却下した。却下だ。裁判官が――ひとりの裁判官が――判定を下すことになった。ゲンナジーはそれが何を意味するのかわかっていた。ＦＳＢのポケット・マネーで動く工作員が判決文を書くのだ。

ゲンナジーは逮捕時の怪我の治療をしたとき以外に、裁判がはじまる前に少なくとも一度入院したが、その際、イリヤはゲンナジーの友人を介して、拘置所から一時的に出られるように治療許可を取ってもらった。もちろん、ＦＳＢは悪名高き水兵の沈黙《マトロスカヤ・チシナ》の壁に囲まれた病院にゲンナジーを入院させた。一九九一年のクーデターに加担した者たちのうち数人が収容されていた拘置所だ。この処置に込められたメッセージはあきらかだ。ここは売国奴が入るところだ。「おれは二週間も犬のようにベッドに鎖でつながれていた」ゲンナジーはいう。

裁判が進むにつれて、ゲンナジーの日記には惨めな絶望の色が強くにじんでいった。「あの罪状！　信じられない！！！　嘘つきども！！！［原文ママ］何でもありか！」検察側の証人はまるでカフカの小説から出てきたような連中だった。同房者も何人かいた。同じつなぎを着せられて、刑期を短くしてもらう代わりに、ゲンナジーに不利な証言をした。ゲンナジーは同じ拘置所にいるときからその連中には気づいていた。こんなのが向こうの証人なのか？　はい、ゲンナジーはテロをもくろんでいたと打ち明けました、と連中はいった。クレムリンを爆破したい。レーニンの墓も、と。黒海も爆破したいといっていましたか？　ああ、はい、それも爆破したいといっていました。ロシアを象徴する記念碑や天然資源の中で、ゲンナジーが破壊の対象にしていないものなどひとつもなかった。

あるとき、ひとりの証人が三枚の写真の中でゲンナジーが写っているものはどれかと訊かれた。ほかの二枚の写真に写っていたのは、モトリンとマルティノフだった。この面通しも証拠として提出された。いろんな人物の写真が出てきてもよさそうなものだが、面通しのために選ばれたほかのふたりは、ゲンナジーの友人で悪名高いソビエトの裏切り者だった。本当ですか？　検察は証人に対して、あなたは〝どのスパイ〟と口をききましたかと質問していた。おまえは裏切り者だからとことんいじめてやるというメッセージを送るだけのために。

拘置所当局もゲンナジーに不利な証言をした。ゲンナジーが秘密裏に武器を拘置所内に持ち込み、暴力を振るったというのだ。「また戯言！」ゲンナジーの日記には何度もその言葉が躍っている。ゲンナジーの弁護士たちは、反対尋問に備えて証人を調査したが、証人は事前に証言内容を与えられていた囚人か、もっとひどいことに、まったく実在しないと思われる架空の人物だった。

ダーチャから数キロ離れたガレージにまで証拠の爆薬が仕込まれていたことに気づいたとき、ゲンナジー弁護団は見通しが芳しくないと――それに、FSBがどれほど本気でゲンナジーに罪を着せようとしているかも――わかっていた。ゲンナジーの親戚がそのガレージで車の修理屋をしていて、ゲンナジーは逮捕される数週間前にその親戚を訪ねていた。FSBがゲンナジーの動きを追っていて、電話を盗聴し、すべての塁を埋めていたのはあきらかだった。彼らはゲンナジーがダーチャから離れたガレージを使うほどの用意周到ぶりで、テロを企てていたと主張したかったのだ。鑑識を精いっぱいまねて、車のハンドルやドア・ハンドルにも、ガレージで発見された爆薬と同じものを振りかけ、二カ所の現場をつなげていた。FSBはゲンナジーがダーチャ用のペンキを買っていて、ペンキ塗りのあとケロシンで手を洗っていたことに気づいた。早くに爆薬を振りかけても消えてしまうかもしれないと思ったFSBは、おそらく念のためしばらく待ってから、戦略的な場所に爆薬をもう一度振りかけたあと、ゲンナジーの逮捕に踏み切った。それがゲンナジーの推理だった。

ゲンナジーの弁護団は、できそこないのマンガのような告発をどうやっても止められないので、むなしさと屈辱を感じていた。ゲンナジーは逮捕以来、六人ほどの弁護士を雇ってきた。イリヤは弁護士費用を工面するためにゲンナジーの車を売らなくてはいけなかった。爆薬を振りかけられた車をだ。どの弁護士も希望をたたえて生き生きした目で加わったが、どんな敵を相手にしているのかがわかると、希望がすぼむのだった。やがてゲンナジーは、自分の弁護団さえロシア情報機関を敵に回すのを恐れ、あまりごりごりやりたがらなくなっていることに気づいた。アメリカの司法とちがい、ロシアでは強硬かつ敵対的な弁護も、あるいは法体系もよしとされず、弁護士がこの慣習に慎重に気を配っていることは、ゲンナジーもよくわかっていた。「アメリカでは犯罪があったことを立証しないといけないが、ロシアではちがう。FSBが犯罪だといえば、犯罪になる」ゲンナジーはやがて、「もう弁護士にカネを使うな。もう決まってることだ」とイリヤに指示した。

ゲンナジーの裁判がマスコミに取りあげられることはほとんどなかったが、裁判を追っていたジャーナリストはどうもおかしいと感じていた。裁判を傍聴した作家でロシア研究の専門家のグレゴリー・ファイファーは、ゲンナジーがマスメディア企業〈ＮＴＶプラス〉のセキュリティー担当だった関係で、権力闘争に巻き込まれたのではないかという思いがぬぐい切れないと回顧する。クレムリンの大物が同社の放送ネットワークの乗っ取りを図り、ゲンナジーのボスが抵抗していたのだという――つまり新興財閥《オリガルヒ》間の闘争だった。この仮説によると、ゲンナジーの逮捕はメッセージだった。ゲンナジーのボスが乗っ取りに応じなければ、ゲンナジーと同じ運命をたどるかもしれない。どれだけまじめに受け取るべき仮説なのかはさておき――ファイファーは単なる雑談のレベルだと認めている――ゲンナジーの逮捕にまつわる状況を端的に表現するものとして、〝霧に覆われた〟と〝はっきりしない〟といった言葉がよく出てくる。

そんなとき、一条の光が差した。ＫＧＢ大佐でもあるゲンナジーの友人ふたりが、ゲンナジーは爆薬の取り扱い方を学んでいないし、彼の訓練にそういった武器が使用された事実もないと証言したのだ。このときには、この濡れ衣はさすがにひどすぎるのではないかという裁判官の不安が、ゲンナジーにも伝わってくるようだった。意外な証言を見ていて、ゲンナジーはひょっとしてジャックがようやくマジックを使ったのかもしれないと思った。

ゲンナジーの弁護団は突破口が見えたと思い、そこに手を伸ばした。彼らも裁判官の不安を感じ取っていた。陰謀の指揮を取ることと、茶番劇の監督をすることとはまったくちがう。ロシアでは陰謀は尊重される。茶番劇は政治的なリスクを生むから問題が多い。進歩的な現代ロシアという幻想の中核をなすものは、法律を絡めた三文芝居だ。裁判官がゲンナジー側の新証拠を、一部とはいえ急に考慮する気になったことを、弁護団は勝利だと考えた。ある意味では、そのとおりだった。彼らは被告人がテロリズムにどの程度かかわっていたのかという点を果敢に攻め、検察側が被告人の特定の事件や政治信条とのかかわりを示す証言をいっさい提出していないと主張した。被告がテロリストだというのであれば、その憎悪が向けられていた標的は何でしょう？どこのだれが共謀者なのでしょう？　具体的に何を爆破するつもりだったのでしょう？　まあ、あらゆるものだとおっしゃるかもしれませんが。

その主張に対する反論を聞いたあと、裁判官はゲンナジーの罪状をテロリズムから爆薬の所持に変更した。そして、ゲンナジーを有罪とし、軽警備の刑務所（実際には複数の刑務所だった）で懲役三年を言い渡した。検察側が求刑した懲役一九年に比べればはるかにましだったが、ゲンナジーは自分が惨めで、こんなものが大勝利だとはとても思えなかった。なにしろ、三年もの年月をドブに捨てることになるのだ。何もしていないのに。

ゲンナジーは、裁判官が急に柔軟な対応を見せたのは友人が支援してくれたおかげかもしれないと思ったが、それもあながち見当ちがいではなかった。実際、ロン・フィーノがロシアのつてに念を押し、さらに裁判官の息子か、裁判に影響を与えられる地位にある者に話を持っていったのだろう。要するに、ゲンナジーの運命が多少ましになったのは、抜け目ない弁護だけのおかげではなかったということだ。モルデアはいう。「たしかに我々の任務遂行は問題が生じたが、あとで知ったところによれば、ロシアの役人にはたしかにカネが渡り、無罪放免とはいかなかったが、ゲンナジーの刑期は大幅に減った」

しかし、厳しい戦いははじまったばかりだった。ロシアの刑務所制度では、ゲンナジーはまだきわめて危うい立場にあり、いつひどいことが起こってもおかしくなかった。ロシアでは、最後に贈った賄賂の額しだいでいつまで安心できるかが決まる。もちろん、権力者や、非常に恐ろしい人からのお言葉も大きい。フィーノは名うての武器密輸業者をはじめとする仲介者を通して、所在のわからないスラーヴァに連絡を取ることができた。そのスラーヴァは、イリヤが父親を助けるためのカネを持ってマフィアに会いに行ったときの話を聞いて激怒した。イリヤのカネを奪った〝チモール〟と呼ばれていたマフィアは、カウボーイによると〝高い人生訓〟を授かる側に回ったという。どんな罰を受けたのか、カウボーイは詳細を語ろうとしなかったが、身の毛もよだつ仕打ちだとは教えてくれた。「おれも指が一本ないが、あれに比べたらその程度はトゲが刺さったようなものだ」カウボーイはいった。「自分のあやまちの痛苦を感じずには一分たりとも生きられない、とでもいっておこうか」そういうと、カウボーイは口のチャックを閉めるしぐさをした。だが、不気味な笑みがかすかに漏れ、残りはこちらの想像に任された。

フィーノはアレクサンドル・オルロフなど、ロシアのほかのコネにも働きかけた。オルロフは元ロシア政治ジャーナリストで、フィーノをアルファ銀行頭取ピョートル・アーヴェンに紹介した。フィーノはこうしたコネを使い、ゲンナジーはカウボーイの誘いに乗ったことはないし、実際には国を裏切ってなどいないというメッセージをFSB職員に伝えた。ゲンナジーはこの知らせが信じられずにいたが、いくぶん過ごしやすいスモレンスクの刑務所に移された。

容赦なく刑務所をたらい回しにされているときも、ゲンナジーは何度かカウボーイとメッセージをやり取りすることができた。たとえば、デスノゴルスクの軽警備〝コロニヤ〟（コロニー）では、電子メールを使った。そこのコロニヤは、同じデスノゴルスクにある厳しい刑務所《プリズン》とはまるでちがっていた。デスノゴルスクの刑務所では、監房内にトイレはなく、バケツで用を足さなければならなかった。また、コロニヤでは囚人が眠ることができる。刑務所では、小便の染みがついていることが多いコンクリートの床で順番に横になるので、ふつうは眠れない。ゲンナジーはいつ刑務所に移され、コロニヤに移されるのか、まったくわからなかった。デスノゴルスクのコロニヤにいるときには、マーシャと息子たちは面会することもできた。そのときの写真には、やつれてはいるものの笑顔のゲンナジーが――そして、ほっとした顔のマーシャも――写っている。

ダイオン・ランキンも一度、ゲンナジーから連絡をもらった。ゲンナジーは二〇〇七年一二月にデスノゴルスクから電話し、こう話した。「おれはどうにかやってるが、いまは入院してる。ちょっと安静にしていないといけないらしい」ゲンナジーは運動中に怪我をしたといった。「一時間ばかり喋った。気力がみなぎっていた。そのあと、違法なSIMカードを差した違法な携帯電話を所持していたとして、再逮捕された」ダイオンはいう。

ゲンナジーの収監中も、看守は執拗《しつよう》に自白を迫り、そうやすやすと獲物を手放すつもりはないようだった。ロシアの官僚はどれだけ底意地が悪いのか？　ずっと前に決まっていた二〇〇八年の釈放日の前夜に、彼らは違法ＳＩＭカードをゲンナジーの監房のダッフル・バッグに仕込んだのだ。

ＳＩＭカードの摘発はただごとではない。当初、ゲンナジーはあと三週間デスノゴルスクにいることになるといわれたが、その後、再逮捕され、まずい状況に陥ったことがわかった。ゲンナジーは日記にこう書いている。「最後の侵犯の日［原文ママ］……はめられた。当局はおれのかばんにＳＩＭカードを仕込み、処罰［判読不能］、つまり正式報告だから出所できない！」翌日、ゲンナジーはこうも書いている。「朝いちばんに公式に処罰がくだった……一一時、心臓発作――救急車が来て、注射を何本か打ち、いなくなった。ひどい気分だ……おれは連中の手にある。連中はおれの死を望んでいる……くそ喰らえ！！！！」

ゲンナジーが実際に医学的な意味で心臓発作を患ったのかどうかははっきりしないが、急性心臓事象があった形跡は残っている。ある日の日記には、こう記してある。「とんでもない一日！血圧＝上二〇〇、下一三〇！」心臓発作はなかったとしても、ストレスに起因する深刻な事態になっていたとしてもおかしくはない。罠にはめられ、この先ゲンナジーには、さらなる裁判と刑期延長、しかも今度はデスノゴルスクの刑務所の日々が待ち受けているのだから。ゲンナジーは

〝重大な規則違反〟に問われ、ＳＩＭカードの件に加えて、他人のコンピュータを違法に使用した嫌疑もかけられた。

二〇〇七年一一月と一二月の裁判では、ゲンナジーの弁護団が、誤ってＳＩＭカードをゲンナジーのかばんに入れてしまったと証言してくれる味方を見つけた。だが、どこまでも抜け目ないサーシャ・ゾモフは、裏でこっそり動き、ゲンナジーの裁判を担当する裁判官と結託し、証人の主張をきっぱり却下させた。さらに、監房に戻った証人は、ゲンナジーの弁護団を助けたことで激しい拷問を受けた。ゲンナジーは有罪となり、刑期が数年延びた。今回、行き着く先はボルにある恐怖の刑務所だった。

だが、その前に何カ所か経由した。

ゲンナジーは急な移送にだんだん慣れていった。ある刑務所に慣れてくると、早朝にゲンナジーのダッフル・バッグを持った看守に蹴り起こされる。「引っ越しだ」看守はいい、ゲンナジーはウインドウのないバンの後部に乗せられ、別のグラーグによく似たくそ溜めに移送される。

しょっちゅう移動させられていた時期、ある刑務所にいたとき、ゲンナジーが囚人仲間にバレーボールを教えていると、背後から声がした。武器のように敵意丸出しの声に慣れていたので、やさしげであるばかりか聞き覚えまである声を聞いてびっくりした。「補強メンバーを入れるほうが楽じゃないか？」

ゲンナジーが振り返ると、むかし一緒にバレーボールをプレイしたヤセネヴォ時代の友人、アレクサンドル・ザポロジスキーの姿があった。

ゲンナジーはザポロジスキーにきつく抱きつき、危うく押し倒しそうになった。「おまえのようなナイス・ガイがこんな肥溜めに何の用だ？」ゲンナジーは打ち解けた声で訊いた。ふざけるのも、ずいぶん久しぶりだと思った。

「おまえはもう死んでると思っていた」ザポロジスキーはいい、ゲンナジーの好奇心を刺激した。

〝ザポロジスキーはいったいどんな噂を聞いたんだ？〟

ゲンナジーはバレーボールのコーチングを切り上げ、刑務所の中庭の塀のそばに旧友と並んで座った。ザポロジスキーは、自分もサーシャ・ゾモフの命令で拷問を受けたとゲンナジーにいった。ゲンナジーはザポロジスキーになぜ刑務所に入れられたのかと訊いた。

「CIAに手を貸したからだとさ」ザポロジスキーは答えた。

「貸したのか？」

ザポロジスキーはあいまいな表情を浮かべ、肩をすくめた。「何を信じていいのかさっぱりわからない」

「おまえがこうなって、CIAはどれくらい損をした？」ゲンナジーはいった。

「二〇〇万てところだろうが、推測にすぎない。それで、そっちはどうしてここに？」

「リンドバーグの赤ん坊をさらったのさ（大西洋単独横断飛行のリンドバーグの息子が一九三二年に誘拐され、殺害された事件のもじり）。ジュリアス・シーザーを刺殺したあとで」

「まじめに答えろよ」ザポロジスキーはさらに訊いた。

「ハンセンの件だ」

「おい嘘だろ。どうしてまた――?」

「おれはやっていない……話せば長くなる。ある男のパスポート取得を手伝っただけだ。そしたら、次から次へ偶然が重なって……」ゲンナジーは説明しようとした。

「それで、そっちは何を得た?」

ゲンナジーは周りを見て、身振りで刑務所を示した。「おまえがいま見てるものさ」

「あの懇親会に誘われて帰国するとは、おれもまぬけだった」ザポロジスキーはため息交じりにいった。彼がいっていたのは元KGBの懇親会のことだった。

「二〇〇一年のか? おれも行ったが、おまえの姿はなかったぞ」

「会場までたどり着けなかった――サーシャに空港でつかまった」

〝なるほど、サーシャか〟。「おまえは運がいい」ゲンナジーはいった。「あいつの拷問は受けてないだろ」

「そう思うか?」ザポロジスキーがシャツの裾をめくると、飛び石のように点々と、タバコの火を押し付けられたような跡が見えた。

ゲンナジーははっと息を呑んだ。「あの野郎」

ザポロジスキーは刑務所の食堂で働いていることがわかった。そのおかげで、この再会がとりわけ特別な意味を持つことになる。「あいつはまともな食料をこっそりくれたりした。野菜も」ゲンナジーはいう。「刑務所でもらった最高のプレゼントだった」じきにふたりは、また一緒にバレーボールをするようになる。

ふたりは座ったまま、互いの家庭生活やかつての国情を話したが、このふたりの場合、どちらももう存在していなかった。「おれたちの国はもうない」その点はふたりとも同じ考えで、ゲンナジーはよく使う言い回しを思わず漏らした。ザポロジスキーはゲンナジーのふたつの家族にまつわる複雑な事情を無理に訊いたりせず、ゲンナジーも、友人のリック・エイムズの逮捕にまつわる詳細を訊くことはなかった。サーシャの手下に無理やり吐かされるかもしれない情報を仕入れるのはごめんだった。血みどろで何も知らないほうが、血みどろで余計なことを知っているよりましだ、とゲンナジーは考えた。

ザポロジスキーはアメリカが恋しいといった。特にバージニア州北部の暮らしはとても楽しかった。ワシントンに近いというのもいい。だが、どこも別の国だった、と。ゲンナジーも、実のところ合衆国はたくさんの国の集まりだと思った。

「おれもむかし、そこに住んでいるやつを知っていた」ジャック・プラットの顔が脳裏に浮かび、バージニアの森を歩き回り、地面で動くものを片っ端から撃ち、ときには動かないものも撃っていた日々が甦ると、ゲンナジーの目に涙がこみ上げてきた。「あいつに会いたい」ゲンナジーはいった。「おれたちの国はもうない。何人かの友だちももういない」彼は付け加えた。その目は塀から塀、壁から壁に向けられていた。

二〇〇八年まで一年以上、ジャックのもとにゲンナジーからの便りは届かなかった。ジャックはかつてのCIAの同僚やデ・ニーロのコンサルタントで仲間のミルト・ベアデンを頼り、ロシア側にゲンナジーを丁重に扱うように圧力をかけてほしいと訴えた。ゲンナジーは国を決して裏切らなかったし、わざとハンセンを売り渡したのではないのだから釈放されるべきだ、というのがジャックの主張の中核だった。ジャックによると、ベアデンに頼んだが断られたといい、ジャックは二度と口をきかないとのことだった。しかし、ベアデンはただジャックの意見に反対しただけではないと説明する。デ・ニーロは多くの友だちに対して義理堅く振る舞い、頼みごとがさばき切れない状況だから、ベアデンはデ・ニーロがよくわからない事情にかかわらないように守ったのだという。「ジャックはボブに何をさせたかったというんだ?」ベアデンは最近になってそう問いかけた。「当時、ジャックはゲンナジーがなぜ逮捕されたのかもよくわかっていなかったんだ。それなのに、ボブに〝動いて〟ほしいといってきた」

ベアデンの見解には暗黙の含みが感じられた。ゲンナジーは実際に国を売る行為はしなかったとしても、ジャックとの関係は尋常ではなく、ロシア側がそれに刺激されて報復措置を取るのも、きわめて厳しいとはいえ、わからなくもない。〝このスパイ界のカウボーイふたりは、あんな関係を続けていて執念深いサーシャ・ゾモフに何もされないと、本気で思っていたのか?〟

ジャックは罪悪感にさいなまれていた。ロシア側に裏切り行為と見なされるような状況にゲンナジーを追い込んでしまったことは、ジャックもわかっていた。だからこそ、ジャックは何としてもゲンナジーの居場所を突き止め、助けてやるつもりだった――ゲンナジーがどこにいようと。このころ、ゲンナジーは携帯電話所持で厄介な状況に陥り、またしても厳重警備の施設に移されていた。フィーノもまた手を差し伸べようとしたが、上下動が激しいアメリカとの関係がこのときは低調で、アメリカ側はだれも支援しようとしなかった。

そんなとき、ジャックはゲンナジーに、そして、さらにはゲンナジーの抑圧者たちにメッセージを届ける代替プランをつくりあげた。ジャックはベアデンをすっ飛ばし、ニューヨークのデ・ニーロ本人を訪ねた。デ・ニーロは協力を快諾し、デ・ニーロの友人で高名な映画監督のニキータ・ミハルコフを介して、恒例のクリスマスカードをゲンナジーに届けてもらえることになった。ミハルコフならクレムリンのつてを伝い、ゲンナジーがどうしているのかもわかるだろうし、クリスマスカードも届けられるだろう。ミハルコフも快諾し、ゲンナジーの居所がわかれば、デ・ニーロのカードを届けると約束した。ロシアでのデ・ニーロの人気は高かった（いまでも高い）から、同房者も看守もデ・ニーロの友人にひどい仕打ちはしないだろうと考えてのことだった。

数週間が過ぎ、口数が少ないので有名なデ・ニーロから、ジャックのもとにたったひとことの朗報が届いた。「あいつは無事だ」デ・ニーロのクリスマスカード――デ・ニーロとゲンナジーの写真が印刷されてある――は、刑務所内のお守りとなった。また、本物のスラーヴァからのやさしい言葉も同様のご利益があった。自分の名前を出していいというゲンナジーへのメッセージは、最大の援護射撃となった。そのときから、ゲンナジーへの風当たりは弱まった。看守も同房者もみんな、現実であれ架空であれタフ・ガイには一目置いていて、若きヴィトー・コルレオーネ、ジミー・〝ザ・ジェント〟・コンウェイ、アル・カポネ、ポール・ヴィッティ、〝エース〟・ロススタイン、〝ヌードルス〟・アーロンソン、トラヴィス・ビックル、ジェイク・ラモッタなど、数多くのキャラクターを演じてきたデ・ニーロを知る男とお近づきになりたがった。

さらに、有名な作曲家ウラジーミル・クプツォフの弟で囚人仲間のアレクサンドル・クプツォフもゲンナジーに盾を授けた。アレクサンドルはゲンナジーに、恐怖のモスクワのマフィアのボス、スラーヴァと懇意だと口に出せば、手は出されることはなくなると助言したのだ。そして、その策はうまくいった。

こうして、ジャックはとりあえず夜眠れるようになった。だが、どうしたら友だちの刑期を短くできるのか？　さすがのデ・ニーロもその点はどうしようもなかった。

万華鏡のように次々とちがう刑務所に移されながら、ゲンナジーは日記に怒りをぶちまけていた。「この腐った国にはもう正義はない」「おれの人生の黒い日」「だれも責任を取りたがらない」という記述や、間接的にスラーヴァのことに触れることも多かったが、ゲンナジーらしいもっと楽観的な気持ちを書き記すことも多く、たとえばこういう文章が躍る。「また一日生き延びられたことを祝おう」とか「誕生日おめでとう息子よ！！！　九歳か！！！　大きくなったな！！！」

しかし、サーシャはゲンナジーの金ぴかの街《ハリウッド》のコネなど屁とも思わず、手を引くつもりはなかった。サーシャはイリヤをとらえたとゲンナジーにいうよう看守たちに命じた。「おまえがハンセンの件を自白するまで、息子は昼も夜もレフォルトヴォで過ごすことになる」ともいわせた。

「おれはハンセンのことは何も知らない！」

「哀れで愚直なＫＧＢ職員だな」ある尋問官がゲンナジーにいい、学童に教え諭すかのように、ゲンナジーの頭をぽんと叩いた。「自分の知らないところで利用されるとはな。ＦＢＩ局員やＣＩＡ局員とつるむとは──連中にどんな魂胆があるかも知らず」

ゲンナジーは、ハンセン逮捕劇の決め手については何も知らなかったと繰り返した。

「おまえは低能なのか、ワシレンコ？」

「もちろんちがう」

「それなら、頭がよくて経験豊かなＫＧＢ職員か、大ばかかのどっちかだな」尋問官がいった。

「両方にはなれんぞ！　我々が手にした最大の資産《アセット》のひとりを暴露し、活動を停止させるというアメリカ側の手の込んだ作戦が壮大な〝まちがい続き〟だったと、おれたちが信じるとでも思っているのか？」

「おれはその作戦においてどんな役割も果たしていない。それだけはわかる」

「しかし、おまえは［ステパノフの］パスポート申請書類にサインしたではないか？」

「おれはたくさんのパスポート申請書類にサインしていた！」

「というと、書類にサインしたのなら」尋問官がいった。「おまえの言葉を寸分たがわず使えば——作戦において〝どんな役割〟も果たしていないとどうしていえる？」

「彼らが何をたくらんでいたのか知りながら、役割を果たしたことはない」ゲンナジーは説明した。

「ほお。それで、そのふたり、プラットとロックフォードだが、おまえの友だちか？」

「ああ、友だちだった」

「であるのか、であったのか？」

ゲンナジーは返す言葉が見つからなかった。

「考えてみろ、ワシレンコ。さっきはどんな役割も果たさなかったといった。その後、知りながら果たさなかったと変えた。KGB職員ではなく、アメリカの弁護士みたいないい方だな。しかも、低能ではないともいう。ところが、ふたりの男が友だちなのか敵なのか区別がつかないようでもある。あるいは、アメリカの弁護士のように狡猾な話し方が好みで、おまえら三人は好敵手《ベスト・オブ・エネミーズ》だったとでもいいたいのか。最悪の場合、おまえは売国奴だ——ばかだったがゆえに売国奴になったやつだ。よくてもばかな売国奴だ。人は裏切ることもあれば、ばかなまねをすることもある。いずれにしても、同じ場所にたどり着く」尋問官がそこで話を切った。「かまわんさ。こっちはおまえの息子を押さえている」

耐えられなかった——愛する母国を裏切ったと嘘をつくのも、嘘をつかずに息子が拷問を受けるのも。刑務所内で一目置かれる有効期間も過ぎ去っていた。その一方で、実際にロシアを裏切った連中は百万長者としてアメリカでのうのうと暮らしている。そのとき、六六歳のゲンナジーは思った。スモレンスカヤにあるロシアの腸《はらわた》ともいうべきくたびれた刑務所で痩せ衰えたいま、自分の死をもってしかこの難問は解けない。

死はイリヤのためになるだけでなく、甘美な逃避にもなる。スモレンスカヤの刑務所の床は、虫だらけで、掃除もできないほどべとべとのアスファルトだった。ゲンナジーと同房者たちはその床で寝るしかない。狭い監房で一〇人の囚人が交替で眠り、座り、立つ。どうにか眠りについても、いつ次に寝る番のやつに蹴り起こされ、どこかで立ってろといわれるか気が気でなかった。昼なのか夜なのか、何時なのかさっぱりわからない。

ゲンナジーはもうじき六七歳になるが、一〇〇歳になるかのような気分だ。数年後にはどんな気分になっているのだろう？　ましになることはない。それに、出所できたとしても、よぼよぼで死んだも同じ、気味悪い年寄りになっている。そんなゾンビが戻ってきても、家族のために、世界のためになれるものか？　〝死んだほうがましだ〟。これほどぴったりの決まり文句はない。

ゲンナジーはどうやって死ぬのがいちばんいいか考えた。ベッドのシーツで首を吊るか、コンクリートの柱から突き出ている鉄筋を利用するというふたつの方法しかない。助走をつけて突き出た鉄筋で頭蓋を貫こうか。ゼラチン状の眼球に当たるように調整すればいいかもしれない。そうすれば、鉄筋が固い頭蓋を貫かなくても、じかに脳みそに突き刺さる。ゲンナジーは姿勢を低くし、鉄筋に向かって走る練習をしたが、目が鉄筋の先端に近づき、三〇センチ手前になると、本能的に体が縮こまった。結局、鉄筋に突っ込むのはやめた。狂いが生じて意識不明のまま生き続けたりすれば、イリヤの運命についても、サーシャに様子見の機会を与えることになる。だめだ、不確実な鉄筋で頭蓋を貫通するよりましな手が、ほかにきっとあるはずだ。

ゲンナジーは左手首に目を落とし、すすり泣いた。右手は仲間のスパイに情報の受け渡しや投函を数え切れないほど成功させてきたが、いまは新しい四人仲間のアレクサンドルにこっそりもらったかみそりの刃を持っている。〝八年前に同じ元KGBのパスポート申請にサインして助けたりするんじゃなかった〟ゲンナジーは思った。

すっぱりやる前に、隣の監房のアレクサンドルがゲンナジーに身振りで来いと合図し、ひと塊《かたまり》のパンを鉄格子越しにねじ込んできた。「パンを食え」アレクサンドルが小声でいった。

「腹は減っていない」ゲンナジーはいった。

「パン・を・食え」アレクサンドルはもう一度いい、真剣な顔つきで目をパンに向けた。

ゲンナジーは四人仲間をまじまじと見て、パンを受け取り、ふたつに割った。中にメモが入っていた。たった一行のぶっきらぼうな文面で、事情が一変した。「息子は釈放された」

これで当局に着せられたどんな濡れ衣にも、刑期延長にも耐えられる。ふと二〇〇〇年のモスクワの夜を思い出した。ちんぴらたちからジャックを救った夜を。
〝頼む、ジャック。おれを忘れるな。おれはあんたの命を救った。今度はあんたがおれの命を救う番だ〟

やがて恐ろしいボルの刑務所に移されることになったとき、二週間、隔離された。その前に、ほかの一〇〇人の囚人たちと、床に大小の用を足す穴がひとつあるだけで、あとは何もない部屋に入れられ、狂暴な犬にさんざん吠えられ、においを嗅がれた。ボル刑務所の当局は、収監される者たちが移送されてくる前に、彼らの詳細かつ広範な身元調査のデータを与えられる。軍事スパイや国事犯に特化した施設であるというのが主な理由である。囚人が監房に入る前に、看守は囚人にカネを要求する。看守たちにとっては一大事業になっていた。ここのボス連中はあきらかに、ゲンナジーがデ・ニーロと懇意だというメモを受け取っていない。あるいは、こちらのほうがありそうだが、そんなものは気にしていない。

ボルの看守たちは王のような暮らしを送っていた。相対的にだが。テレビも冷蔵庫も持っていたが、すべて無力な囚人からむしり取ったカネで買ったものだ。囚人が支払いを拒めば、暴力を受けた。暴力を受けたと通報してもだれも聞く耳を持たない、とゲンナジーはいわれた。捜査当局には、囚人が転んで石とかはがれかかった板に頭をぶつけたと報告されて終わりだ。彼らもFSBの傘下にあるのだから、報告に疑問を呈する者などひとりもいない。ゲンナジーも充分な額の支払いを渋れば、〝禁制品〟がゲンナジーの監房に仕込まれる──その道は一度通っている。思い上がったまねをするなら、同房者や看守を襲撃した罪も負ってもらうともいわれた。看守にたまたま監房で武器を見つけられるという事態が最悪だった。しかも、看守は仕込み用のナイフを常にたくさん持っていた。なかなかのコレクションまで見せてくれた。〝手はいくらでもある〟。

「地獄だった」ゲンナジーはいう。彼はこの刑務所を〝最悪の中の最悪〟と表現する。

どの刑務所にも〝コザイン〟（ホスト）というボスがいて、すべてを牛耳っている。ボスは犯罪を利用したビジネスマンで、カネが流れ込むギャングの頭目のようなものだった。食料利権だけで一日最大一〇〇万ルーブルを稼ぎ出す者もいた。ほかの〝商売〟もある。たとえば、医療、映画、雑貨などだ。ほしいものがあれば、カネが要る。大金が。

はじめ、ゲンナジーはボルの虐待者たちに払う金はないといっていた。ゲンナジーは鎖で鞭打たれた。すると、ゲンナジーはますます反抗的な態度で食ってかかった。「おれを痛めつけたら後悔するぞ、と看守にいった」だが、看守たちは具体的な要求を提示してきただけだった。ゲンナジーは五〇〇〇～一万ドル支払えといわれた。さもないと、ボルでの日々が非常に不快になる、と。結局、ゲンナジーは折れ、カネはまったく持っていないが、工面できるかやってみるといって時間を稼いだ。

どうやって工面するか考えていると、別の囚人にペンを盗まれたと告発された。ジャックの家で『となりのサインフェルド』を見たときに、似たような筋のエピソードだったのを思い出した。

それがおれの人生になってしまった。カフカが書いたかのような不条理な筋書きに。刑務所内での密告はボルの刑務所でもシンシン刑務所［警備レベルが最高のニューヨーク州立刑務所］でも、歯牙にもかけられないのが実状だから、ゲンナジーはこれが看守の仕掛けた罠だとわかった。その後の事情聴取で、ゲンナジーは密告者に対してこういった。「おれには書けるペンが何本もあるから、書けもしないおまえのペンなど要るわけないだろうが！」

しかし、これが看守の心証を害し、〝証人〟ならもっといるぞといってきた。連中なら何人でも引っ張ってこられるのだろう。この聴取のあと、看守はゲンナジーになれなれしい態度を取り、おれたちは味方だとでもいうかのように、カネさえ払えば証人に取り下げて〝もらう〟こともできるというのだった――そもそも実のところ証人など存在しないというのに。続けて、払わないのなら、ナイフを仕込み、ゲンナジーを殺人未遂で告発して、ボルから死ぬまで出られないようにしてやるとも付け加えた。

看守は同房者にこう訊いた。「ワシレンコには、ペンを盗まれたほかにも、何かやられたか？」

「はい」同房者はいった。「ペンを差し出さないでいたら、殴られました」

また嘘。

ゲンナジーにはわかっていた。ＦＳＢはゲンナジーが出所しそうになると、あるいは過ごしやすいコロニヤに移動しそうになると、必ず新たな罪を盛る。「おれの最大のミスは家に帰りたいと思っていたことだった」ゲンナジーは何年もあとでそう語った。サーシャもゲンナジーを刑務所に入れておきたかったし、看守もこの元KGBの大物にあくまで賄賂《わいろ》を要求していた。FSBにも、刑務所の管理者側にも、ゲンナジーを釈放する動機はひとつもなかった。逆にとどめておく動機はいくらでもある。「囚人いじめはビッグ・ビジネスだ」

ついに、またひとしきりいじめを受けたあと、ゲンナジーは看守を買収するカネが工面できそうだといった。彼はもう一度イリヤにカネを持ってくるよう説得し、ゲンナジーが看守に手渡そうとすると、贈賄容疑で逮捕された。サーシャたちはこの罪状を証明する証人を探し出し、看守たちは自分たちの腐敗にショックを受けたふりをした。

二〇〇九年、ゲンナジーは三度目の裁判に臨んだ。ボルの刑務所に収監されながら、贈賄罪で訴えられたのだった。ゲンナジーは罪状を否認したが、予想どおり結局有罪が確定し、刑期がまた数年増えた。

二〇一〇年がはじまると、落胆したゲンナジーはすべての希望を失っていた。素行をよくしても刑期の長さはまるで変わらなかった。ゲンナジーがサーシャを挑発し、当局に大口を叩いたのはたしかだが、カネの要求には応えたというのに、それでも処罰された。ゲンナジーはあまり宗教に目を向けてこなかった——あまりに多くの苦難を経験してきたせいで、神の望むようにすれば、いずれ恩寵《おんちょう》を受けるという、これほど多くのアメリカ人が信じていることも信じられずにいた——だが、テレビ伝道師が労苦の耐えなかったヨブという人物について喋っていたことを思い出した。その話の教訓は何だったか？　ときどき神はご自分にしかわからない理由で特定の個人を苦しめる？　それでも、その人は、自分にこんな仕打ちをしてきた化け物を信じ続けなければならない？　そこまでして、千年戦争を戦ってきたというのに、ロシア人はどうなった？　逆境に置かれて強くなったのか？　かもしれないが、そんなことをだれが気にする？　戦いならまだやっているし、苦痛にも終わりがない。それこそ、おれの前途に待ち受けているものだ。

　ゲンナジーは天上にいる神秘の王は信じていなかったが、信じがたいことに、それでも自分が幸運だと信じていた。この数年の状況を見るに、幸運どころか、地球上でもっとも不運な男だといってもおかしくないのに、なぜそう信じていたのか、ゲンナジーは自分でもわからなかった。だが、腹の奥底には、この五年間だけが例外なのだという思いがあった。自分はいまでも、クマに襲われてシベリア川で溺れかけていたところを兵士に助けられた子供のままなのだ。

　おれの兵士はいまどこにいる？　おれの海兵隊は？　おれのカウボーイは？

17 リセット：赤いボタン

きみは長期任務を目的としてアメリカに派遣された。教育、銀行口座、車、家など――そういったものがすべてひとつの目的に資する。すなわち、きみの主要任務だ。たとえば、アメリカ国内の政策決定層とのパイプを探し、延伸し、センターに諜報報告を送ることだ。

――二〇〇九年にヤセネヴォ・センターからイリーガルに送信された暗号メッセージ
（暗号解読と翻訳はFBIによる）

二〇〇九年三月六日、ジュネーヴにおいて、アメリカ国務長官ヒラリー・クリントンは笑みを浮かべるロシア外務大臣セルゲイ・ラヴロフに小さな黄色いプラスチックの箱を贈呈した。箱の上には赤いボタンが突き出ていて、英語で〝リセット《reset》〟の文字が記してあった。[*37] 儀式的にボタンを押したあと、ラヴロフは贈り物を受け取り、むかしから荒れ気味だった米露関係のリセットを宣言した。[*38] 四カ月後、ロシア連邦大統領ドミトリー・メドヴェージェフは、西側がロシアを世界貿易機関《WTO》に招き入れることを期待して、アメリカ軍がロシア領空を経由してアフガニスタンに空輸することを許可すると宣言した。その二カ月後、バラク・オバマ大統領は、前（ブッシュ）政権が提案していたアメリカ合衆国による――ロシアが長らく挑発行為だと見なしていた――東ヨーロッパへのミサイル防衛システム配備計画を中止した。

リセットは翌年も迅速に続けられた。二〇一〇三月、かつての冷戦の敵対国同士は核兵器を削減し、二カ月後には対イラン制裁で合意、その三日後、オバマはアメリカがロシアの対イラン武器輸出に対抗してはじめた、ロシア国立武器輸出代理店に対する制裁を解除した。

その動きは双方の情報機関にも広がった。ＣＩＡ長官レオン・パネッタはロシア側の相手である、プーチンが任命したＳＶＲ長官ミハイル・フラトコフと〝健全な関係〟を構築中だと書いている。パネッタは回顧録*Worthy Fights*（『価値ある闘い』の意）で、フラトコフとのあいだに築いた〝ときおり打ち解けた関係〟をそう表現したうえで、フラトコフが「共通の作戦活動において情報共有と協力体制の構築」を望んでいたと記している。パネッタは「ばか正直といわれるかもしれないが、共通の敵がいるチェチェンのテロリズムなどの対処において、［ロシア側と］協力する方法を探れるのではないか」と希望していた。世界にとってはそれで何も問題はなさそうだった。だが、ＣＩＡには受け入れられない者もいた。

このころには、かつてジャックがＩＯＣで訓練したマイケル・スリックが、ＣＩＡのナンバー2にあたる秘密作戦部長になっていた。秘密作戦部はアメリカのスパイを管理する部門である。ジャックと同様、スリックもむかしかたぎで、クレムリンによるいわゆる〝リセット〟を装った罠ではないかと疑っていた。プーチンは筋金入りのＫＧＢであり、かつてのソビエト連邦の再興を目指しているのだと考えていた。のちにパネッタが回顧録で書いたとおり、同じ見識を持つスリックたちは「ロシア側は絶対に共有などしないし、この機会に乗じて我が国の局員に近づき、スパイとして抱き込もうとするだろう」と警鐘を鳴らした。しかし、パネッタの考えはちがっており、政権はすでにリセットに向かって舵を切っていた。

内部から反対の声があがっていても、パネッタは二〇〇九年にフラトコフをラングレーにあるＣＩＡ本部に招き入れた。その後、評価の高い大使館通りのオーガニック・レストラン〈ノラ〉で夕食会をひらいたが、フラトコフはソビエト式の常套句を延々といい続け、パネッタも参謀のジェレミー・バッシュもあんぐりあいた口が閉じられなくなった。「さっきのはいったい何だ？」パネッタは車に戻っているとき、バッシュに訊いた。二〇一〇年、フラトコフはホスト側に回り、パネッタとバッシュにヤセネヴォのセンターを案内した。その後、パネッタはルビャンカでフラトコフと会談した。そのとき、ジェレミー・バッシュが耳打ちした。「いまでも地下室から絶叫が聞こえてきそうですね」この耳打ちからもわかるとおり、ルビャンカ・ツアーは、そこにいたアメリカ人たちだけが感じ取っていた異常な雰囲気の中で行われていた。銃士たちも諜報界でこれから起きようとしていること、そして、やがてゲンナジーの釈放という理想的な結末につながる一連の出来事がはじまろうとしていることにも、気づいていなかった。

何が起きていたのか？　ロシア行きの少し前、パネッタはこれまで進んでいた外交的進展が覆されかねない情報を受け取っていた。オペレーション・ゴースト・ストーリーズという、九年前にはじまり現在も進行中のFBIによるイリーガルの調査では、事態が熱くなっていた。二〇〇一年にアレクサンドル・ニコライエヴィッチ・ポティエフが身分を偽ってアメリカで暮らしているロシア側のスパイの情報を流して以来、FBIはひそかにそのスパイを監視し続けていた。そして、二〇一〇年の春、ロシア側スパイの数人が母国に帰還しようとしている動きをつかんだ。FBIの情報提供者が事態をさらに熱くするある情報をもたらしたが、詳細はいまだ明かされていない。しかし、ロシア情報機関がイリーガルにスパイ活動を活発化――CIAや国務省といった連邦機関にとりわけ目を光らせる――させてから、モスクワに帰るよう命じたといわれている。ロシア側の作戦態勢が変わったことで、アメリカにとって政治的に困難な状況が生じた。アメリカはイリーガルに帰国を許し、彼らが集めた情報や内情を彼らのボスに流すのを傍観するのか、それとも、彼らを逮捕してリセットの路線を変更するのか？

二〇一〇年二月、パネッタはオバマ大統領にイリーガルの動向に関して概況を説明し、何週間もホワイトハウスで会合を重ね、今後の対策を話し合った。六月一一日、パネッタはまたオバマと国家安全保障会議に事情を説明し、ロシア側スパイを逮捕してもリセットが途絶えることはないと説得した。イリーガルの逮捕の余波を受けて、誇大に宣伝されたリセットがリリセットされるのではないか、とオバマ政権は危惧していたが、逮捕したロシア側スパイを外聞の悪い裁判にかけて、オバマ大統領の新しい友だちで、あとほんの二週間後にアメリカにやってくることになっているメドヴェージェフを怒らせたりせずに、逮捕後すぐに交換を提案すれば、そうした逆行は回避できるかもしれないと期待した。はじめから交換を目的として逮捕が計画されたのではないが、そうしたスパイはいまのところまだアメリカの安全保障を大きく損なっていないのだから、何年もロシアで幽閉されている者たちと交換要員として使うほうが、ワシントンにとっても、それにリセットにとっても有益だろうとの判断だった。オバマとパネッタはその計画に同意した。幸運にも、FBIのワシントン支局にいたアラン・コーラーが、ニューヨーク支局のロシア担当チーフになっていて、急なスパイ交換に備えた計画を早くも二〇〇四年から練っていた。まもなくFBIとCIAは、ロシア側が交換に同意するかどうかを知ることになる。

六月二四日、アメリカのカリフォルニア州の実業家たちとの貿易に関する実り多き会議のあと、メドヴェージェフはワシントンに入り、オバマと会談した。[*39]「ロシアはWTOの一員だ」二大超大国のリーダーがイースト・ルームで並び、数時間にもおよぶ会談を終えてほほ笑みながら、オバマはそういった。その後、メドヴェージェフとジョー・バイデン副大統領を連れて、大統領お気に入りの〈レイズ・ヘル・バーガー〉でハンバーガーを食べた。その後、メドヴェージェフはモスクワに帰る前に、対米外交交渉の成果に満足して、G20に出席するためにトロントへ移動した。しかし、影の世界の住人たちは、ロシア訪米団の顔に浮かんでいた笑みを一掃するようなことをしていた。

オバマとメドヴェージェフが新聞各紙のヘッドラインを飾ったまさにその日、八年前にイリーガルの素性をアメリカ側に流したSVR大佐のアレクサンドル・ポテイエフが、秘密裏にアメリカに逃れ、新しい身分で暮らしはじめた。五八歳のポテイエフは妻のメアリーを残して故郷ベラルーシを去り、アメリカ情報機関の保護下に置かれた。

「メアリー、落ち着いて聞いてくれ。私はしばらく家を離れる。この先ずっとではない」アレクサンドル・ポテイエフ大佐はロシアを去るとき、妻に宛てたテキスト・メッセージにそう書いた。「不本意だが、こうするしかなかった。私は新しい人生を送ることになった。子供たちへの支援は続ける努力をする」娘のマリーナがアメリカに住んでいることはわかっていた。のちにわかったことだが、ポテイエフはロシア人の盗難パスポートと身分（〝ヴィクトル・ドゥドチキン〟）を使って、やすやすと渡米していた。ロシア側は本物のヴィクトル・ドゥドチキンを探し出した。ドゥドチキンによれば、以前アメリカのビザを申請したとき、ビザが下りるまでパスポートをモスクワのアメリカ大使館に提出したのだという。同大使館のCIA局員がドゥドチキンのパスポートを複製し、偽物をポテイエフに持たせて逃亡を手助けした。ロシア側は最終的にそう判断した。ポテイエフは保管していたファイルをアメリカ側に引き渡した代わりに、五〇〇万ドルをもらったとされる。

二〇一〇年六月二七日、メドヴェージェフの乗った飛行機がカナダ領空を離れて数分のうちに、ポテイエフは無事にアメリカの地を踏み、FBIがイリーガルをすべて拘束した。これほどすばやい逮捕劇となったのは、六月二六日、FBIに盗聴されているとも知らずに、イリーガルのアンナ・チャップマンが彼女のKGBの父親に不安げな声で電話したからだとされる。そのモスクワとの通話で、チャップマンは自分が〝はめられた〟かもしれないと漏らしていた。イリーガルのグループに入り込んでいたFBIの内通者は、その日早くにチャップマンとじかに会いたいと要望していた――ありえない話だった。イリーガルと調教師《ハンドラー》との連絡は、暗号化された閉鎖的コンピュータ・ネットワークだけで行われていたからだ。イリーガルはとっくのむかしに自分たちが監視されていると気づいていないといけなかった。今日ではそれがおおかたの見方だとゲンナジーはいう。「アメリカ暮らしが楽しすぎて、彼らは警戒をおろそかにしていた」

多くのイリーガルが住んでいたニューヨーク地域では、FBIのアラン・コーラーが一斉逮捕の調整に協力した。「逮捕は何事もなく終わった」逮捕者が気にしていたのは、子供たちのことだけだったとコーラーは付け加えた。子供たちは〝アメリカ人〟だと思っていた両親がロシア人であることも、まして、ロシア人のスパイだということも知らなかったのだ。しかし、何年にもわたって計画を練ってきたおかげで、FBIは大勢のソーシャル・ワーカーや小児セラピストを動員して現場に向かい、彼らが両親にも子供たちにも、すぐに一緒になれると確約した。

FBIはマスコミにも伝え、一斉逮捕はすぐさま世界中の一面を飾り、逮捕者名も公表された。

○〝リチャード・マーフィーおよびシンシア・マーフィー〟、本名ウラジーミル・グリエフおよび

リディア・グリエフ
○〝マイケル・ゾットーリ〟と〝パトリシア・ミルズ〟、本名ミハイル・クツィカとナタリア・ペレヴェルゼヴァ
○〝ドナルド・ハワード・ヒースフィールド〟と〝トレーシー・リー・アン・フォーリー〟、本名アンドレイ・ベズルコフとエレーナ・ヴァヴィロフ
○〝ファン・ラザロ〟、本名ミハイル・ヴァセンコフ、そしてヴィッキー・ペラエス（本名）
○〝アンナ・チャップマン〟、本名アンナ・クシュチェンコ、別名〝アイリーン・クツォフ〟とミハイル・セメンコ（本名）

しかし、だれと交換するのか？　ＳＥ部のファイルを調べた結果、ＦＢＩは、ロシア側に拘束されているアメリカ側資産《アセット》の中で、交換要員として適切なのは三人しかいなかった。

・アレクサンドル・ザポロジスキー――一九七五年来のゲンナジーの友人。ロシア対外情報庁（ＳＶＲ）の元大佐で、国事犯として二〇〇三年の秘密裁判において、アメリカ合衆国の利益のためにスパイ活動をした廉《かど》で重労働つき禁固一八年を言い渡された。作家のロナルド・ケスラーは、ロシア側情報筋およびアメリカ側の情報機関高官によると、ザポロジスキーがＡＶＥＮＧＥＲと呼ばれていた人物であるのはまちがいないと書いている。一九九三年、サン

ディー・グライムズのチームにエイムズ事件のパズルの最後の一ピース、FBIがエイムズ逮捕に踏み切る決め手となったピースを提供したアメリカ側資産《アセット》である。先述したとおり、一九九七年に引退したザポロジスキー／AVENGERはアメリカに移住し、西側の情報機関にさらに多くの機密情報を教えたと考えられていた。しかし、二〇〇一年にロシアに帰国した際に逮捕され、二〇〇三年に有罪が確定した。

・**イーゴリ・スチャーギン**――四五歳の兵器専門家。二〇〇五年にアメリカ合衆国の利益のためにスパイ活動をした廉で有罪判決を受け、禁固一五年の刑を言い渡された。親戚には母国を離れるのは嫌だと語っていたが、ロシアの刑務所は劣悪であり、また、彼が交換を拒めば、ほかの受刑者たちも釈放されないかもしれず、いやおうなく交換に応じた。

・**セルゲイ・スクリパリ**――元ロシア軍情報部大佐。国家機密をイギリスに漏洩した廉で二〇〇六年に有罪となり、禁固一三年を言い渡された。

マイク・スリックは交換をもう少し対等に近づけたい気持ちもあり、CIAは三人のほかにだれをアメリカ側の交換リストに加えるか吟味した。「こっちがとらえたのは一〇人。実のところ、向こうにはこっちとの交換要員がほかにいなかったが、交換のバランスを取りたかった」スリックはいう。「それで、ゲンナジーを交換リストに加えましょうとパネッタに提言した。ゲンナジーがあいう状況にあるのは、我々の責任でもあったので。そもそもリークされたCIAのメモが誤読されたために、彼が疑われたわけだ」ゲンナジーの追加はカウボーイ・ジャックにも頼まれたのかと訊かれると、スリックはこう答えた。「あれは〝密閉〟交渉だった。ジャックは何も知らなかった」

〝健全な関係〟をよりどころに、パネッタはスリック、防諜部チーフのルシンダ・〝シンディー〟・ウェブ、ほかのロシア専門家に囲まれて、スピーカーフォンでフラドコフに電話した。パネッタはそのときの様子を回顧録に記している。

「ミハイル、報道でご存じかと思うが、我々は大勢の人間を逮捕した。きみのところの人間だ」

「ああ、私の者たちだ」フラドコフは長い沈黙のあとで答えた。そのひとことで、交渉が開始される状況をつくりだした。

「我々は彼らを告訴するつもりだ」パネッタは脅した。「裁判になれば、そちらの面子《メンツ》が潰れるだろう」

長距離と通訳のせいもあり、また長い沈黙があったが、やがてフラトコフが訊いた。「そっちの腹積もりは？」

「私がほしい人間がそちらに三、四人いる。交換を提案する」パネッタは打診した。ロシア側は二日ほど交換のアイデアを話し合い、交渉に応じた。パネッタの側近だったある職員によると、パネッタがゲンナジーをリストに加えたいといったとき、フラドコフは規律にしたがわない自由人を思い描いたのだろうか、こう答えたという。「何を望むかには気をつけたほうがいい」[*40]

それから数日、それぞれの諜報部門の幹部が合意を推し進めているあいだ、オバマとメドヴェージェフは待った。ロシア側はメドヴェージェフの恩赦の前提条件として、受刑者の署名つき自白を要求していた。アメリカでは、イリーガルたちの出廷と同様の答弁の取り引きを急いで手配した。アメリカ側は以下の要求を出した。ロシアにいるアメリカ人に対して報復措置をとらないこと、イリーガルが法務長官の許可なく二度とアメリカに戻ってこないこと、そして、彼らの出版物によって得られた報酬はアメリカ財務省に没収されること。さらに、不動産を含む財産を持つイリーガルは、そうした資産をアメリカが没収することにも同意した。

パネッタとフラトコフは七月三日に合意にこぎ着けた。一週間のあいだに三度の電話会談が実施されていた。

二〇一〇年六月最終週、こうしたスパイ交換の詳細が最終的に詰められているとき、ゲンナジーはニジニ・ノヴゴロドにある1K－11刑務所に収監されていた。一〇人のイリーガル逮捕については聞いていたが、自分も交換要員に入っていることはまったく知らなかった。七月四日、ゲンナジーは濃いめのチフィール茶（別名、刑務所茶）の入ったカップを黙って掲げ、友だちのカウボーイ・ジャックに乾杯した。カウボーイはきっとおれのために動いていると思った。刑期三年の五年目を迎えていた。

翌日は通常どおり午前六時の起床後、体操、朝食があり、その後、宿舎に戻り、正午までバレーボールといった具合で進んだ。その後の展開については、ゲンナジーの刑務所日記によく描き出されている。[*41]

一時ごろ、バレーボールコートにいたとき、一五分で荷物をまとめ、移動の準備をしろといわれた。びっくりした――移動があるとは思っていなかったし、移動があるとすれば、ふつうは週に一度、決まった曜日のはずだが、この日はちがうし、時間もいつもとちがっていた。管理側には、彼らにとっても急な話だといわれた。不安になった。

それで、荷物をまとめ、伝統の恥ずかしい素っ裸検査を受けたあと、移動のため刑務所のトラックに乗せられた――行き先は見当もつかない。一時間半ぐらいで、トラックはニジニ・ノヴゴロド刑務所に入った。そこに一年以上いたことがあるので、わかった。また尋問を受けるために連れてこられたのだろうと思った。あるいは、裁判所がおれの苦情を吟味するためかもしれない。だが、そこの刑務所には入れられなかった。すぐに荷物をぜんぶ持って別の車に乗るようにいわれた。刑務所の中庭には、偉そうな連中がたくさんいて、おれの写真を撮ってるやつもいた。不思議で異常な光景だった。

おれが乗せられた車は通常の受刑者移送車ではなく、真新しいフォルクスワーゲンのバンだったが、あいにく車内はペンキを塗ったばかりの固い金属でできた小さな檻《おり》のようだった。ガス室のようでもある。外の気温が三〇度で、当然のごとくエアコンなどついていないことを考えればなおさらだ。鉄道の駅に行って、列車に乗り換えて目的地に向かうのかもしれないと思った。

ちがった。刑務所から駅までの移動時間はせいぜい三〇分だが、もう四〇分は走っている。行き先はモスクワなのか？　熱で死ななければいいがと思った。約一時間も酸素がほとんどないこの動くガス室に閉じこめられていたから、体が溶けて息もできなくなりかけていた。不平不満を訴え、ドアをあけるか、少し休憩を入れて新鮮な空気を吸わせてほしいといった。護衛はおれたちだって同じだし、休憩するなといわれているとのことだった。おまけに、なるべく早く目的地に着くようにとの電話が何度か入っていた。おれの死体を届けてもいいならかまわんが、生きたまま連れていくなら、新鮮な空気を吸う機会が必要だ。三〇～四〇分ばかり交渉した結果、護衛は折れ、数分だけ車から降りられた。

外に出ると、ほかに護衛の乗る二台の車が前後に一台ずつ走っていたことに気づいた。その後、目的地まで車内は、外気が涼しくなったこともあり、だいぶしのぎやすくなった。午前二時ごろ、レフォルトヴォ刑務所に戻ったことがわかった。非常になじみ深いところだ。

七月六日の午前九時、刑務所長室に連れていかれた。中に入ると、五人の男がいた。ふたりはテーブルの片側に並んで座り、三人が反対側に座っていた。三人の方は外国人のようで、不当判決と刑務所での屈辱的な扱い（暴力、挑発、脅迫など）を受けたというおれの申し立てを受けて、国際人権委員会から派遣された人たちかもしれないと思った。ロシア側ふたりのうちひとりは、FSBのアレクサンドル・〝サーシャ〟・ゾモフ――モスクワのクラスナヤ・プレスニャ拘置所に収監された最初の週に、おれの尋問をしたくそ野郎だった。

ひとりの外国人がロシア語で話しはじめた。自分はCIA支局長だといい、ほかのふたりは国務省と司法省の者だといった。三人のひとり、ダンという人［ペイン。かつてのサンディー・グライムズのチーム・メンバー］が支局長だと聞いたとき、新手の挑発、新手の計略かと思った。CIA局員が身分を明かす、しかもFSBの代表がいる前で明かすなど、読んだことも聞いたこともない。しばし啞然とし、身分証を見せてくれとまでいってしまった。しかし、ばかなことをいったものだと思った。FSBならどんな文書も捏造《ねつぞう》できる。

〝ダン〟が〝米露政府間の合意文書〟からいくつか合意項目を読みあげ、〝私はアメリカ政府のために働いていたと認めます〟と書いてある文書にサインしてもらうといわれたとき、挑発だという思いは強まった。おれはダンに顔を向け、あんたが本当にCIAの人間なら、おれがロシア政府以外の政府のために働いたりしていないことぐらいわかるはずだといった。ダンはいまいったことはすべて本当で、挑発ではないと訴えた。合意条件に含まれているからサインを求めているだけだと。その文書にサインすれば、晴れて自由の身になり、翌日にはアメリカに行くのだと。

わけがわからない。どうしていいのかわからなかった。ダンはすぐに決めろと迫っている。

状況が飲み込めなかった。おれは刑務所にいて、自分がCIAのスパイだと自白しなければ、死ぬまで刑務所から出られないかもしれないといわれている……すると、別のやつに、自分がスパイだと認める文書にサインしてもらうが、アメリカで自由の身で暮らせるといわれる。その決断はいまここでしてもらうと。処刑の下準備としておれに自白させようと、FSBがこんな大掛かりな罠を仕掛けてきているのか?

ダンはもう一度ぜんぶ本当のことだといった——夢でも、挑発でもないと。アメリカ政府のために働いていたと認める文書にサインするだけでいいというが、おれはそんなことはしていない。おれは思った。おれには失うものなどないが、これが嘘でなければ、明日には自由の身になれる。おれは文書にサインすることにして、役人たちにもそう伝えた。その後どうして監房に入れられたのかは覚えていない。頭の中でハリケーンが荒れ狂っていた。看守がドアをノックし、サインする文書を持ってきたときに正気に返った。大統領に恩赦を求める申し立てだった。これにサインしたら、全世界に対して、家族や友人に対して、おれがスパイをしていたと嘘をつくことになる。FSBはおれの名前を使って自分たちの尻拭いをしたいのだ。その文書にサインするまで三~四時間かかった。その夜は眠れずに過ぎていった。おれは頭がいかれたかのように、監房の中で〝走って〟いた。思いがあちこちを巡った。状況、子供たち、母、今後の人生……。

七月七日の朝、刑務所当局が何人か家族に会ってもいいと伝えてきたから、息子のイリヤとマーシャと子供たちを呼んでもらった。その日はスロー・モーションで過ぎていった。興奮しすぎていた——自由の身になるかもしれない、アメリカへ渡る、四年も会っていない子供たちに会える。檻に入った手負いの獣のような気分だった。

夜になり、七時ごろにヴァーニャ［イワン］とマーシャに会った。そのときの思いを表すのにふさわしい言葉はなかなか見つけられない。天にも昇る気分だった。ヴァーニャは大きくなっていて、いっぱしの男になっていた。頭もよさそうだし、ものわかりもよさそうだ。明日釈放されてアメリカに連れていってもらえると伝えると、ふたりはおれの気が触れたのだと、いかれたのだと思ったらしい。おまえたちもアメリカへ行って、ずっとおれと一緒に暮らすんだから身支度しておけよとおれはいった。ふたりにはまったく響かなかった。この状況を理解するのはおれよりはるかに理解できなかった。やっとわかった。すべておとぎ話のようだった。あとになって聞いた話だが、ふたりは帰りにこの面会の話をしていて、ふたりはおれの気が触れたから、刑務所が面会を許可したのだろうと思ったという。

マーシャとヴァーニャとの面会が終わり、イリヤとの面会を待ったが、当局はイリヤは来ないといわれ、理由は教えてもらえなかった。おれにとっては、それもさっぱり理解できない痛手だった。この状況と今後について微妙な話をしたいやつがいるとすれば、イリヤだけだった。どうしても会って話がしたかった。イリヤが姿を見せなかったことはおれの気持ちに重くのしかかっていたが、一週間後にアメリカから電話する機会があってようやくわかった。ちょうどその日、イリヤの義理の母親が亡くなったから、会いに来られなかったのだった。

その夜も当然、眠れなかった。あまりに多くの疑問に対する答えを探っていた——まず、なぜおれが交換リストに載ったのか?? おれの母、子供たち、妻などは今後どうなるのか? 書類にサインしたのは正解だったのか? 亡命して、どんな暮らしになるのか?

たまたま七月八日は休日だった。"家族の日"だ。なんとしあわせな偶然か。おれは今日、自由の身になる。あまりに強烈で、何がどうなっているのかまだ理解できず、どうにも実感が湧かず、まるで夢のよう、奇跡のようで……。今日おれは自由の身になり、自由な男としてアメリカで眠る……。

一〇時ごろ、監房を出て受付に連れていかれると、そこにはすでにおれの荷物があった。かばんに入っていた自分の服に着替えていいといわれた。自由への第一歩だ。もうすぐだと思ったが、心の奥底には重苦しい不安があった。

おれはコーヒーを淹《い》れ、ふたつのかばんに荷物をまとめた。ひとつに文書を、もうひとつに私物を入れた。もどかしさを抱えながら、自由に向かって旅立つ時を待っていた。胸が躍る時間だった。時は過ぎていくが、動きはない。おれはまだ刑務所にいる。二時、昼食を出されたが、食べられなかった。食欲がなかった。寒いところにいるみたいに震えていた。一時間が永遠のように感じられた……。この状況は六時まで続いた。すべて罠なんじゃないか、いたずらなんじゃないかと思いはじめていたが、そんなことをする目的がわからなかった。六時を過ぎてやっと、今日の予定は中止になったと職員に告げられた。フライトが明日の七月九日に延期になったという。服をまた囚人服に着替えるよう命じられて、監房に連れていかれた。またしても、おれを精神的に殺すために仕組まれたことなのかもしれないと思いはじめた。夢はぜんぶ消えていき、失望と落胆の中にたたき落とされた。刑務所での挑発にはいろいろ慣れていたとはいえ、今度のは効いた。看守に薬をくれと頼んだりもした。また眠れない夜が来た。これで三日連続だ。うろたえるなと自分にいい聞かせた。現実を受け入れて、じっと待ってろと……。

ゲンナジーは知るはずもないが、政府のチャーターしたビジョン航空ボーイング767ジェット旅客機がニューヨークのラガーディア空港を飛び立ち、一路ウィーンに向かっていた。同機には国務省職員、CIA局員、FBI局員が、ウィーンへ向かう交換対象の一〇人のイリーガルに同行していた。ゲンナジーの自由、そしておそらくはゲンナジーの命を守るカギが、当のゲンナジーのあずかり知らぬうちに揃いつつあった。FBIの同行チームを率いていたのは、ニューヨーク支局のアラン・コーラーだった。コーラーは最近になってそのときの様子を語っている。FBI局員たちはファースト・クラスにいて、CIA局員たちは薄気味悪い何百もの空席に囲まれて、イリーガルやロシア人たちの世話係とエコノミー・クラスで静かに話していた。

長いフライトのあいだ、コーラーはときどきエコノミーのほうに行き、奇妙な力学を観察した。

「対戦するふたつのフットボール・チームのようだった」コーラーはいう。「アメリカ代表対ロシア代表——両チームは三時間におよぶ激戦のあと互いを尊敬していた。恨みっこなし。腹を割って話すだけだ」被告人たちの顔に不思議な安堵感のようなものが浮かんでいたとコーラーはいう。

大半のイリーガルたちが実際に顔を合わせたのははじめてだったから、自己紹介していた。フライト中、八時間も潰さなければならず、自分たちが検挙されたときの新聞記事を読み、びっくりしたあるロシア人スパイがコーラーにこういった。「すごいな、本当にうちに隠しマイクを仕込んでいたのか？」

そのころロシアのゲンナジーには安堵感はかけらもなく、あるのは不安だけだった。その日の朝は縁起を担いで、〝あんたはおれを知らない／証人保護〟のTシャツ——カウボーイからの贈り物——を着た。

ゲンナジーの刑務所日記には、レフォルトヴォの状況が描かれている。

二〇一〇年七月九日、レフォルトヴォ刑務所

午前四時に受付に連れていかれ、着替えてコーヒーを淹れてもいいといわれた。その後、サインする書類を渡され、何も考えずにサインした。それでやっと、もうじき何かが起こりそうだと信じられるようになってきた。二日前にいわれたことは、まだ現実のままなのかもしれない。六時ごろ動きに気づき、数分後かばんを持って看守についていけといわれた。刑務所の中

庭に連れていかれ、アイドリングしているバンに乗れと命じられた。

ゲンナジーはバンのフロアに座る前、ほかの受刑者と目を合わせなかった。苦悩の日々がはじまってまもないころに学んだ教訓だ。目を合わせると、思わぬ敵意を向けられることが多いから、ずっとうつむいていた。同乗者はほんの数人のようだった。ゲンナジーは座ったあと、背後に気配を感じた。その気配が声を出した。アレクサンドル・ザポロジスキーがいった。「こんな顔合わせはもうやめにしようぜ！」

数分後、五、六台の車列が刑務所の中庭から走り出した。おれたちは強化された警備下に置かれた。自由ではなかった。交換が非常に重大な作戦なのはわかる。シェレメチェボ国際空港から飛行機に乗ってアメリカに飛ぶのだろうと思って、空港へ行く途中、自宅が見えないかとウインドウ越しに外を見ていた。だが、すぐに行き先はドモジェド

ヴォ空港だとわかった。空港に到着すると、別の特別警備隊が車列に加わった。何台もの車が飛行場に集まっていた。釈放に関する書類を渡されて、サインしておけといわれていたが、おれとザポロジスキーには渡されなかった。その後、ひとりずつ重装備の護衛に付き添われて、飛行機に移った。これで自由だと思った……だが、ちがった。機内でも重警備のままだった。逮捕された週におれの尋問をはじめたゾモフ将軍も飛行機に乗っていた。

受刑者を乗せた飛行機がその日の昼前にドモジェドヴォから飛び立ったとき、アメリカ側の代表のひとり、おそらくダン・ペインが、離陸の報を指揮系統に流すと、数秒のうちにパネッタをはじめラングレーの面々に作戦の状況が伝わった。とある引退したＣＩＡ局員にも伝える必要があると思い立った者がいたらしい。

バージニアにあるジャックの娘ミシェルの家では、午前四時に〝内部の友人〟からの電話で起こされた。その友人は〝ワシレンコという人物〟が交換リストに載っているという。「おたくのゲンナジーじゃないかと思ったんだが？」友人が訊いた。ミシェルはすぐさま父親に電話した。ジャックはブルックリンにいて、やはり眠っていた。病気療養中の最愛の妹、ポリーを見舞っていたのだ（ポリーは一年後、筋萎縮性側索硬化症《ALS》で亡くなる。享年七二だった）。ミシェルはゲンナジーがスパイ交換リストに載っているかもしれないと伝えた。ジャックは期待に胸を膨らませたが、信じ切ってもいなかった。彼は確認が取れたら電話するといって、通話を切った。

ゲンナジーの日記には、こう書いてある。

ウィーン（そこで交換されると聞いていた）までのフライトは静かで短かった。［五九歳の］アレクサンドル・ザポロジスキーと並んで座り、ずっと喋っていたから、時が経つのも忘れていた。しかし、まだ自由ではなかった。トイレに行くときまで護衛つきだった。午後一時［モスクワ時間、ウィーン時間では正午］、飛行機はウィーンの空港に着陸した。

釈放された日のやつれたゲンナジー

自由への機上、ゲンナジーとザポロジスキーは、実存的な喜びと実際的な現実とのあいだに広がる渾沌《こんとん》とした黄泉《よみ》の国に迷い込んでいた。

「現実だと信じられるか？」ゲンナジーはいった。

ザポロジスキーは何の話かいわれるまでもなかった。自由の話だ。「現実かもしれないとは思う」

「罠だとは思わないか？」

ザポロジスキーは周りの機内を身振りで示した。「ここまでするとなると、やたら大掛かりになるぞ」

ふたりはしばらく頭をうしろにもたせかけていた。すると、ザポロジスキーがいう。「ゲーニャ、おれたち、アメリカにたどり着けるよな?」

今度はゲンナジーが楽観的なことをいう番だった。「もちろんだ」そして、現実に目を向ける。「どこで暮らすんだろうな?」

ザポロジスキーはバージニア州北部だと答えた。「前にも住んだことがある。あそこが気に入ってる」

「おれもだ。友だちがいる――とても仲がいい友だちが」ゲンナジーはジャックを思い浮かべていった。「土地つきの家がいいな。銃を撃てるところだ。バージニアの学校はいいみたいだし、ワシントンにも近い」

「それに、CIAのそばだ。敵に目を光らせておける」

ロシアのヤコヴレフYak‐42とアメリカのビジョン767機が、五分と間を置かずに着陸し、縦に並んで駐機した。両機同時にキャビンでは、交換されるスパイたちが立ちあがり、はっきりしない新しい人生に足を踏み出そうとした。「ウィーンに着くと、イリーガルたちが口々におれたちのプロ意識と、翌日に到着する彼らの子供たちの対応に感謝の言葉を述べた」FBIのコーラーはそう述懐する。「おもしろいことに、彼らは実際にはウィーンに足を踏み入れなかった。タラップを降りたところは、エスカレーターになっていて、そのままロシア機まで移動できた」

ゲンナジーは日記にこう書いている。

一方の飛行機からもう一方の飛行機への徒歩での移動はよどみなく、静かに進んだ。飛行機を降りると、そばに駐機しているもう一機からもアメリカ側の集団が出てきた。そして、ふたつの集団が乗り換えた。

エプロンを歩いてアメリカ側の飛行機に向かって歩いていたとき、ゲンナジーは天敵のサーシャ・ゾモフと目が合った。サーシャに向けて、たったひとことの別れの挨拶を投げかけた。「惜しかったな、くそったれ」

ゲンナジーは書いている。

アメリカ機のタラップを踏んだとき、自由を実感した。護衛もなく、くそったれのサーシャもいない。三年の刑期でほぼ六年も収監されていたから、実感としての自由を説明するのはむずかしい……。天にも昇る気分だ。酔いが回っているかのような……。三日前まで重警備刑務所にいて、おまえは死ぬまでここにいるといわれていたのに、いまは自由に向かう飛行機の中にいる。奇跡だ……。

「ウィーンでは、不思議な力学が働いていた」コーラーは当時の様子を語る。「イリーガルたちが嬉しそうに飛行機から降り、四人のロシア人たちも嬉しそうに乗った。四人のロシア人たちはほんの数分前に到着したばかりだった。時計仕掛けのように。すれちがう双方の顔を見たのかどうかはわからない。たぶん見たのだろう。ゲンナジーは例の〝あんたはおれを知らない／証人保護〟のTシャツを着ていたから、目立っていた。機内に入ると、医者が四人の体調を検査した。ひどい状況で、一カ月ぐらいシャワーも浴びていないかのような悪臭を漂わせていた。その後、彼らは、話を聞くために配置されていたCIA局員と話をした」

今回のスパイ交換は、協調体制がさらに高まったリセットへのオマージュともいえるが、その全行程は滞りなく進んだ。ロシア機は午後一二時三八分に離陸し、ビジョン航空のチャーター機もそのすぐあと、ロンドンに向けて一二時四五分に飛び立った。

またゲンナジーの日記より。

ウィーンからのフライトは楽しかった。よく喋り、よく笑い、愉快だった。シャンパンも少し飲んだ。飛行機はいったんロンドンに立ち寄り、そこでこっちのグループのふたりがイギリス当局に連れられて降りた。

ゲンナジーの乗った飛行機はイングランドのオックスフォードシャーにあるブライズ・ノートン空軍基地に着陸し、スパイ交換により解放されたロシア国籍のイーゴリ・スチャーギンとセルゲイ・スクリパリを降ろし、大西洋を隔てたワシントンのダレス国際空港へ向かった。一方、ロシア機はモスクワのドモジェドヴォ空港に戻り、着陸後、一〇人のイリーガルたちは現地および海外のマスコミと接触しないように隔離されていた。ゲンナジーはKGBのつてで隔離理由を教えてもらったという。「プーチンはイリーガルたちが戻ったら逮捕させるつもりだった――一〇年もただうかれ騒いでいたからだという」しかし、熟慮のすえ、プーチンは考え直した。

ゲンナジーの飛行機がオックスフォードシャーから飛び立ったのとおよそ同時刻、ニューヨークではカウボーイ・ジャックのトレイルウェイズ・エクスプレスがペンシルヴェニア駅から走り出し、バージニア州グレート・フォールズへ向かっていた。ジャックは三〇年間もロシアの友人を追いかけてきた。今度はゲンナジーがジャックを追いかける番だった。高度三万七〇〇〇フィート（約一一二七七メートル）から。ジャックのバスがホランド・トンネルを抜けて、自由の女神がちらりと見えたとき、友人もどうにか自分の自由をつかみ取っていてほしいと願った。

オックスフォードシャー上空を飛ぶ三〇〇席を超える機内では、ゲンナジーとザポロジスキーがようやく安堵のため息をついていた。「だれかがスコッチのボトルをあけた」アラン・コーラーはいう。「感情が大きく高ぶっているようだった」コーラーは護送を任されたふたりと気軽に喋っていたが、あるやり取りが脳裏にこびりついている。「機内でいろいろ話した中でも、ゲンナジーとの会話がもっとも重要だった。イングランドで補給したあと、ゲンナジーがくたくたに疲れているのがわかった。それで、横になってもらおうと座席間のふたつの肘掛けを畳んだ。肘を折って頭を乗せると、おれを見あげて、こういったんだ。『コンクリート以外の上で眠るのは五年ぶりだ』と」

ニュージャージー・ターンパイクのどこかで、ジャックもうとうとしていた――だが、そう長くはうとうとできなかった。一〇時ごろまでにパネッタの秘密作戦部長――そして、かつてのジャックのIOC訓練生――マイク・スリックからの待ちに待った電話が入った。「秘密作戦部の部長から電話をもらったのは、二〇年ぶりだった」ジャックは二〇一六年にそういっていた。

「もしもし、ジャックか。電話したのはほかでもない、あんたの友だちが交換リストに載ってることを伝えるためなんだ」スリックはいった。

「冗談じゃないだろうな。こっちはまじめに訊いてるんだ」

「この件にかぎっては冗談なんかいわないよ」スリックは請け合った。「あんたが彼をどれほど大切に思っているかはわかってる」

ジャックはゲンナジーがまだロシアで審査されていると思っていた。あいつなら今回も策略ではないかと不安がっているにちがいない。またサーシャお得意の拷問なのだろうと。「今回はガセじゃないとゲーニャにとくといってやってくれと、おれはスリックにいった」ジャックはいった。「『〝クリス・ロレンツ〟がよろしくいってると、部下を通してあいつに伝えてくれ」

このときようやく、ジャックもミシェルの希望に満ちたメッセージの内容が事実だとほぼ確信できた。だが、トレイルウェイズ・エクスプレスの中でもあり、喜びの声をあげたい気持ちはまだ抑えていた。サーシャやフラトコフなどプーチン全体主義政権の手先が、西側に、そしてゲンナジーに、ふたたび残酷ないたずらを仕掛けてくるのではないかと心配だった。コーラーたちがじきじきにゲンナジーに付き添って飛行機に乗せたことなど、ジャックには知る由もなかった。車中、ジャックの携帯電話は鳴り続けた。こうしたかつてのCIAの同僚たちからお祝いの電話のおかげで、ジャックの不安はようやく収まった。バージニアでは、ミシェル・プラットが最終確認はまだかと、電話のそばでうろうろしていた。「その日の午前中に父が電話してきて、いまバスでそっちに向かっているといってきました。そうだ、これからお祝いになるぞ、と」

シートに身をうずめ、カウボーイはしみじみ人生の巡り合わせを思い、パターンを見極めようとした。見舞ったばかりの実の妹で、最高の友だちでもあるポリーは、もう先は長くない。そんなときに、二番目に最高の友、ゲンナジーが戻ってくるとの知らせが舞い込んだ。神の御心《みこころ》とはこういうものなのか？　物事のバランスを取り、ひとつの命を召し上げ、別の命をもたらすのか？　いや、とカウボーイは思った。そんなのは、はかないこの世で自分の居場所をどうにか見つけようとする、人間の浅知恵だ。カウボーイはこれまでずっと、信仰ではなく価値を求める男だった。ケネディ大統領の就任式の言葉を思い出した。ミサイル危機のおり、海兵隊員として荒れ狂うキューバ沖でうずくまっていたときにいつまでも脳裏に響いていた言葉だ。「見返りは良心だけ、みずからの行いを裁くものは歴史だけであっても、神の祝福と力添えを乞いつつも、この地上では神の御業が我々の行いでなくてはならないと肝に銘じて、愛するこの土地を導いていこうではありませんか」〝神の御業が我々の行いでなくてはならない〟。まさに。

やはり、カウボーイは思った。神が手心を加えたおかげでゲンナジーの解放が実現するのだとしても、それはこの老いぼれスパイのためにバランスを取ってのことではないのだろう。世界規模でのバランスを考えれば、神の手心はまるで足りていないのだから。

最後の数日間、アラン・コーラーにはいたたまれない気持ちになった瞬間が何度もあったが、もっとも深く記憶に刻まれているのは、ビジョンのチャーター機に乗っているときにやってきた。目的地のワシントンまであと約四五分だった。「ニューヨーク上空を飛んでいたとき、自由の女神像が見えて、おれたちは外を見た。ゲンナジーも窓越しに見ていた。彼の目には涙があふれていたよ」

18 大詰め

困ったときこそ、真の友がわかる。

――ロシアのことわざ

ゲンナジー・〝MONOLITE〟・ワシレンコとアレクサンドル・〝AVENGER〟・ザポロジスキーという、友だち同士のロシア人ふたりを乗せた飛行機は、二〇一〇年七月九日金曜日の午後五時三〇分ごろにワシントンDCに着陸した。その日の午後、カウボーイはゲンナジーを出迎えようとダレス空港へと急いだ。ふたりが到着する正確な時間と場所は、別の部内者に教えてもらっていた。ようやく、あのいかれた銃士仲間が自由の身になった――ほんとになったのか？カウボーイがのちに〝CIAのいつもの大失態〟と呼ぶものがまた生じ、カウボーイはロシア人の〝フレネミー〟（〝フレンド〟＋〝エネミー〟の造語）を出迎えるなら、国際線の到着ターミナルに行けばいいとの伝言を受けた。ダレス空港の壁一面のウインドウから、カウボーイは興奮のまなざしでFBIのチャーター機が着陸するさまを見た――ところが、同機はタクシングを続け、空港の反対側へ行ってしまった。カウボーイのいるところから八〇〇メートルほど離れた、民間人政府契約者の手続きをすることが多いシグナチャー社の運航支援事業施設《ＦＢＯ》のほうだ。

遠くのターミナルでは、えび茶と白のボーイング７６７が、ＦＢＩ、国防省、ＣＩＡの各代表団を待っているＳＵＶ車列の数メートル手前でゆっくり止まった。カウボーイはシグナチャー施設に向かって、七四歳の老体に鞭打ってなるべく速く歩きはじめた。ゲンナジーが本当にチャーター機に乗っているのかどうかさえわからなかった。コーラーがゲンナジーとザポロジスキーを、エプロンで待っていたＣＩＡに引き渡したのかどうかもわからなかった。ぜいぜい息を切らし、倒れそうになりながらシグナチャー施設に着いたときには、車列がとっくに走り去ったあとだった。ＩＯＣお得意の逃げ足。おそらくおれが何年も前に訓練したゼファーたちとも連携していたのだろう、とカウボーイは思った。そして、こんなにいい教官だった自分を呪った。帰ろうとしていたとき、カウボーイはロビーを通りかかったコーラーに気づいた。

「おれは『ゲンナジーはこっちに来た。無事だ』とジャックに教えた」コーラーはいう。「ジャックに会ったのはそのときが最後だった」

その夜、ジャックは悪夢を見た。あの陰険なＦＳＢがゲンナジーだけは手放さないことにして、代わりにゲンナジーそっくりのイリーガルを送り込んでくるという夢だった。翌日もＣＩＡのつてからの電話で目覚めた。ゲンナジーのいるアジトの住所を伝える電話だった。数時間のうちに、ジャックとゲンナジーは、これといった特徴のないメリーランド州郊外のコロニアル式の建物で、待ち焦がれていた再会を果たした。ふたりとも昔日のへまを笑っていた。ミシェル・プラットもまもなくゲンナジーと再会したが、そのときの様子をこう語る。「ゲンナジーは骨と皮だけになっていました」

「ずいぶん遅かったな？」はるかむかしにガイアナのホテルでジャックにいったせりふを、ゲンナジーはそっくりそのまま投げかけ、ジャックと抱き合った。

「ちがうターミナルに行っちまった」ジャックはいった。

「ＣＩＡはまだあんたにつまらんゲームを仕掛けてくるのか？」ゲンナジーは冗談めかしていった。

「くそったれ」

「これからどうする？」ふたりは互いに訊いた。ジャックはいった。「銃を撃ったり、魚を釣ったりしに行く。パーティーをひらいて、ダイオン、マッド・ドッグ、ボビー・デ・ニーロ、みんな呼ぶ」

「いいとも。だが、その前に――いいウォッカを一本ぐらいあけさせてくれるだろ」ゲンナジーは答えた。

その日、モスクワでは、ロシア外務省がアメリカ側がとらえていた一〇人とロシア側の四人とを交換したと認め、その際、「人道主義的配慮と建設的なパートナーシップの発展」のためだと付け加えた。この交換を報じる西側のニュースはどれも、スチャーギン、スクリパリ、そしてザポロジスキーのスパイ活動については言及していたが、ゲンナジー・ワシレンコが含まれていたことについては混乱しているようだった。NBCニュースによるゲンナジーの報道が典型だった。「彼が含まれた理由は現時点でははっきりしていません」[*42]

二〇一〇年の一大スパイ交換が成功裏に終わったのは、つまるところ、たまたま短い〝リセット〟期間（二〇〇九〜二〇一四年）に当たったからだった。スリックをはじめ複数の者たちが予言したとおり、二〇一四年のロシアによるクリミア併合に伴い、リセットは頓挫した。イリーガルたちがリセットの前かあとに逮捕されていたら、米露の〝建設的なパートナーシップ〟は存在しえなかったのだから、交換など一顧だにされず、アンナ・チャップマンたちは最高警備の刑務所のコンクリートの監房に入り、ゲンナジーはボルのようなロシアの地獄で朽ち果てていただろう。「おれは三度も命拾いした」ゲンナジーはいまになってそういう。「クマに溺れさせられそうになったときも生き延びた。ハバナでとらえられたときも、ジャックを信じようと思ったから、おれの言葉を記録に残していないと信じたから、船から海へ身を投げるのを思いとどまった。そして、二〇一〇年には、刑務所から這《は》い出た」

数日後、CIAはゲンナジーをバージニア州ロズリンに連れていき、高級アパートメントをあてがった。暮らしはぐんとよくなったが、心の健康はそれほどすぐに治るものではなかった。「陽気な態度は影を潜め、何だか混乱しているようでした」アパートメントへの入居を手伝ったミシェルはそう思い返す。自由を手にし、カウボーイとプラット家の人たちがいるといっても、ゲンナジーはほかのすべてを失ったのだ。妻、ガールフレンド、六人の子供たち、母、愛していた母国、そして、ＫＧＢに忠実な情報将校という名声も。レフォルトヴォであの偽りの自白文書にサインしてしまったという思いは、この先もずっとゲンナジーをさいなむのだろう。しかし、ミシェルがスカイプを教えたときには、ゲンナジーの気分がぱっと明るくなった。「家族の顔は二度と見られないと思っていたようで、泣いてました」ミシェルはいう。「さっそくラップトップを買いに行きました」

それから数週間、ＣＩＡの要請を受けて、ミシェルはロシア刑務所の腐敗状況の報告書を作成していたゲンナジーを手伝った。それから数年後、ゲンナジーは複数のＦＢＩ支局を訪問し、ロシアの組織犯罪に関する専門的知見を提供することになる。渡米の翌年、マーシャと、ゲンナジーとの三人の子供たちがアメリカにやってきた。二〇一一年夏には、ゲンナジーのいちばん年上の子供たち、ユリアとイリヤ、疎遠になっていた妻のイリーナ、母親も渡米した――ほとんど機能していないロシア人の大家族がロシアとは似ても似つかないバージニア州に引っ越してきた。〈ＨＴＧ〉のロイ・ジェイコブセン（不動産業者でもあった）が、ジャックにいわれて、ゲンナジーの家探しを手伝い、警備がしやすく、複数の出入り口がある家を探し出してきた。射撃場をつくるスペースがあるという条件もしっかり入れ、荒っぽい状況になるかもしれないから、さまざまな火器の精度を高める作業も手伝った。FBIの協力を得て、ゲンナジーはすぐに拳銃の隠匿携帯許可を取得した。CIAの報酬もあって、ゲンナジーはその家を九〇万ドルで買った。現金払いだった。

ハリウッド映画なら、ハッピー・エンディングを迎えるところだが、現実はちがう。スパイ交換はよくいってもほろ苦いものだった。ジャック、ゲンナジー、ダイオン、マッド・ドッグにとっては喜ばしいかぎりだが、ワシレンコ家の子供たちにしてみれば、心に傷を負ってもおかしくはない結末を迎えていた。ジャックの妻や子供たちは父親を愛しているが、ゲンナジーの大きくなった子供たち、ユリアとイリヤは、悪いことなど何ひとつしていないのに父親が交換に同意したばかりに、キャリア、友人たち、母国を放棄するしかなくなったのだ。マイク・ロックフォードは大移住を見届けて、述懐している。「ゲンナジーの子供たちは被害者だ。アメリカに来たくはなかった——しかたなく来たのだ」スパイ活動においてめったに光が当てられない一面だ。ザポロジスキー、ステパノフ、ポテイエフ、イリーガルたち、その他大勢のスパイの家族もそんな思いを味わってきた。何年ものあいだスパイの家族が次々と移住してくるので、CIAやFBIのソーシャル・ワーカーや移住の担当者は残業続きだった。スパイの世界では、いつもだれかが代償を払うらしい。

ありがたくもない諜報の——そして夫婦間の——一連のドラマにいちばん大きな影響を受けた

のは、おそらくイリヤだろう。もちろん、父親のいない環境で育った影響もあった。イリヤは父親が最愛の母に対してなりゆきまかせで不実を働いてきたという事実にずっと向き合ってきた。さらに父親が——イリヤの幼なじみのマーシャと！——もうけたもうひとつの家族に会って大きな衝撃を受けていた。当然ながら、イリヤとゲンナジーのあいだには大きくて深い感情の溝ができていた。ふたりは近くに住み、家族の集まりなどには揃って出るし、仲良くもしている。だが、イリヤは人好きのする父親に、それが精いっぱいだとはっきりいった。ゲンナジーに対してもそうだが、この不始末についてはマーシャもゲンナジーと同罪だと思っているから、マーシャに対しても同じだ。しかし、だれがイリヤを責められるだろうか？　ゲンナジーが子供たちを、特にイリヤを、溺愛していることは周知の事実だが、一方通行の愛情が彼の生き方に対する一種の罰だということも、ゲンナジーは理解していた。ゲンナジーなりに、イリーナを含むすべての家族を愛しているのだ。

ＣＩＡもワシレンコ家もおおっぴらに話せないだろうが、拡大家族の生活費と永住グリーンカードはアメリカ政府が用意していた。ゲンナジーがステパノフのパスポート申請書類に気軽にサインしたことに対する報酬ではあるが、カウボーイ・ジャックがハンセン逮捕に大きく貢献したことに報いるという意味合いもあったのかもしれない。資産《アセット》が提供する情報の対価を交渉できる政府機関はＣＩＡだけだ。一九四九年制定の中央情報局法の一部、一般法第一一〇条の追加条項には、ＣＩＡは通常の移民手続きを踏まずに転向者を待遇することができると規定されているので、すぐにグリーンカードが用意できたのである。ワシレンコ家のような家族は、ふつう住居、グリーンカード、月ごとの給付金が与えられ、さらに家族全員について教育費が免除される。ゲンナジーの家族のような大所帯であってもだ。詳細事項については、ＣＩＡの国家再定住《NR》作戦センター《OC》の管轄になる。給付金が入ると、ゲンナジーは郊外の家を買った。広々とした家だが、豪奢《ごうしゃ》ではない。

ひとり、またひとり、ときにはふたり、またふたりと、ゲンナジーの銃士仲間がバージニア州の田舎の家――ダーチャ式のサウナがあって、近くの森に射撃場があるのはここぐらいだろう――まではるばるやってくるようになった。同様に、〈ＨＴＧ〉のパートナーたち――カウボーイ、ベン・ウィッカム、ボブ・オールズ、ロイ・ジェイコブセン――は、グレート・フォールズの〈オールド・ブローグ・アイリッシュ・パブ〉で〝御前会議〟をひらき、ゲンナジーのアメリカ入りを歓迎した。ショフラーのブランチ会の面々も、いつまでも続く同窓会に加わった。「二〇一〇年一〇月一七日」ダン・モルデアは回想する。「三カ月前にゲンナジーがロシアの刑務所から解放され、スパイ交換が行われてからはじめて、私はショフラーのブランチ会で本人に会った。ゲンナジーはプラットのゲストとしてブランチに出ていた。彼は私を抱きしめて、フィーノとふたりでいろいろしてくれてありがとう、と感謝の言葉をかけてくれた」アメリカが、とにもかくにもゲンナジーにとってはくつろげる場所になりつつあった。

当然、〝ボビー・D〟も黙ってはいなかった。まもなくジャックとゲンナジーは、例のニューヨークのアパートメントでデ・ニーロと再会した。二〇一一年の秋、デ・ニーロはゲンナジーにオファーの電話をかけた。ゲンナジーが『グッド・シェパード』でビッグになれるチャンスを逃していたので、デ・ニーロはフィラデルフィアの実際の撮影現場に呼ぼうかと思ったのだった。「ボブ（デ・ニーロ）は、実際に映画がつくられている現場を見たくないかと訊いてきた」ゲンナジーはいう。ゲンナジーが現場に行くと、デ・ニーロはまたゲンナジーの写りのいいカリスマ性に惹かれ、『世界にひとつのプレイブック』の端役として使おうと、すぐに衣装部屋に連れていかせた（ゲンナジーはクライマックスのダンス・シーンで、審判員のスコアカードを回収するタキシード姿の男の役を演じた）。

二年後の二〇一三年八月、ジャックとゲンナジーは、ニューヨーク州ガーディナーの三四ヘクタールもの大農園でひらかれた、ボビー・Dの七〇歳の誕生パーティーに出席した。そこで銃士たちはレストラン〈ノブ〉――デ・ニーロはそこの共同オーナーである――のケータリング料理を食べ、クリストファー・ウォーケン、ハーヴェイ・カイテル、サミュエル・L・ジャクソン、キース・リチャーズ、ブラッドリー・クーパー、レオナルド・ディカプリオ、ショーン・ペン、リー・ダニエルズ、マーティン・スコセッシ、レニー・クラヴィッツといった面々と楽しいひとときを過ごした。レニー・クラヴィッツは生演奏で花を添えた。

ジャックは〈ＨＴＧ〉の共同創設者ロイ・ジェイコブセンと彼の娘のジェンをニューヨークに

呼び、デ・ニーロの前でカーリー・サイモンの〝私を愛したスパイ〟（ジャックとゲーニャの逸話《サーガ》を反映した歌詞にしたもの）の替え歌を歌ってもらった。ペンシルヴェニア駅で、ワシントンへ戻る支度をしていたとき、ジャックは財布を忘れてきたことに気づき、列車内で必要になるかもしれないと心配した。ロイはこの駅の警備係に知り合いはいないのかとジャックに訊いた。

「いるなんてもんじゃない。ほとんどはおれが訓練したやつだ」ジャックはいった。

ジャックは最初に見つけた警備員に歩み寄った。ジャックが口をひらきもしないうちに、「ジャック、ジャック・プラットじゃないか！」警備員はほかの乗客を押しのけるようにして、一行を列車に案内した。

その後まもなく、カウボーイは本書の著者たちに協力しはじめた。もうひとつ本書に入れるべき冒険譚《たん》を教えるからといって、メリーランド州ポトマックの〈ハンターズ・イン〉でチリ（ジャックの好物）を食べながら急遽ランチ会に呼ばれることも珍しくなかった。どこへ行ってもカウボーイ・ハットは健在だが、そのほか、タカ、地球、錨《いかり》からなる愛してやまない海兵隊の徽《き》章《しょう》がついた服を着ていることが多かった。海兵隊の信条、〝常に忠実であれ《センパー・ファイ》〟がタカのくちばしから飛び出ているところを、ジャックは特に気に入っていて、それを指さして、タカが〝常に忠実であれ〟といっているんだと、ことあるごとに聞き手に教えるのだった。父親のことや、「この脆《もろ》い実験国家」アメリカの行く末について話をするとき、その声はやさしく、か細くなるのだった。人生談を細かく振り返る熱い気持ちはあるものの、カウボーイは目に見えて痩せ細っていた。

ロシア人に対するスタンスは少しずつ丸くなっていった。〝握りつぶし〟てやりたいというような物言いはなくなり、〝連中はどうしようもないんだ。制度が悪いんだから〟というようなことをいうようになった。ジャックがＣＩＡから引退したあと全世界の注目を集めたイスラム原理主義者に対しては、もっと辛辣な態度だった。アメリカ人とロシア人は（それぞれの政治制度、とはちがって）心の底では殺し合いたいとはまったく思っていないが、イスラム原理主義集団は死のカルトで、西側諸国が灰燼《かいじん》に帰すまで攻撃をやめない、とジャックは考えていた。テロリストに対するその熱い感情を見るにつけ、西部開拓時代に辺境地帯の治安を守っていた年老いた保安官が、最後の暴徒をつかまえたあと、沈みゆく夕陽《ゆうひ》に向かって馬を駆る姿がそこに立ち現れるようだった。

アメリカの情報機関は精力的に動くべきだと、ジャックは最後まで擁護し続けた。欠点のあるスパイ機関でも、何もないよりははるかにましだと信じていた。ＣＩＡの失策をいつまでもバッシングするマスコミとはちがい、スパイ業に失敗はつきものだと思っていた。外科医だって患者を死なせることはある。現場に出たこともなく、実戦も知らず、どんな仕事より激しい逆流の渦も知らないくせに、わけ知り顔で顎を掻《か》いている批評家は嫌いだった。『ア・フュー・グッドメン』に出てくる、ジャック・ニコルソン演じる架空の海兵隊大佐ネイサン・ジェセップが、トム・クルーズ演じるおせっかいで知ったかぶりの若い検察官に向かって「**おまえはおれにあの壁を登らせたいんだろうが！**」というとき、カウボーイはそのとおりだといわんばかりに拳を突き上げていた。ジャック・ニコルソンとはちがい、ジャック・プラットはミサイル危機のとき、実際にキューバ沿岸で待機していて、核爆弾が飛び交いはじめたら陸に向かって突き進むところだった。アメリカ合衆国はジャック・プラットにあの比喩としての壁に登らせたかった。だから彼は半世紀ものあいだ、壁の上にまたがっていたのだ。

　それでも、カウボーイはとっくのむかしにアルコールを断ち、代わりに哲学を体に取り込むようにしていたが、愛する職業にまつわる答えにくい問いを発することは有益だと思っていた――打ち壊すためではなく、改善するために。諜報界の官僚主義は〝自分でなめるソフトクリーム〟になっていないか？　敵を食い止めることより、官僚組織を存続させることを重視していないか？　まったく、近ごろではあの連中は〝敵〟という言葉さえ使いたがらない。〝利害関係者〟などという、薄くて味も何もわからないニューエイジの戯言を好む。そんなわからず屋の局員は〝給料泥棒《ケーキ・イーター》〟だ。勉強ばかりして筋肉が足りない履歴書書きの専門家で、国際派ぶるあまり、アメリカにはスパイしておかなければならない危険な敵が存在するという現実がまったく見えていないのだ。カウボーイはモトリンやマルティノフといったアメリカの資産《アセット》の名前を出し、米ソ双方が互いのスパイを追いかけ回すことにかまけて、核戦争――両陣営ともそんな大虐殺《ホロコースト》はまったく望んでいない――を回避する努力をおろそかにしてきたせいで、命を落としたのだと力説した。

　現代スパイ戦況をまともに評価しているのは、カウボーイ・ジャックだけではない。元ＣＩＡ秘密作戦部長マイク・スリックは著書*American Spies*において、あるスパイの悲劇を紹介している。「［オルドリッチ・］エイムズを見ればわかるとおり、スパイが歴史を変えることはめったにない……彼のスパイ活動は冷戦の結果には何の影響もなかった……それ以外の御しがたい問題が、最終的にソビエト帝国の失墜を招いたのだ」作家のデイヴィッド・ワイズはＣＩＡ全体を〝くたびれた官僚機構〟と評した。
　カウボーイとゲンナジーは（かなりのいらだちを見せながら）、すべての情報機関が同じパラドックスを抱えているという意見で一致していた。工作員は敵上層部に浸透するよう命じられて海外に派遣されるというのに、敵に接近するにつれ、接近しすぎ
ているのではないかと、疑いの目を向けられる。〝**どうしろっていうんだ？**〟ふたりとも何度かそういっていた。ジャックはアメリカの現状について気をもんでいたが、ゲンナジーもロシアについて同じ気持ちでいた。ゲンナジーはこういっていた。「むかしのほうが一〇〇パーセントよかった。だれかが一挺でも銃を持っていれば、国中をかき分けて捜したものだ。いまでは何百万挺もの銃が出回っていて、使われてもいる……。ロシアの未来を占うのはむずかしい。しかし、ロシアは長い、長い歴史を生き延びてきた」
　ジャックについて、ゲンナジーはこう語った。「はじめおれたちは敵同士のようにライフルのスコープ越しに互いを見ていた。しばらくして、スコープ越しではなく、男と男として、目と目

を合わせて互いを見るようになった」そんないきさつがあったからこそ、国のイデオロギーは対立していても、もともと国民同士は敵ではないのだと、ふたりとも固く信じているのだ。

何カ月も冷戦のスパイ史、とりわけジャックとゲンナジーの歴史に浸ったあと、著者ふたりは失敗に関する中心的な疑問に取り憑かれた。「こういうスパイ活動というものは……」昼食をとりながら〝ボーイズ〟と打ち合わせをしていたとき、エリックがいった。「両陣営ともやたら失敗するんですね」たしかに、ボーイズは互いを引き入れられなかったし、アメリカはエイムズ、ハンセンほか、大勢の二重スパイに気づかず、ロシアのイリーガルたちもアメリカにたいしたダメージを与えられず、ＦＢＩが誇っていたワシントンのソビエト大使館の地下に掘ったトンネルも、逆用されていた。

「スパイを続ける意味があるんでしょうか？」ガスが訊いた。

ジャックとゲンナジーはちがう答えを返した。ゲンナジーはこういった。「勝者などいない《ノーボディ・ウインズ》」その答えと同じタイトルがついたクリス・クリストファーソンの歌が脳裏をよぎった。そっちが悪いといって双方が譲らない愚行を嘆き、どうせ勝者などいないのだから、こんなに苦しんでまですることじゃないという歌詞だ。ロイ・ジェイコブセンが引退したスパイの懇親会でよく歌っていた歌で、これを聞くと集まった者たちは酒と一緒に涙も流すことが多かった。しかし、ジャックはいった。「殴れるかぎり、どんな手を使っても殴り続ける。相手を疲れさせれば、いつかどっちかが見えなくなる」

「エイムズ……」ジャックはとげとげしい口調でその名前を出した。「エイムズはおれたちを骨抜きにした。あそこまでやられて、CIAの連中には、あきらめにも似た気持ちを抱いた者も多かった。実際にあきらめたやつもいただろう」内部が混乱していたせいで実行されなかったCIAプログラムがいくつあるか、だれにもわからない、とジャックはいった。「どっちかが見えなくなるというのは、そういうことだ」五分でいいからエイムズとハンセンと同じ部屋にいさせてくれというようなことを、ジャックはうなるような声でいった。本気だったようだ。

ジャックは自分のミスに気づいて、こう付け加えた。「そうはいっても、ある日、ソビエト連邦自体がなくなったから、見えなくなった」

ボーイズはそれぞれの母国が進んでいる方向について、しょっちゅう言い合っていた。ジャックがロシアはいまだに共産主義だと吠えれば、ゲンナジーはロシアは〝強盗主義〟だと返した。いまの国の姿に比べたら崩壊前のソビエト連邦のほうがましだという。ジャックはジャックで、民主主義は勝ったと思ったが、自由を何より大切にしてきたアメリカの文化にも全体主義の影が忍び寄っている現状を見るにつけ、つかの間の勝利だったといった。ゲンナジーほどアメリカの自由を謳歌している者はいない。「アメリカにいるかぎり、連れ去られて、痛めつけられ、刑務所に入れられることはない」珍しく苦々しさを撒き散らすまなざしで、ゲンナジーはそう声をあげた。彼はよくエリックの肩を叩き、iPhoneで撮った銃器の写真を見せ、今度、撃ちに来いよといっていた。「ボビー［デ・ニーロ］もこの手の銃が好きなんだ」ゲンナジーはいった。アメリカの中でゲンナジーが好きでないものなど、あるのだろうか？　女もいる。銃もある。映画スターとも会える！

数週間後、ジャックがエリックの家にやってきた。いっておきたいことがあるという。ゲンナジーがいっていた〝勝者などいない〟というひとことが気になっていたようだ。

「おれたちは勝った！」ジャックはいった。

「〝おれたち〟ってだれですか？」エリックが訊いた。

「ゲーニャとおれだ。おれたちは勝った。ゲーニャのような友を得られる者が何人いる？　互いを叩きつぶせと命じられていたのに、こうして――」

「わかります」エリックはいい、こう付け加えた。「その気持ちをアメリカとロシアの両国間にも広げられると思いますか？」

「それはまだだ」ジャックはいった。「いわせてもらえば、ロシアはまだ共産主義を抜け出ていないし、アメリカもおれの想像を超えるペースでそっちに向かっている」ジャックは、アメリカ合衆国という若い国の独立をイギリスから守るため、一七七五年一一月にアメリカ合衆国海兵隊が創立されたことを引き合いに出し、アメリカは建国の思いを、自由がどれほど重要なのかを、忘れてしまったのかもしれないと恐れていた。しかし、アメリカの進んでいる方向に落胆しはじめると、決まってゲンナジーへの称賛がはじまり、その後、ここまでこぎ着けるのにどれだけの犠牲を払ったかという話になった。そして、自分もこの友情にどれだけつぎ込んできたかという話へと、当然のごとく続く。

冷戦期には、水面下から核紛争の予兆が常に伝わってきていた――ボーイズが身をもって感じていた――とはいえ、ふたりを見ていると、ふたりの冷戦には魂があったのだと感じられる。騒々しい兵隊、スポーツ選手、女たらし、マキャベリ的陰謀論者、腐敗した警官、人工髭とぎらついたサングラスで悪人を気取る冷酷な官僚、〝空飛ぶ要塞〟（B-17重爆撃機の愛称）、台頭する全体主義国家《リバイアサン》の世界だった。

今日のスパイ・ゲームの特徴を挙げれば、無機質なドローン、顔の見えないハッカー、エドワード・スノーデンのような哀れな裏切り者――ジャックやゲンナジーならデンタルフロスとまちがえそうな連中――といったところだ。ボーイズは絶滅した恐竜だが、ふたりが一緒にいて嬉しく思っているのは、手に取るようにわかる。ふたりは歴史の下り坂にいる――鉄のカーテンからベルリンの壁の崩壊まで、冷戦を生き抜き、まだ地球のどこかにいる何十億という人々が、その歴史を経験してきた。ふたりとも涙もろくなっている。ゲンナジーは〝勝者などいない〟といい、ジャックは全体主義がアメリカに忍び寄っていると恐れるが、ひとりの人間として、そして冷戦が生んだ最高に奇妙なふたり組としても、ゲンナジーとジャックは自分が勝者だと思っている、そんな気がしてならない。

ゲンナジーとジャックもご多分に漏れず、資本主義対共産主義を巡って何度か激しいやり取りをしていた。どちらも折れなかった。ゲンナジーはいまでも共産主義という〝アイデアはよかった〟が、実践がひどかったという。それに対してカウボーイはいらだちを見せた。共産主義というシステムは、ロナルド・レーガンがいったように、〝悪の帝国〟だと思っていたからだった。

自身の性格について訊かれると、ゲンナジーはやはりゲンナジーだった。「一からやり直せるとしても、同じことをすると思う。この性格は変わらんよ。あやまちは多少減らしたい。女絡みのあやまちはね」しかし、きらりと目が輝いたところを見ると、そこまでやましいとは思っていないらしい。まるで内省など一種の病気であって、内省などしたところで、感情の免疫システムが弱まるだけだとでも思っているかのようだ。ゲンナジーはいまでもハンサムで、楽天家で、子供っぽくて、粋で、憎めない男で、のんきだ。ヒーローだといわれると、ゲンナジーは鼻で笑う。「だが、ジャックは別だ。あいつは本物のアメリカン・ヒーローだ」ジャックは屈強な反共戦士で、優秀なＣＩＡ局員であり、何より筋金入りの海兵隊員だ、とゲンナジーはいう。「白頭鷲《アメリカン・イーグル》だ！」

〝いい加減〟はだれもが認めるゲンナジーの性格の一面だが、スパイ業界には、ゲンナジーにはきわめてまじめな面があり、なかなかつかめないばかりか、人には絶対に見せない厳格な倫理基準があると信じる者もいる。ハンセン逮捕に直接かかわった者たちによれば、ゲンナジーはハンセンの正体を暴くのに加担したことを知らなかったのだから、ソビエト連邦を裏切ってもいないことになっている。どの関係者もステパノフのファイルの中身について、断片的な知識しか持たずに動いていたことからも、それがわかる。しかし、別の説もあり、諜報界にはそれを信じる者もいる。スパイがどんな服務規定にしたがうのか、そして、人が——この場合はゲンナジーが——どこまで物事を合理化できるかという点に注目した説だ。

非常にリアルな敵と不断の戦いを繰り広げている仲間のスパイこそが自分の真の家族だと——血でつながっている家族よりも大切なのだと——骨の髄までたたき込まれてきたと仮定しよう。とどのつまり、ロシアの家族は崩壊するかもしれないが、ロシアの敵は何世紀も健在だった。

さらに、仲間を死に追いやるスパイほど賤《いや》しい鬼畜はないと仮定する。そういう卑怯《ひきょう》な二重スパイ——アメリカ側の裏切り者でも同じこと——は、たとえば欲に目がくらみ、安全な小部屋にいながら仲間を死に追いやったり、無記名のメモを封筒に入れて、郊外の公園の石の下に隠すという冷血な方法で、躊躇《ちゅうちょ》なく人を死に追いやったりする。

ところが、何十年も骨身を削って尽くしてきた官僚機構が、仲間の死の報復をしないだけでなく、実際にはほかの仲間の処刑を仕組んでいたとしたらどうか。処刑された仲間は国を裏切り、処罰されて当然だったかもしれないが、処刑することはないのではないか。ハンセンのような名うての偽善者の情報しか根拠がないならなおさらだ。ハンセンはモトリンとマルティノフについてどんな嘘をついて、尾ひれを付け加えたのか？　どこの国も二重スパイを使うが、二重スパイを信じる国などない。エイムズやハンセンといった、スパイ世界における裏切り者は、マフィア世界の〝密告者《ラット》〟と同じだ。人間と同じ空気を吸う価値すらない害獣なのだ。ギャング界のラットはふつう、マフィア幹部の正式な承認なしにライバル一家に消される。あるアメリカ側のスパイは共著者にこう語っている。「我々は戦略的諜報を得る商売をしている。スパイを殺し合う商売ではない」

この考え方にしたがうなら、次の説が成り立つ。ゲンナジーにまつわる一連の出来事をよく知る数人の情報提供者が、この説を信じている。モトリン、マルティノフほか、数人のKGB資産《アセット》がハンセンの嘘のせいで処刑され、さらにゲンナジーが一九八〇年代後半にCIAによって〝抱き込まれた〟というハンセンの偽の報告が、ゲンナジーの最初の収監につながり、KGBがそんな化け物に報奨金を与えた。こうなると、ロシア版カウボーイのゲンナジーは自分で処理し、みずからハンセンの正体を暴露する覚悟を決めた。

仲間に、いや兄弟に、むごい仕打ちをしたロバート・ハンセン、そしてサーシャ・ゾモフに復讐するため、ゲンナジー・ワシレンコが一《いち》か八《ばち》かの賭けに出て、ロバート・ハンセンを追い詰めたという話だが、悲しいかな、それはスパイの推理にすぎない。しかし、その複数のスパイによる推理をただはねつけるのは無責任というものだろう。コーマック・マッカーシーの『血と暴力の国』に登場する、諦観した殺し屋アントン・シュガーは、怒れるターゲットに向かってこういう。「ルールにしたがったせいでこうなったのなら、そんなルールに何の意味がある？」忠誠心のせいであれほどの苦しみを味わい、エイムズとハンセンは国を裏切ったおかげでKGBから褒美をもらったのなら、ゲンナジーの忠誠心に何の意味がある？

この仮説のとおりなら、ゲンナジーはスパイの服務規定を守り、妻と家族には不誠実だったが、欠点だらけの兄弟とはいえ、KGBのスパイ兄弟には誠実だったということになる。しかも、歴史を変えるほどに。

最後の集まり。四銃士最後の勢揃い。2016年12月12日。（左から右）ダイオン・ランキン、ゲーニャ・ワシレンコ、ジャック・プラット、ジョン・デントン

ゲンナジーの七五歳の誕生日を祝うため、二〇一六年一二月、バージニア州で銃士たち——ダイオン、ゲンナジー、ジャック、マッド・ドッグ——が集まって誕生会がひらかれた。彼らが一堂に会するのは、それが最後になった。またしてもハッピー・エンドはお預けとなった。ほろ苦い現実がまたすぐそばに迫っていた。

二〇一六年のクリスマス、ジャックは夕食のとき

食べ物を喉に詰まらせた。詰まりは取れたが、まだ首の内側に違和感があると訴えた。病院で診てもらったところ、癌が見つかった。最後の年、体重が激減し、ものが飲み込みにくかったのはそのせいだと思われる。進行は速かった。旅立つ間際、ジャックはロイ・ジェイコブセンにこう言い残した。「あの野郎の面倒を見てくれ」あの野郎というのはゲンナジーのことだった。

以下は家族が出した死亡記事である。

ジョン・チェイニー・プラット三世（〝ジャック〟、享年八〇）は、二〇一七年一月四日、進行性食道癌のため急逝いたしました。体重が減ったことをのぞけば、目立った症状はありませんでした。愛する家族に看取られて、苦しむことなく安らかに旅立ちました……。陰謀、謎、冒険に満ちた波乱万丈の人生でした。故人はその人生を受け入れ、精いっぱい生き切りました……。冷戦戦士のヒーローであり、母国を思う完全なる愛国者でした。生まれながらのリーダーであり、多くを教え導き、愚か者（あるいはボス）には我慢できないたちでした！

ジャックの〝葬儀《セレブレーション・オブ・ライフ》〟（〝人生を祝福する会〟が原義）は、二〇一七年二月三日金曜日の午後二時にバージニア州ポトマック・フォールズの〈ファルコンズ・ランディング・リタイヤメント・コミュニティー〉を会場に執り行われた。ジャックに敬意を表して、海兵隊メモリアル・アソシエーションに寄付が募られた。参列者は四五〇人を超え、ＦＢＩとＣＩＡ局員の〝拡大家族〟も来ていて、その中には、伝説となっているモグラ狩りを指揮した工作員の姿もあった。マイク・ロックフォード、サンディー・グライムズ、FBIで長いあいだロバート・ハンセンの上司だったデイヴィッド・メイジャー。

こんなスパイの見送りはだれもがはじめてだった（「本部にはだれも残っていない。みんなここに来ている」あるCIA局員はそういっていた）。追悼の言葉は、形の上でも中身の面でも感動的だった。ある者はジャックを「CIAで最高の局員であり、象徴」と評した。あるCIA幹部はひとこと別れの言葉を頼まれても丁重に断った。しかし、ジャックはだれも知らない偉業を数多く成し遂げたと語りかけるような表情を浮かべていた。

ロックフォードは自分の順番が来ると、FBI防諜部副部長の弔辞を代読した。

CIAで積み上げた［ジャックの］顕著なキャリア、そして、長きにわたるFBIとアメリカ情報機関への貢献は大いに感謝され、決して忘れられることはない。

ハンセン逮捕の際にカウボーイがかかわっていたことはほとんど公然の秘密だが、その点も言及していた。

ジャックはいくつかの重大なスパイ事件の解決と人的資源の徴募《リクルート》において重要な役割を果た

し、ＦＢＩの防諜任務に大きく寄与した。

弔辞はさらに続く。

彼はあらゆる意味において真のプロフェッショナルであり、二〇一六年のクリスマス間際の時点でもＦＢＩを支援していた。

ジャックのＩＯＣ訓練への言及もある。

ＦＢＩはそうした専門的な訓練の恩恵を永遠に受け続けるだろう……。

〝カウボーイ〟のニックネームはだてではない。海兵隊での軍役においても、ＣＩＡとＦＢＩの防諜活動においても、勇敢で、精力的で、恐れを知らず、容赦がなかった。みずからの信条のために果敢に立ち上がり、ライフワークとなった任務から決して逃げなかった。しかし、ジャックが我々の記憶に刻まれるのは、その人間性があったからこそである。すなわち、家族、友人、そして国を愛する気持ち、また、同僚に対する人懐っこく、等身大で、誠実な態度があったからこそである。ジャックにまつわる数々の逸話は伝説と化し、家族や友人たちが集まる機会があれば、きっと思い出話として語り継がれるだろう。

ジャックの好きな曲〝アメリカン・パイ〟をBGMに、〈カウボーイ〉と題された、映像を交えたスライドショーが流れた。HTG共同創設者ロイ・ジェイコブセンの娘ジェン・ジェイコブセンが、ジャックに合わせた歌詞に変えて〝私を愛したスパイ〟を歌った。歌いながら、いちばん前のテーブルについていた、ジャックが愛したスパイ、ゲンナジーを見つめ続けていた。このロシア人は涙を流していた。

ロバート・デ・ニーロも簡潔ながら愛情のこもった弔辞を述べた。彼は二時間前までニューヨークでトーク番組の『ザ・ビュー』に出ていて、その後、亡き友に敬意を表するため、プライベート・ジェットでバージニア州の葬式に駆け込んでいた。やがてゲンナジーとデ・ニーロは会場を抜け出し、テキーラで悲しみを癒やした。四カ月後の六月一七日土曜日、オールド・ブローグの〝スナゲリー・ルーム〟（〝居心地のいい個室〟の意）に親しい者たちが集まり、お別れの会をひらいた。出席者は七五人ほどだった。ダイオン・ランキンは、ジャックの逸話を披露した。そのむかし、ジャックが、吸い終えたタバコをCIAのポール・レドモンドのオフィスのカーペットに落とし、ブーツのかかとでもみ消して、吸い殻をそのまま残してきたのだと。ポリーの娘、アントニアとサシー・ボグダノヴィッチがひとこと述べ、ペイジ、ミシェル、ダイアナ、リー、そして孫のコーディーも続いた。ゲンナジーはジャックと仲良くなったおかげでグラーグに入れられて、さらに、出してもらったとあけすけに話した。そして、ずっと前にカウボーイからパクった言い回しで締めくくった。「悪いことは起こるもの《シット》さ」別れの会が終わると、ゲンナジーは珍しく姿を見せていた息子のイリヤの腕をつかみ、目に涙を溜めて、イリヤの頬に派手にキスした。ひとこともいわずに。

二〇一一年六月、モスクワ地区軍事裁判所は、ゲンナジーのときと同様に一般大衆には閉ざされた裁判で、イリーガルの情報を流したアレクサンドル・ポテイエフの大逆罪と職務放棄を認め、禁固二五年を言い渡した。彼の妻が証人として呼ばれた。ポテイエフに不利な証言をした証人の中には、アンナ・チャップマンもいた。ニューヨークにいたとき、FBIのおとり捜査官がポテイエフしか知らない秘密コードを使って接触してきて以来、チャップマンはポテイエフを疑っていたと証言した。当時、ポテイエフはモスクワ勤務で、イリーガルの動きを監督していた。軍事法廷はポテイエフの大逆罪に加えて、職務放棄でも有罪だと認めた。そして、被告人欠席のまま、禁固二五年と勲章、階級、恩給の剝奪が確定した。ポテイエフは自分の裁判に出廷しなかった。イリーガルが検挙された二〇一〇年六月の少し前にロシアを逃れ、アメリカに渡り、新しい身分を与えられて暮らしていた。ロシアのある通信社の未確認情報によると、ポテイエフは二〇一六年七月に他界したとのことである。

アレクサンドル・ザポロジスキーとアナトリー・ステパノフも新しい身分を与えられ、アメリカのどこかで暮らしている。エイムズ事件のあとアメリカに転向した元KGBエージェントの中では、母国を裏切っていないゲンナジー・ワシレンコだけが、本名のまま、プラット家からそう遠くない土地で暮らした。二〇一七年はじめにジャックが急逝するまで、ふたりはほぼ毎日、顔を合わせていた。

オルドリッチ・〝リック〟・エイムズの通信は、インディアナ州にある連邦刑務所で厳重に監視されている。彼はそこで終身刑に服している。ロバート・ハンセンは交渉によって司法取引を得て、当局に協力することを条件に死刑を免れた。二〇〇二年五月一〇日、ハンセンは一五の逐次執行の刑を言い渡され、仮釈放のない終身刑が確定した。現在、彼はコロラド州にある最高警備レベルの連邦刑務所で、一日二三時間を独居房で過ごしている。エドワード・リー・ハワードは二〇〇二年七月一二日にロシアのダーチャで死んだ。転んで首の骨を折ったことが原因だといわれている。ロナルド・ペルトンは一九八六年に裁判を受け、スパイ行為をした廉で有罪となり、三つの同時執行の終身刑と一〇〇ドルの罰金刑を言い渡された。当時の量刑規則では、三〇年の禁固を終えた時点で釈放される資格が得られることになっていた。ペルトンはペンシルヴェニア州アレンウッドにある、警備が中程度の連邦刑務所で刑期を終え、二〇一五年一一月二四日に釈放された。

二〇一六年六月、ミハイル・フラドコフはウラジーミル・プーチン大統領に対して、アメリカの選挙をハッキングすることを提言した。フラドコフはゲンナジーを含むスパイ交換に際して、二〇一〇年にCIAのパネッタと交渉に当たった当時のSVR長官であり、SVRを抜けたあとはモスクワでシンクタンクを経営していた。アメリカの諜報界によると、ロシアによるハッキングは実際に行われ、本書執筆時点でも捜査は継続中であり、発足したばかりのトランプ政権のあらゆる動きに影響し続けると見られる（本書が出版された時点でも、同政権が存続していればの話ではあるが）（二〇二〇年の米大統領選でトランプ政権は敗北し、バイデンが政権に就いた）。信じがたいことに、ロシアは二〇世紀冷戦期に匹敵するほどの規模で、いまだにアメリカのニュースを席巻《せっけん》している。アメリカはソビエト連邦の崩壊をもって冷戦で勝利したかもしれないが、ロシア人は〝焼け野原〟から見事に立ち直った。フルシチョフの予言は外れ、ソビエト連邦がアメリカを〝葬り去る〟ことはなかったが、その代わりプーチンは、機能障害に陥っている私たちの共和国を政治的に混乱させることには成功している。カウボーイとゲンナジーがよくいっていたように、一〇〇〇年近くも戦争を続けていた国はなかなか折れないのだ。しかも、粘り強い。〝そっと、そっと、つかまえろ〟

　カウボーイがアメリカ現代史上まれに見る甚大な損害をもたらしたスパイ逮捕劇において、それとは知らずにひと役買ったヒーローだとすれば、ゲンナジーは人間性を守ったヒーローである。彼の肉体からほとばしるエネルギーは、世界がどんな風潮に変わってもいつの間にか空気中に漂っている。愛する者が殺されようとも、そのエネルギーが消えることはなかった。ひょっとすると、苦しみもなく生きられると思っているのは、アメリカ人特有の幻想なのかもしれない。

　本書の執筆時点で、カウボーイの遺灰はプラット家にあるが、ゲンナジーはその一部をバージニア州北部の——ＣＩＡのそばにある——墓場に埋葬できないかと調整している。ショフラーのブランチ会のメンバーから寄付を募り、控えめな墓石を建てるつもりだ。彼は自分もいつかジャックの横で眠りにつきたいと周りに語っている。

ゲンナジーはジャックのカウボーイ・ハットを、シェナンドー川にほど近いバージニア州郊外の自宅ガレージの棚に飾っていた。ある日、ジャックが死んだ年の春、ゲンナジーはガレージから耳慣れない音がして目覚めた。心臓がどくどくと早鐘を打った。サーシャの最後の策略か？ガレージに行くと、元気のよさそうな鳥がカウボーイ・ハットをひっくり返して、山《クラウン》の部分に巣をつくっていた。雛《ひな》がハットのつばにくちばしを乗せてさえずっている。ゲンナジーは安堵のため息を漏らし、このありがたい自由を味わった。この元ＫＧＢ職員は、あまりこだわらない鷹《おう》揚《よう》な心持ちと、奥底に流れるロシア的感情とのあいだで揺れ動いていたが、ふと、表の渓谷にこだまする別の生き物の呼び声が気になった。ガレージのドアをあけ、朝日に足を踏み出すと、西の射撃場からシェナンドー川へとなだらかにくだっていく稜線《りようせん》上を、一羽のタカが優雅に飛んでいた。

謝辞

真っ先に故ジョン・〝ジャック〟・プラットと彼の大の親友ゲンナジー・〝ゲーニャ〟・ワシレンコにお礼をいわないわけにはいかない。老練でカリスマ性があり、愛国心にあふれるこのふたりの情報部員は二年間にわたり、何度も私たちと同席し、逸話、意見、見識をどこまでも率直に語ってくれた。その際、ふたりとも共著者ふたりの称賛と友情を勝ち取った。プラット家の女性、ペイジ、ミシェル、リー、そしてダイアナ、さらにボグダノヴィッチのいとこたち、サシーとアントニアには、プラット家の歴史と人間関係について貴重な詳細情報を提供していただいただけでなく、本書に挿入されている写真の多くも貸していただいた。

もうひとり、傑出した公僕、元FBI局員、ダイオン・ランキンと知り合えたのは、共著者ふたりにとって僥倖《ぎょうこう》であった。私たちがこのプロジェクトを開始したとき、スパイ業界の〝でこぼこコンビ〟、ジャックとゲーニャの物語として、ふたりに話を持ちかけたが、インタビューをはじめると、ほとんどの時間は〝ゲット・ゲンナジー〟作戦を進めていた三銃士の話になり、三人目の銃士はダイオン・ランキンだとわかった。さいわい、ダイオンは数え切れないくらいインタビューや、ちょっとしたファクト・チェックに応じてくださり、ときにはわざわざ家族や同僚に細かい事実関係を確認してくれた。ジャックとゲーニャと同様、ダイオンもすばらしい友人になった。彼が参加してくれなければ、写真を含む本書の全編にわたり、完成できなかっただろう。

名前の出ている方、出ていない方を含めて、インタビューの際に共著者を信頼して思い出を教えてくださったかたがたに最大の感謝を申しあげる。無理からぬことだが、テーマがテーマだけに、匿名を希望する情報提供者もおられた。匿名を希望しなかったかたがたは以下のとおり。ジョー・オルブライトとマルシア・オルブライト、ジェレミー・バッシュ、ミルト・ベアデン、ジェリー・バーンスタイン、アントニア・ボグダノヴィッチ、サシー・ボグダノヴィッチ、ロバート・〝ベア〟・ブライアント、ブラッド・バーン、パット・バーン、マット・コールフィールド少将、バリー・コルヴァート、リチャード・デイヴィス、ロバート・デ・ニーロ、ジョン・〝マッド・ドッグ〟・デントン、デニス・ドイル、グレゴリー・ファイファー、ロン・フィーノ、ジェフ・ゴールドバーグ、ハリー・ゴセット、サンディー・グライムズ、デイヴィッド・グロスマン、バートン・ガーバー、リンダ・リー・ハーダリング、ロイ・ジェイコブセン、ロン・ケスラー、アラン・コーラー、ジャック・リー、エイミー・ラヴィット、デイヴィッド・メイジャー、フィル・マニュエル、キース・メルトン、ダン・モルデア、ブライアン・オコナー、マイケル・セラーズ、タマラ・〝タミ〟・パウステンコ、ダイオン・ランキン、マイク・ロックフォード、ゲーリー・シュウィン、フィル・シムキン、アイラ・シルヴァーマン、マイケル・J・スリック、マッキム・サイミントン、カール・フォークト、トム・ウェルチ、コートニー・〝CW〟・ウエスト、ベン・ウィッカム、そして、国際スパイ博物館。

クリスティーナ・プーレンはFBIとの連絡係として尽力してくれ、デゼンホール・リゾーシズのテナ・ジョンソンは、通常の――そしてきわめて重要な――後方支援をさまざまな形でやってくれた。文字起こし、編集、写真のスキャン、そしてちょっとした素敵な励ましなどだ。デゼンホールではまた、エリカ・ムンクヴィッツが彼女独自の〝電子顕微鏡〟で原稿を最終チェックにかけてくれた。ギャングプランク・マリーナのメンテナンス管理部長スティーヴ・ウィルタマスには、ギャングプランク・レストランの歴史を掘り下げる際にご協力いただき、写真家のリンダ・ハーダリングも紹介していただいた。彼女はご自身の記憶とマリーナとポトマックの港のすばらしい写真も提供してくれた。ウィリアムズ・カレッジ同窓会誌の編集者エイミー・ロヴェットは、ジャックのクラスメイトと連絡を取る際に力になってくれた。

作家仲間のダン・〝ルカ〟・モルデアは数十年来のすばらしい友人であり、称賛を集める同僚でもある。彼の支援は寛大で、励みになった。当初、ダンはワシントンの諜報界を水先案内人になってくれただけでなく、ジャーナリスト仲間の豊富な人脈ともつないでくれた。おかげでこのプロジェクトは最高のスタートを切ることができた。ダンのDCオーサーズ・ディナーの大勢の友人たちも、いつも惜しげもなく専門知識を提供してくれた。

ロバート・デ・ニーロが話を持ちかけてくれなかったら、本書ははじまってもいなかっただろう。本書のプロジェクトを進めるにあたって、ガスに自分の友人たちや『グッド・シェパード』のコンサルタントであるジャックとゲーニャを勧めたのはボブだ。ボブはおもしろい話になることはわかっていたが、たぶんどれほどおもしろい話かということまでは知らなかったというと思う。イタリア系の高潔な人なんてものがあるとすれば、ボブ・Dこそがそれだ。トライベッカ・フィルムズのボブの同僚、ジェイン・ローゼンタールとベリー・ウェルシュは、ガスとエリックがストーリーを展開する作業の初期段階で支援してくれた。モーガン・ビリントンとトライベッカのサポート・スタッフは後方支援をしてくれた。イマジン・エンターテイメントのロン・ハワードとタイラー・ミッチェルは、最初期のプロポーザルの段階から本書プロジェクトにとても熱心でいてくれた。ICMのクリス・ダール、ジョージー・フリードマン、そしてキャロライン・アイゼンマンはこのプロジェクト全体を通して、不可欠な基準となり、支持してくれた。

トゥエルヴ・ブックスのショーン・デズモンドは、第一段階からこのプロジェクトの成功を信じてくれた。その信用は私たちにとってとてもありがたかった。ショーン・カンベリーとレイチェル・カンベリーの両者は、全体を通して不可欠な編集方針を示してくれた。原稿整理編集者のダイアナ・ストライプは原稿に関して膨大な知識に裏打ちされた提案をいくつも出してくれた。もちろん、内容の最終決定権は共著者ふたりにあり、したがって、チェックの目をすり抜けた誤りはすべて共著者の責任である。製作面では、すばらしいアート・ディレクションをしてくれたトゥエルヴのジャロッド・テイラーに、そして、これほど素敵にまとめあげていただいたプロダクション・エディターのヤスミン・マシューと彼女のチームにもお礼を申しあげる。

ガスより以下のかたがたへ

ミツィ・メイブ、ジェイ・グリーア、デイル・マイヤーズ、弟のボブ・ラッソ、ドクター・アーガ、天才ルーカス、トウディ・レチョウスキー、サク・エエ、ジョン・サヴィッチ、そして毛むくじゃらの友だち、ジェムとZがいなければ、何もできないだろう。ジェフ・シルバーマンは才能豊かな著作権代理人兼エンターテイメント界を専門とする弁護士であるだけでない。この〝グリーン・マン〟は別の種族の兄弟で、二〇年以上にわたるその友情、力添え、指導は、私にとっては恩寵以外の何ものでもない。彼の存在が私の人生とキャリアにとってどれだけ重要か、ご本人にもわかっていてほしい。

最後に大切なことをひとつ。共著者のエリック・デゼンホールにありがとうといいたい。比類なき物書きとしての才能をこの大いなるプロジェクトに傾注してくれただけでなく、大きな友情、情熱、ぴりっと辛口なユーモアのセンスも見せてくれた。この二年というもの、ジャックとゲーニャのストーリーが私たちの〝でこぼこコンビ〟パートナーシップと酷似しているとよく思ったものだ。ふたりの政治的背景はまるでちがうものの、それぞれの技能、根底の道徳観、そして善意を尊重している。これほど自然で楽しいパートナーシップは、これまで経験したことがなかった。

エリックより以下のかたがたへ

妻のドナ、息子のスチュアートと義理の娘のメガン（とブリック）、娘のイライザと彼女のアルパカたち、そして、妹のスーザン・シュウォーツは、このプロジェクトが紆余《うよ》曲折《きよくせつ》をたどっているときも力になってくれた。ボブ・デ・ニーロはこのストーリーの生みの親で、ものになると信じてくれた。リチャード・ベン＝ヴェニストとケアリー・バーンスタインは励ましてくれた。マヤ・シャックリーとスティーヴン・シュラインとデゼンホール・リゾーシズ有限会社のほかの同僚たちにも感謝する。

それから、共著者のガス・ロッソにも感謝の言葉を伝えたい。調査報道の最高基準を守る男から、このプロジェクトを通してとても多くを学び、着手したころよりあこがれが強くなった。

名前を出さなかったかたがたにはおわび申しあげる。

原注

[1] 本書で示されている大半の日付や特定の場所（刑務所など）はジャック・プラットとゲンナジー・ワシレンコの記憶に基づいている。CIA局員とKGB職員は引退時にファイルやメモを持ち帰ることは許されていない。したがって、著者は本書の当事者たちに問い合わせ、できるかぎり正確な日付を特定するよう心がけた。

[2] 彼女が手がけた作品には、『ラスト・ショー』、『ペーパー・ムーン』、『おかしなおかしな大追跡』、『がんばれ！ベアーズ』、『愛と追憶の日々』（プロダクション・デザイナー）、『プリティ・ベビー』（脚本）、『ブロードキャスト・ニュース』、『ローズ家の戦争』、『アンソニーのハッピー・モーテル』（プロデューサー）がある。一九八四年製作の映画『ペーパー・ファミリー』は、一九六〇年代のポリーとボグダノヴィッチとの結婚生活の逸話にある程度基づいている。

[3] リーは家族の海外勤務時の冒険談を *Sticky Situations: Stories of Childhood Adventures Abroad* (Infinity, 2003) というすばらしい回想録にまとめている。

[4] 〝CI〟は防諜（counterintelligence）の略で、うしろの数字は特定のターゲットを表した。この場合、〝4〟はソビエト防諜部、すなわちラインKRを表す。

[5] 合同作戦から分派したコートシップ（求婚）作戦と呼ばれる支部が、まもなくバージニア州スプリングフィールドに置かれる。作戦名にはもうひとつの意味があった。〝コート（法定）〟はFBI長官のウィリアム・ウェブスター〝判事〟、〝シップ〟はCIA長官のスタンスフィールド・ターナー〝提督〟のことだった。

[6] 建物のお披露目から一年後、事故が起きて、DCの郵便局長ジェイムズ・P・ウィレットが亡くなった。一八九九年九月三〇日、ウィレットはあいたエレベーター・シャフトから約三〇メートル下へ落ちた。人がエレベーター・シャフトに出られないようにしていたのは、脆い木の柵だけだった。ウィレットは落ちた翌日に息を引き取った。

[7] ピグゾフは別の潜入スパイに暴露されたとの見方が大勢だが、ジャックはハワードの仕業だと信じて疑わなかった。

[8] このあと、一九八〇年代には西側の標的に対して、カルロスに刺激を受けた攻撃が続き、一一人が死亡、一五〇人が負傷した。長年のあいだ、サンチェスはもっとも重要な国際指名手配犯だった。最終的に一九九四年にスーダンで身柄を拘束され、現在

はフランスで終身刑に服している。

[9] シュウィンは最近のインタビューで、自分はあの夜、泥酔しておらず、実際には依存症でもないと主張している。午後九時から午前四時まで意識を失っていたのはたしかだが、おそらく何者かに薬《ミッキー》を盛られたからだという。また、異動されたのは同夜の一件が原因ではなく、あの一件で観察処分にされたあと、弁護士を雇う――ＦＢＩでは厳禁だ――とにおわせたからだともいう。ジャック、マッド・ドッグ、ゲンナジーもそれぞれの見解を展開した。

[10] パウステンコは〝フェスティバル・オブ・アート・オブ・ウクライナ〟という三日間の祭典を企画し、ＤＡＲコンスティテューショナル・ホールで開催した。二万人の入場者があった。ワシントン・ポスト紙は〝いかつい〟パウステンコを〝母国の芸術、楽曲、詩、舞踏の不屈の興行主〟と評している。

[11] 今日ではごくふつうになっているが、セッターがすばやいトスをあげ、ふたりのアタッカーが同時に同じ位置でジャンプし、敵のブロックを圧倒する精密なコンビ・プレイなど、スケイツのアイデアは六〇年代には革命的だった。

[12] このときは一九八〇年で、難民の再定住は今日とはだいぶちがう意味合いがあり、戦争で荒れ果てた国々から逃げてきた人たちは、アメリカで歓迎された。*Oxford Research Encyclopedia of American History* によると、一九八〇年の難民法が可決されたあと、「難民は抑圧的な共産主義政権下にある国々から逃れてきたので、〝足で投票した〟人々だと見なされた。よって、そうした〝自由の戦士〟はアメリカ合衆国で歓迎すべき」なのだった。根っからの共和党員であるカウボーイ・ジャック・プラットは、たしかに歓迎された。

[13] ヒッピーは三つの政府機関（ＣＩＡ、ＦＢＩ、ＫＧＢ）をいっぺんにディスったのに、気づきもしなかった。デントンはそれがおかしいという。「いってみれば、〝グランドスラム〟だ」そういって、デントンは笑う。

[14] 一九七一年、卓球のアメリカ代表チームは世界大会のため日本にいた。アメリカ選手のグレン・コーワンが中国チームと仲良くなったおかげで、一週間後にアメリカ・チームが中国を訪れ、両国の緊張が和らいだ。〝ピンポン外交〟によって、二〇年以上も途絶えていた中米関係が回復し、一年後のニクソン大統領の訪中で正式に関係が回復された。これがきっかけとなり、国連における中国の地位の回復、中国と他国との国交樹立といった一連の出来事が続いた。

[15] コンラッドは一九九八年に受刑中に心臓発作で死んだ。偶然にも、コンラッドの逮捕につながるスキルを持っていた銃士は、カウボーイ・ジャックだけではなかった。一九八八年一二月、ＦＢＩ長官ルイス・フリーはダイオン・ランキンに、国内にいたコンラッドの共犯者を逮捕した報奨を与えた。ダイオンは複数の容疑者に対して繰り返し尋問し、ついにケリー・チャーチ

がすべて自白した。彼女はドイツ駐在中、長期にわたって機密情報をコンラッドに流していた。彼女は懲役一五年の刑に処された。

[16] FBIはユルチェンコの情報を受け取ると、すぐにペルトンをとらえた。スパイ罪で有罪と決まり、三つの同時執行の終身刑と罰金一〇〇ドルを言い渡された。しかし、二〇一五年、七四歳のときに連邦刑務所から釈放された。

[17] これはゲンナジーがこの先何年も直面する出来事の序章に過ぎなかった。FSBは彼を刑務所から刑務所へ移し、彼は新しい受け入れ先のごろつき連中と常に睡眠の交渉をする羽目になる。たいした選択肢はない。薄っぺらで、ごわついていて、ゲロの染みがついたマットレスが嫌なら、小便が溜まったコンクリートの床で寝るしかなかった。

[18] 両グループのちがいは、SOGエージェントは武器を携帯し、法執行権を有する点にある。SOGエージェントは、武装して危険だと考えられるターゲットの監視に割り当てられる。

[19] パウステンコはこの電話のあとまもなく、敗血症で亡くなった。享年六四だった。

[20] この事件が成功裏に終わったあと、FBI長官ルイス・フリーは、容疑者リスト選定への尽力を認め、ダイオンにふたたび褒賞を授与した。その際、こう語っている。「貴殿は多様な記録を精査し、容疑者リストを絞り、さらなる精査を要する動きを見せた六人の特定に成功した。情報を丹念に収集・整理する際に広範なる専門的知識と忍耐力を発揮した。さらに、貴殿のまったき決意と鋭敏な感覚は、信頼しうる証拠の確定に不可欠であった。この重大な捜査の完遂は、まちがいなく貴殿の勤勉の賜《たま》物《もの》であり、その計り知れない尽力に対し、ここに心からの感謝の意を表したい」

[21] ラングレー内のそうした新しいモグラ狩りのひとつは、FBIのエド・カランによって率いられた。彼の特別捜査チームは七人のCIA局員と四人のFBI局員で構成されていた。ほかにも、CIAのメアリー・ソマーとFBIのジム・ミルバーンが連携して捜査を行っていた。五〇人のFBI局員がバザード・ポイントでこつこつと調査を続ける一方で、ボブ・ウェイド、トム・ピカード、ティム・カルーソーはニューヨーク支局とFBI本部でマスコミ対応に当たった。ほかに特筆に値するのはシーラ・ホラン、ニール・ギャラガー、ティモシー・ベレズネイである。

[22] 非公式なショフラーのブランチ会は、会の名前の人物に敬意を表して今日まで続いている。そのショフラーは一九九六年、五一歳の若さで他界した。

[23] 七〇年代のシカゴ警察C-5腐敗防止スパイ班のジャック・クラークによれば、モグラはかつてシカゴ警察に勤務しており、

秘密裏にメキシカン・マフィアの調査を進めていたエージェント（コード・ネーム〝ラモン〟）がいるといっていたという。それでも、クラークはそのモグラが〝対抗スパイ〟かもしれないと思い、〝短い革ひもにつないで〟泳がせていた。

[24] 同年、デ・ニーロが『RONIN』（一九九八）を撮ったとき、ベアデンはデ・ニーロのために脚本の会話を一部書いた。ベアデンは、デ・ニーロが引退したCIA局員を演じる『ミート・ザ・ペアレンツ』（二〇〇〇）でも協力した。『チャーリー・ウィルソンズ・ウォー』（二〇〇七）でもコンサルタントを務めた。

[25] 『60ミニッツII』のエピソードが二〇〇一年にようやく放送されたとき、話題は最近の二重スパイの逮捕に変わった。このエピソードのタイトルは〝暗黒の心臓〟だった。

[26] ステパノフがこの箱を探していたのか、驚くほど運がよかっただけなのかという点については、諸説ある。カウボーイ・ジャックは、スネークがそんなお宝をたまたま探り当てる確率は低すぎると思っていたが、ゲンナジーをはじめ、元KGB職員は、ステパノフを〝ソビエト連邦史上もっとも幸運に恵まれた男〟と評していた。

[27] この百万長者になりたての男スネークは、多額の報酬を手にするうえで支援者たちにどれほど助けられたか礼ぐらい述べてもよさそうなものだが、何もいわずに姿を消した。

[28] ロックフォードは著者に対してステパノフの名前を決していわず、著者が名前を出しても決して認めなかった。ステパノフだということはほかの数多くの情報提供者に確認した。

[29] ある文献では、CIAによるSCYTHIAN（「スキタイ人」の意）というコード・ネームもついていたという。スキタイ人は紀元前九〇〇～二〇〇年に文化が隆盛したユーラシアの遊牧民である。野蛮な慣習で有名だった。

[30] もっとも有名なロシア人イリーガルはルドルフ・アベルだろう（二〇一五年の映画『ブリッジ・オブ・スパイ』参照）。完璧な偉業を成し遂げ、何人もの死者の身元を借りて一〇年間もスパイ活動を行い、一九五七年にアメリカで裁判にかけられ、有罪判決を受けたが、その際、検察官さえ騙された。検察官はルドルフ・アベルが彼の本名だと信じていた。しかし、一九七二年、アメリカ人ジャーナリストがモスクワの〝アベル〟の墓に行ってみて、はじめて墓石に刻まれていた本名がわかった。ウィリアム・オーガスト・フィッシャー。実際にはイギリスで亡命ロシア人の両親のもとに生まれていた。しかし、フィッシャーは生涯にわたって偉大なる犠牲を払ったものの、重要なことは何ひとつ成し遂げていなかった。何年間もイリーガル・レジデントとして暮らしていたが、ロシア側のエージェントになりそうな者を引き入れることもなく、そういった者たちを特定することもなかった。

[31] 最近の研究結果によれば、プーチンの〝改革〟とは裏腹に、上位一パーセントのロシア人がロシアの全資産の七四パーセントを牛耳っているとされる。

[32] 一九九二〜一九九五年に、一万八〇〇〇の外国企業とのジョイント・ベンチャーができ、一〇〇億ドルの海外直接投資（FDI）を呼び込み、参入アメリカ企業は一九九二年はじめの六二五社から一九九三年末には二八〇〇社に増えていた。

[33] プーチンはそのころ自身に批判的な企業家ウラジーミル・グシンスキーの会社をパージし、同社をクレムリンのコントロール下にあるガスプロム・メディアに売却させた。

[34] 数人のKGB大佐が一九七五年の映画『コンドル』を見て以来、KGBはそうした手がかりを求めて西側のスパイ関連書籍を熱心に集めはじめた。同映画の原作は、一九七四年に出版されたジェームズ・グレイディのCIAスリラーであり、皮肉にもグレイディは、ゲンナジーがショフラーのブランチ会のメンバーを介して知り合った大勢のアメリカの友人のひとりだった。『コンドル』の主な登場人物はCIAの書籍分析課勤務という設定である。映画リリース後、KGBは情報問題の科学リサーチ機関（NIIRP）を設立し、何千冊もの本／雑誌／新聞の読者・分析官を雇った。たまたまグレイディの本は、何を隠そう、一九六四年に出版されたスパイ活動に関する重要なノンフィクション、デイヴィッド・ワイズの『CIA――アメリカの見えざる政府』からの引用が多かった。

[35] 同映画は二〇〇六年一二月二二日ついに封切られ、賛否両論の評を得た。最終的に約一億ドルの売り上げを記録した。カウボーイ・ジャックはその出来上がりに「複雑な気持ち」になった。ドキュメンタリー・ドラマに欠かせない映画特有の誇張に対しては、特にそうだった。

[36] 多くの詮索好きな目になるべく盗み読みされないように、ゲーニャは英語で日記を書いていた。

[37] そのボタンには、キリル文字のロシア語〝перегрузка〟をローマ字で音訳したもの（peregruzka）も記されていた。残念ながら、その単語をどうひいき目に翻訳しても〝過積載〟で、〝リセット〟（初期化）にはならない。

[38] アメリカにはラヴロフに贈り物をする癖がある。二〇一七年五月、ラヴロフはトランプ大統領の計らいで、ホワイトハウスの大統領執務室内で、餞別《せんべつ》として最高機密のテロリズム情報を贈られる。

[39] ほかの成果は以下のとおり。ボーイングとロシア企業とのあいだで、四〇億ドル相当の取引《ディール》が成立したと発表。シスコ・システムズがロシアに対して一〇億ドルの投資をすると発表。モスクワ版シリコンバレーの開発もその事業のひとつ。アメリカ合

衆国輸出入銀行が――アメリカ市民の税金で――アメリカ企業のロシアへの輸出に伴う保険費用を負担すると発表。最後に、オバマが経済界の強力な後押しで米露核協力合意に関する提案を議会に提出。

[40] フラトコフの名前は最近になってまた浮上した。ロイターがクレムリンのロシア戦略研究所というシンクタンクから機密文書二件を入手した。それを読むと、同研究所が二〇一六年のアメリカ大統領選挙に影響をおよぼす初期サイバー戦略を立てたことがわかる。フラトコフは二〇一七年一月、プーチンによって同研究所の所長に任命された。同研究所が将来のアメリカの選挙を妨害する準備を整えていると考える者もいる。

[41] 日記中の文法やスペリングは原文どおり。

[42] 二〇一八年三月四日、セルゲイ・スクリパリと娘のユリアはロシア製の神経剤ノビチョクを盛られた。ふたりは意識不明の状態でイングランド、ソールズベリーの公園のベンチで発見された。

登場人物

アメリカ人

オールドリッチ・〝リック〟・エイムズ ***Aldrich "Rick" Ames***（一九四一〜）

一九六二年にＣＩＡに入局し、一九七二年にはジャック・プラットと同じＳＥ（ソビエト・東欧）部で勤務した。一九八五年からソビエトのスパイとして活動しはじめた（それによって四六〇万ドルの報酬を得た）。ロバート・ハンセンと同じく、ゲンナジー・ワシレンコの友人だった多くのＣＩＡの〝資産《アセット》〟を売り渡した。サンディー・グライムズの指示を受けていたドミトリー・ポリャコフ（〝トップハット〟）も、そのときに排除された主要資産《アセット》のひとりだった。その後、グライムズは〝アヴェンジャー〟（アレクサンドル・ザポロジスキー大佐）の力を借りて、エイムズを追い詰めた。エイムズは一九九四年に逮捕され、インディアナ州テレホートの連邦矯正施設で終身刑に服している。

ミルト・ベアデン ***Milt Bearden***（一九四〇〜）

オクラホマ州で生まれ、ワシントン州で育つ。オースティンのテキサス大学で中国語を研究していた一九六四年にＣＩＡにリクルートされた。ボン、スーダン、ラゴス、香港、パキスタン、アフガニスタンなど数々の海外勤務を経て、一九五八年にＳＥ部のチーフに就任。一九九四年に退任。その後、作家に転身し、ハリウッドの映画監督のコンサルタントを務めた。スパイ映画でロバート・デ・ニーロに指導したことは有名。ＣＩＡの〝卓越した諜報《ちようほう》勲章〟の受賞者。

W・レイン・クロッカー *W. Lane Crocker*（一九四三～二〇〇〇）

クロッカーは一九七〇年代と一九八〇年代においてFBIワシントン支局（WFO）を率いる副局長だった。CIAのハヴィランド・スミスとジャック・プラットとともにFBI－CIA合同のKGBスクワッドという活動を調整した。一九九六年に退任。

ロバート・アンソニー・デ・ニーロ *Robert Anthony De Niro*（一九四三～）

象徴《イコン》と化したこのニューヨーク生まれの俳優は、アカデミー賞に七度ノミネート（二度受賞）、イギリスのアカデミー賞（BAFTA）に六度ノミネート、ゴールデン・グローブ賞に八度ノミネートされている。二〇〇九年、ケネディー・センター名誉賞の五人の受賞者のひとりとなり、友人のバラク・オバマ大統領から授与された。二〇一〇年にはセシル・B・デミル賞を受賞した。CIAの草創期を描いた映画『グッド・シェパード』では、製作、監督、出演を務めた。一九九〇年代なかば、このプロジェクトのリサーチをしていくうちに、ミルト・ベアデン、ジャック・プラット、そしてゲンナジー・ワシレンコと知り合った。

ジョン・デントン *John Denton*（一九四一～）

通称〝マッド・ドッグ〟。ニュージャージー生まれ。一九六九年にFBIに入局し、ノースカロライナ州の犯罪部に配属された。一九七〇年代後半、ワシントン支局の防諜部に異動になり、そこでダイオン・ランキンとジャック・プラットと知り合った。三九年のキャリアを築いたあと一九九九年に引退し、現在も名誉ある〝銃士〟である。

ロン・フィーノ *Ron Fino*（一九四六～）

かつてギャングに支配されていたニューヨーク州バッファローの労働組合（ローカル210）の職員だった。マフィアのボスのひとり息子である。長年にわたり、秘密裏にFBIとCIAのコンサルタントとして活動し、数多くのマフィアの大物の検挙に協力してきた。ウォッカの輸入業も手がけ、ロシアのつてを使ってゲンナジー・ワシレンコをロシアの刑務所から出そうと奮闘した。

バートン・ガーバー ***Burton Gerber***（一九三三〜）

生え抜きのＣＩＡ局員で、一九八四〜一九八九年までＳＥ部長を務めた。それ以前は、ソフィア、ベオグラード、モスクワの支局長、およびドイツとイランで工作担当官として活躍した。勤続三九年を務め上げ、一九九五年に引退した。

サンドラ・〝サンディー〟・グライムズ ***Sandra "Sandy" Grimes***（一九四五〜）

コロラド州出身。ロシア語の学位を取得したのち、一九六七年ＣＩＡに入局した。入局初日、皮肉にもエイムズ・ビルディングという名前のＣＩＡビルに登庁した。有能な〝モグラ・ハンター〟になり、国を裏切ったオルドリッチ・エイムズ逮捕に尽力。彼女は二六年にわたってＣＩＡの秘密作戦部の分析官として活躍した。

ロバート・ハンセン ***Robert Hanssen***（一九四四〜）

ソビエトおよびコンピュータの関連部署に配属されたＦＢＩ局員。ＦＢＩに在籍した二六年のうち二二年間にわたってソビエトのためにスパイ活動をしていた。彼がソビエト側に渡した情報によって、多くのＣＩＡ資産《アセット》が処刑された。その中には、ゲンナジーの友人たちも数多くいた。アメリカ史上もっとも大きな損害を生じさせたスパイだと見なされている。彼がソビエト側に渡した文書の中には、一九八八年のゲンナジーの最初の収監につながったものも含まれていた。ハンセンはコロラド州にある最高警備刑務所、ＡＤＸフローレンスで一五回の終身刑に服している。

エドワード・リー・ハワード　*Edward Lee Howard*（一九五一～二〇〇二）

一九八一～一九八三年までの短い在職期間を経て、ＣＩＡを解雇され、やがてモスクワにいた大勢のＣＩＡの資産《アセット》をＫＧＢに売り渡した。そうして暴露されたうちのひとり、アドルフ・トルカチョフは一九八六年に処刑された。ハワードはかつて国内オペレーションズ・コース（ＩＯＣ）でジャック・プラットの訓練生であり、そこで学んだことを使い、捜査網をかいくぐり、一九八五年にソビエト連邦に逃れた。

ダン・モルデア　*Dan Moldea*（一九五〇～）

調査ジャーナリストでベストセラー・ノンフィクション作家であるモルデアは、ジャック・プラットの友人であり、二〇〇五年にゲンナジー・ワシレンコがいわれなき罪でロシアで収監されたとき、ゲンナジー支援で重要な役割を果たした。

レオン・パネッタ　*Leon Panetta*（一九三八～）

国防長官、大統領首席補佐官、行政管理予算局局長などの政府高官の職を歴任し、二〇一〇年にはオバマ大統領政権下でＣＩＡ長官に就任。スパイ交換を取り仕切り、ゲンナジー・ワシレンコのアメリカ定住につながった。

ロナルド・ペルトン　*Ronald Pelton*（一九四一～）

一九七九年、一四年におよぶ国家安全保障局（ＮＳＡ）勤務を終え、金銭面で苦境を味わう。アイヴィー・ベル作戦を含む数多くの技術スパイ活動の情報を在ワシントン・ソビエト・レジデンチュラ、あるいはその支部に売った。彼の調教師《ハンドラー》はゲンナジー・ワシレンコだった。ＫＧＢを裏切ったヴィタリー・ユルチェンコが一九八五年にペルトンの正体をＦＢＩに伝えた。彼は三つの逐次執行の終身刑を言い渡され、二〇一五年に釈放された。

ジョン・〝ジャック〟・チェイニー・プラット三世、別名カウボーイ、別名クリス・ロレンツ、別名チャールズ・ネラー　*John "Jack" Cheney Platt III, aka Cowboy, aka Chris Llorenz, aka Charles Kneller*（一九三六〜二〇一七）
勤続二五年で退任したCIA工作担当官。その業績は、CIAのSE部の在職期間と国内オペレーションズ・コース（IOC）の改変である。一九八七年に引退してからも、FBIにみずから協力し、アメリカ側資産《アセット》の情報と二〇年分の技術情報を流していた裏切り者の特定に寄与した。

モリー・マー・〝ポリー〟・プラット　*Molly Marr "Polly" Platt*（一九三九〜二〇一一）
ジャック・プラットの妹。オスカー賞にノミネートされたこともある評価の高いアート・デザイナー兼映画製作のエグゼクティヴだった。彼女がデザインを手がけた映画には、『ラスト・ショー』と『愛と追憶の日々』、プロデュース作品としては、『ブロードキャスト・ニュース』と『セイ・エニシング』がある。女性としてはじめて美術監督組合への加入が認められた。

ジョージ・パウステンコ　*George Powstenko*（一九二六〜一九九〇）
ウクライナ生まれの電波技師。一九四九年にアメリカに移住、ワシントンDCのウクライナ人社会のリーダーとなった。強豪バレーボール・チームの監督として、ゲンナジー・ワシレンコともとても親しくなり、ゲンナジーがジャック・プラットとダイオン・ランキンと連絡を取る際の〝安全器《カットアウト》〟になることも多かった。

R・ダイオン・ランキン、別名トラッカー、別名ドナルド・ウィリアムズ　*R. Dion Rankin, aka Tracker, aka Donald Williams*（一九四六〜）
尋問、追跡、ポリグラフを専門とするFBI局員。一九七六年にWFOに配属されると、ジャック・プラットとゲンナジー・ワシレンコと親しくなった。九〇年代には、ロバート・ハンセンをFBIの裏切り者と最終的に特定したチームに所属していた。三人目の〝銃士〟である。

ポール・レドモンド　*Paul Redmond*（一九四一〜）

一九六五〜一九九八年まで三三年にわたり、CIAの秘密作戦部で工作担当官として活躍し、西欧、東欧、そして東アジアで勤務した。CIA防諜部の作戦に関する初のアソシエート副部長となり、CIA局員のオルドリッチ・エイムズがKGBのスパイだと特定したチームを監督した。

マイク・ロックフォード　*Mike Rochford*（一九五五〜）

カリフォルニア州モントレーにある国防省語学研修所でロシア語を研修したのち、一九七九年、FBIに入局した。WFOのCI－4スクワッドに配属されて、ロシア側スパイの捜査を開始し、KGBの貴重な資産《アセット》、ロバート・ハンセンのファイル入手に尽力した。

ハヴィランド・スミス　*Haviland Smith*（一九二九〜）

勤続二五年で引退したCIA局員。プラハ、ベルリン、ラングレー、ベイルート、テヘランの支局長を歴任。数多くの防諜技術やほかの実践的なスパイ技術を開発し、防諜スタッフのチーフとなった。七〇年代にジャック・プラットを薫陶した。一九八〇年に引退。

マイケル・J・スリック　*Michael J. Sulick*（一九四八〜）

一九八〇年にCIAに入局し、東欧、アジア、ラテン・アメリカ、ポーランド、そしてロシアで勤務した。一九九四〜一九九六年までモスクワ支局長を務め、一九九九〜二〇〇二年まで中央ユーラシア部長、その後、秘密作戦部長（かつては作戦副部長と呼ばれていた地位）になり、二〇一〇年にはスパイ交換リストにゲンナジーの名前を入れるよう働きかけた。その後、引退した。

ジーン・ルース・ヴェルテフィーユ　*Jeanne Ruth Vertefeuille*（一九三二〜二〇一二）

一九五四年にタイピストとしてCIAに入局し、その後、エチオピア、フィンランド、そしてハーグでの勤務した。ロシア語を学び、ソビエトのスパイの専門家になった。一九八六年一〇月、彼女はCIAのロシア人資産《アセット》が次々と失踪している件を調査するタスクフォースを率いるよう請われた。八年後、グライムズらとともにオルドリッチ・エイムズを二重スパイだと特定した。

ロシア人

ヴィクトル・チェルカシン *Victor Cherkashin*（一九三二〜）

KGBの対外情報機関（現SVR）で四〇年にわたって勤務したあと、大佐に昇任した。西ドイツ、インド、オーストリア、レバノンでの勤務したのち、ワシントンDC・レジデンチュラの防諜部長になり、とりわけゲンナジー・ワシレンコを監督した。一九九五年に、家族と国際セキュリティー会社〈アルファ＝プーマ〉に専念するため、KGBを退職した。

ミハイル・エフィモヴィッチ・フラトコフ *Mikhail Yefimovich Fradkov*（一九五〇〜）

政治家。二〇〇四年三月〜二〇〇七年九月までロシア首相を務めた。また、二〇〇七〜二〇一六年までSVR長官を務め、二〇一〇年にはCIA長官のレオン・パネッタとスパイ交換を協議した。

ウラジーミル・クリュチコフ *Vladimir Kryuchkov*（一九二四〜二〇〇七）

一九七四〜一九八八年までKGBの対外情報機関である第一総局を率いた。同局は秘密情報収集を監督していた。一九八八〜一九九一年まで、KGB議長を務め、失敗に終わった一九九一年八月のクーデターのリーダーでもあった。

セルゲイ・ラヴロフ *Sergei Lavrov*（一九五〇〜）
外交官。一九九四〜二〇〇四年まで国連のロシア代表だった。二〇〇四年以来、現ロシア外務大臣である。二〇一〇年のスパイ交換につながる〝リセット〟の交渉に当たった。

ヴァレリー・マルティノフ *Valery Martynov*（一九四六?〜一九八七）
一九八〇年代はじめ、ラインX（科学諜報）のKGB職員としてワシントンDCに派遣されていた。そこでゲンナジー・ワシレンコの同僚として任務に当たっていた。一九八二年にFBIに引き入れられ、PIMENTAというコード・ネームがついた。その後、一九八五年にハンセンとエイムズによって暴露され、一九八七年にソビエト連邦にて処刑された。

セルゲイ・モトリン *Sergei Motorin*（一九四六?〜一九八七）
一九八〇年代、ラインPR（軍事諜報）のKGB職員として任務に当たった。マルティノフと同様、ワシントンDC・レジデンチュラに配属され、ゲンナジー・ワシレンコと親交を深めた。一九八〇年にFBIのCI-4スクワッドに引き入れられ、MEGASというコード・ネームがついた。やはりマルティノフと同様、エイムズとハンセンに暴露され、一九八七年に処刑された。

ウラジーミル・ピグゾフ *Vladimir Piguzov*（〜一九八七）
KGB職員だったが、一九七〇年代、インドネシアでCIAに徴募され、JOGGERというコード・ネームのCIA資産《アセット》になった。モスクワのKGBの学校に異動すると、KGB訓練生の経歴などの情報をCIAに流した。ゲンナジー・ワシレンコの情報も入っていた。エイムズに暴露されたものと考えられているが、ジャック・プラットはエドワード・リー・ハワードがロシア側に伝えたのだと考えていた。

ドミトリー・ポリャコフ　*Dmitri Polyakov*（一九二一～一九八八）

GRU（ソビエト国防省参謀本部情報部）の部員だった。FBIにおける彼のコード・ネームは〝TOP HAT〟だった。調教師《ハンドラー》であるCIAのサンディー・グライムズの指示を受け、ポリャコフは何十年にもわたってアメリカに貴重な軍事情報をもたらした。だが、エイムズとハンセンに暴露され、一九八八年に処刑された。

アレクサンドル・ニコライエヴィッチ・ポテイエフ　*Aleksandr Nikolayevich Poteyev*（一九五二～）

S局（海外スパイ活動の調整を担当）に配属されたSVR職員だった。一九九〇年代にニューヨークに派遣され、やがてCIAに徴募された。二〇〇一年、ロシアの〝イリーガル〟の情報をアメリカ側に売り渡した。イリーガルとは、何年ものあいだ偽の〝身分《レジェント》〟で非ロシア・ソビエト人としてアメリカ国内で暮らしてきたエージェントである。彼らの存在がアメリカ当局に知られてもすぐに逮捕されなかったのは、アメリカ当局が泳がせておきたかったからだった。二〇一〇年、イリーガル逮捕の数週間前、ポテイエフは二〇〇万～五〇〇万ドルと推定される報奨金を持って、アメリカ国内に身を隠した。ロシアの通信社によると、ポテイエフは二〇一六年七月、任務遂行中に他界したとされる。

〝アナトリー・ステパノフ〟　*"Anatoly Stepanov"*（推定一九四八～）（偽名）

KGB防諜機関（ラインKR）の職員で、七〇年代にはヤセネヴォ本部とDCレジデンチュラでゲンナジーとともに任務に当たった。八〇年代にはS局（イリーガル）高官の地位を得た。ソビエト連邦崩壊後、KGBを離れる前、ステパノフはアメリカに潜む二重スパイ（ロバート・ハンセン）のKGBのファイルを持ち出し、のちに、報道によると七〇〇万ドルでFBIに売り渡した。現在は新しい身分でアメリカで暮らしている。

ゲンナジー・〝ゲーニャ〟・セミョヴィッチ・ワシレンコ、別名ＩＬＹＡ、ＣＩＡおよびＦＢＩの共通コード・ネーム、ＭＯＮＯＬＩＴＥ、のちにＧＴ／ＧＬＡＺＩＮＧ　*Gennady "Genya" Semyovich Vasilenko, aka ILYA, joint CIA and FBI code names MONOLITE and later GT/GLAZING*（一九四一〜）

一流のバレーボール選手であり、一九七〇年代後半、ＫＧＢのラインＫＲ（防諜）の職員としてＤＣレジデンチュラに派遣された。ＫＧＢ／ＦＳＢにＣＩＡ資産《アセット》だと誤認され、二度の逮捕と収監を経験した。ジャック・プラットの親友だった。

ドミトリー・ヤクシュキン　*Dmitri Yakushkin*（一九二三〜一九九四）

経済学の学位を取得したのちＫＧＢに入り、少将まで上り詰めた。一九七五年、在ワシントンＤＣソビエト大使館内にあるレジデント（ＣＩＡの支局に相当）に赴任した。同ポストに就任したことで、ソビエト連邦外ではもっとも有力なＫＧＢ将校となった。ワシントンでは何百人ものスパイの活動を監督した。ゲンナジー・ワシレンコ、セルゲイ・モトリン、ヴァレリー・マルティノフ、アナトリー・ステパノフなども、そうしたスパイに含まれる。

ヴィタリー・セルゲイエヴィッチ・ユルチエンコ　*Vitaly Sergeyevich Yurchenko*（一九三六〜）

ＫＧＢ将校。ヤセネヴォ本部から北アメリカの活動を取り仕切っていた。ゲンナジー・ワシレンコも同本部の同僚だった。勤続二五年のあと、ローマでＣＩＡに寝返った。彼は空路でワシントンに連れていかれ、皮肉なことにオルドリッチ・エイムズの聴取を受けた。ＣＩＡの中には、ユルチエンコが〝ダングル〟で、アメリカに転向するふりをしているだけだと信じる者もいた。さして重要でもないアメリカ側の裏切り者であるエドワード・リー・ハワードとロナルド・ペルトンを二重スパイだと暴露したが、ロシア側の最重要二重スパイであるエイムズとハンセンの情報は流さず、ソビエト連邦に再転向した。何年もあとになって、彼は〝潜入作戦〟を完遂したとしてソビエト政府から赤星勲章を授与された。

アレクサンドル・ザポロジスキー、AVENGER(?)　*Aleksandr Zaporozhsky, possibly AVENGER*（一九五一〜）

オルドリッチ・エイムズの逮捕につながったとされる情報を提供した見返りに、ＦＢＩとＣＩＡからそれぞれ一〇〇万ドルを受け取ったとして、一九九三年、ロシアで有罪判決を受けた。ゲンナジー・ワシレンコは、ヤセネヴォのＫＧＢ本部アフリカ・アジア部でザポロジスキーと一緒に任務に当たっていた七〇年代から、ザポロジスキーを知っていた。ザポロジスキーは二〇〇一年にＫＧＢに逮捕され、禁固一八年の刑に処せられた。二〇一〇年にスパイ交換で釈放され、ゲンナジーとともにアメリカに戻った。今日、彼はアメリカ東部で暮らしている。

アレクサンドル・〝サーシャ〟・ゾモフ、暗号名PROLOGUE、PHANTOM　***Aleksandr "Sasha" Zhomov, aka PROLOGUE, aka PHANTOM***（一九五四〜）

第二管理本部（国内防諜）のＫＧＢ将校で、一九八七年にモスクワのＣＩＡに情報を売る話を持ちかけたこともある。グライムズとヴェルテフィーユの反対をよそに、ＳＥ部はゾモフを受け入れたが、実のところゾモフは〝ダングル〟で、ソビエト連邦の貴重な資産《アセット》であるエイムズとハンセンを守るために派遣されたのだった。ゾモフはかなりの額の報酬をＣＩＡからもらったあと、一九九〇年七月にＣＩＡとの交渉を打ち切った。のちにエイムズとハンセンという資産《アセット》を失った報復を果たそうと、ゾモフはＫＧＢのスパイ・ハンターとなり、ゲンナジー・ワシレンコとアレクサンドル・ザポロジスキーの逮捕および拷問を指揮した。

組織

CIA（一九四七〜現在）

一九四七年の国家安全保障法により創設された中央情報局（CIA）は、主として人的諜報活動（HUMINT）を利用して情報を取得するアメリカ合衆国の文民海外情報機関である。バージニア州マクリーンのラングレーと呼ばれる二五八エーカーの土地に本部を置き、法執行権限はなく、主に海外での情報収集に集中し、国内での情報収集はきわめて限定的である。

FBI（一九〇八〜現在）

連邦捜査局（FBI）は、アメリカ合衆国の国内諜報と国内治安を担う機関であり、対テロリズム、防諜、そして犯罪捜査に注力している。司法省の管轄下で活動し、司法長官と国家情報長官の両者に責任を負う。主として国内機関で、全米各地の大都市に五六の支局があり、世界各地のアメリカ大使館および領事館に六〇人の司法担当官（LEGAT）を配置している。

FSB（一九九五〜現在）

ロシア連邦保安庁（Federal'naya Sluzhba Bezopasnosti）は、ロシアの主要保安機関であり、ソビエト連邦の国家保安委員会（KGB）直系の後継機関である。米国のFBIに相当し、主たる任務はロシア国内の治安であり、防諜、国内および国境警備、対テロリズム、監視に加えて、犯罪と連邦法違反の捜査も担当する。本部はモスクワのルビャンカ広場（旧ジェルジンスキー広場）のKGB旧本部ビルに入っている。

GRU（一八一〇〜現在）

かつて国防省参謀本部情報部として知られていたGRUは、ロシア連邦軍参謀の海外における軍事情報機関である。ロシア最大の対外情報機関であり、KGB第一総局（PGU KGB）の後継機関であるSVR

の六倍の人員を外国に派遣している。総勢二万五〇〇〇人を超えるスペツナズ部隊を指揮する。

KGB（一九五四～一九九一）

モスクワのルビャンカ・ビルに本部を置くKGBは、軍事組織だった。ソビエト国家保安委員会（Komitet Gosudarstvennoi Bezopasnosti）はチェーカ、OGPU、NKVDなどの後継機関である。KGBの主要機能は海外諜報、防諜、国内作戦・捜査活動である。一九九一年以降、KGBの活動はFSB（国内）とSVR（海外）とにわかれている。

MVD（一八〇二～現在）

かつてはロシア連邦内務省として知られていたMVD（Ministerstvo Vnutrennikh Del）は、ロシアの内政を管掌する省である。警察、交通、麻薬取締、経済犯罪捜査などの機能を統括する。同省の本部はモスクワにある。

スペツナズ（一九五〇～現在）

〝特殊目的〟を意味するスペツナズとは、FSB、MVD、あるいはGRUの各機関内に存在するエリート戦術特殊部隊の総称である。対テロおよび対サボタージュ作戦を遂行するが、対革命、反体制派といった好ましくない活動の対処に回ることも多い。同部隊は、現場や戦場で従来の部隊が直面する不利な状況を克服するために、何十年も前に軍事理論家ミハイル・スヴェチニコフによって構想された。

SVR（一九九一～現在）

ロシア対外情報庁、SVR（Sluzhba Vneshney Razvedki）は、ロシアの対外情報機関であり、KGB第一総局の後継機関である。ロシア連邦外での諜報活動およびスパイ活動、外国情報機関との対テロリストおよび情報共有協定の交渉を担う。SVRは知られているかぎり、少なくとも八つの局からなる。すなわち、PR（政治諜報）、S（非合法海外エージェント）、X（科学技術諜報）、KR（対外防諜）、OT（作戦および技術支援）、R（作戦立案および分析）、I（コンピュータ・サービス――情報と解析）、そしてE（経済諜報）の八局である。本部はモスクワのヤセネヴォ地区にある。

Additional Sources

Interviews (see Acknowledgments)

FBI

Robert Hanssen file (obtained under FOIA)

Operation Ghost Stories

Online Resources

SpyCast (The International Spy Museum)

C-SPAN Archives

WikiLeaks

National Law Enforcement Museum (FBI Oral History Collection)

The Vault (FBI FOIA Archives)

Crest (CIA Records Search Tool)

CIA Electronic Reading Room

Center for the Study of Intelligence (CIA)

The Black Vault

CI Centre

National Security Archives

Geneology.com

Ancestry.com

Interfax (Russia News Service)

Photos

All photos courtesy of Jack Platt and family, Gennady Vasilenko, and Dion Rankin, unless otherwise noted

Indianapolis: Dog Ear Publishing, 2009

Mahle, Melissa. *Denial and Deception: An Insider's View of the CIA from Iran-Contra to*

9/11. New York: Nation Books, 2004.

Melton, H. Keith, and Robert Wallace. *The Official CIA Manual of Trickery and Deception.* New York: William Morrow, 2009.

Mendez, Antonio, Jonna Mendez, and Bruce Henderson. *Spy Dust: Two Masters of Disguise Reveal the Tools and Operations That Helped Win the Cold War.* New York: Atria Books, 2002.

Panetta, Leon, and Jim Newton. *Worthy Fights: A Memoir of Leadership in War and Peace.* New York: Penguin Press, 2014.

Peterson, Martha. *The Widow Spy.* Denver: Red Canary Press, 2012.

Rogers, Leigh. *Sticky Situations: Stories of Childhood Adventures Abroad.* Haverford: Infinity Publishing, 2004.

Prado, John. *The Soviet Estimate: U.S. Intelligence Analysis & Russian Military Strength.* New York: Dial Press, 1982.

Riebling, Mark. *Wedge: The Secret War Between the FBI and CIA.* New York: A.A. Knopf, 1994.

Shvets, Yuri. *Washington Station: My Life as a KGB Spy in America.* New York: Simon & Schuster, 1994.

Sulick, Michael. *American Spies: Espionage Against the United States from the Cold War to the Present.* Washington, DC: Georgetown University Press, 2013.

Theoharis, Athan. *FBI: An Annotated Bibliography and Research Guide.* New York: Garland, 1994.

Wannall, Ray. *The Real J Edgar Hoover: For the Record.* Paducah: Turner, 2000.

Weiner, Tim, Darid Johnston, and Neil Lewis. *Betrayal: The Story of Aldrich Ames, an American Spy.* New York: Random House, 1995.

Weisberger, Bernard. *Cold War, Cold Peace: The United States and Russia Since 1945.* New York: American Heritage; Boston, 1984.

Wise, David. *Nightmover: How Aldrich Ames Sold the CIA to the KGB for $4.6 Million.* New York: HarperCollins Publishers, 1995.

———. *Spy: The Inside Story of How the FBI's Robert Hanssen Betrayed America.* New York: Random House, 2002.

———. *Spy Who Got Away: The Inside Story of Edward Lee Howard, the CIA Agent Who trayed His Country's Secrets and Escaped to Moscow.* New York: Random House, 1988.

Unpublished

The Prison Diary of Gennady Vasilenko

The Jack Platt Journals

It Was Worth It— the memoir of Polly Platt.

参考文献

Albats, Yevgenia. *The State Within a State: The KGB and Its Hold on Russia—Past, Present, and Future.* New York: Farrar, Straus, Giroux, 1994.

Andrew, Christopher, and Vasili Mitrokhin. *The Sword and the Shield: The Mitrokhin Archive and the Secret History of the KGB.* New York: Basic Books, 1999.

Bearden, Milt, and James Risen. *The Main Enemy: The Inside Story of the CIA's Final Showdown with the KGB.* New York: Random House, 2003.

Cherkashin, Victor, and Gregory Feifer. *Spy Handler: Memoir of a KGB officer—The True Story of the Man Who Recruited Robert Hanssen and Aldrich Ames.* New York: Basic Books, 2005.

Chiao, Karen, and Mariellen O'Brien. *Spies' Wives: Stories of CIA Families Abroad.* Berkeley: Creative Arts Book Co., 2001.

DeLoach, Cartha. *Hoover's FBI: The Inside Story by Hoover's Trusted Lieutenant.* Washington, D.C.: Regnery Publishers, 1995.

Fino, Ronald, and Michael Rizzo. *The Triangle Exit.* Tel-Aviv: Contento De Semrik, 2013.

Grimes, Sandy, and Jeanne Vertefeuille. *Circle of Treason: A CIA Account of Aldrich Ames and the Men He Betrayed.* Annapolis: Naval Institute Press, 2012.

Haynes, John Earl, Klehr Harvey, and Alexander Vassiliev. *Spies: The Rise and Fall of the KGB in America.* New Haven: Yale University Press, 2009.

Helms, Richard. *A Look Over My Shoulder: A Life in the Central Intelligence Agency.* New York: Random House, 2003.

Hoffman, David. *The Billion Dollar Spy: A True Story of Cold War Espionage and Betrayal.* New York: Doubleday, 2015.

Hougan, Jim. *Spooks: The Haunting of America: The Private Use of Secret Agents.* New York: Morrow, 1978.

Javers, Eamon. *Broker, Trader, Lawyer, Spy: Inside the Secret World of Corporate Espionage.* New York: Harper, 2010.

Kalugin, Oleg, and Fen Montaigne. *The First Directorate: My 32 Years in Intelligence and Espionage Against the West.* New York: St. Martin's Press, 1994.

Kessler, Ronald. *The Bureau: The Secret History of the FBI.* New York: St. Martin's Paperbacks, 2003.

———. *Inside the CIA: Revealing the Secrets of the World's Most Powerful Spy Agency.* New York: Pocket Books, 1992.

———. *Secrets of the FBI.* New York: Broadway Paperbacks, 2012.

———. *Spy vs Spy: Stalking Soviet Spies in America.* New York: C. Scribner's Sons, 1988.

Kross, Peter. *Spies, Traitors, and Moles: An Espionage and Intelligence Quiz Book.* Lilburn: IllumiNet Press, 1998.

Levy, Shawn. *De Niro: A Life.* Waterville: Crown Archetype, 2014.

Lynch, Christopher. *The C.I. Desk: FBI and CIA Counterintelligence as Seen from My Cubicle.*

著者紹介

ガス・ルッソ

Gus Russo

1950年、メリーランド州ボルチモア生まれ。ノンフィクション作家。調査ジャーナリスト。これまでに、マフィア〈シカゴ・アウトフィット〉の犯罪帝国に迫った“*The Outfit: The Role of Chicago's Underworld in the Shaping of Modern America*”などを上梓、本書は9冊目の著書となる。テレビドキュメンタリーのプロデューサー兼レポーターとして、ABC、CBS、NBCなど全米ネットワーク局をはじめ、ドイツ・フランス・イギリスなど各国のネットワークでも活躍している。

エリック・デゼンホール

Eric Dezenhall

1962年、ニュージャージー州カムデン生まれ。作家、危機管理コンサルタント。1987年に危機管理会社Dezenhall Resources, Ltd. を設立、CEOを務める。レーガン政権時代には、ホワイトハウスの広報部に勤務していた。危機管理に関するノンフィンクション“*Glass Jaw: A Manifesto for Defending Fragile Reputations in an Age of Instant Scandal*”など、これまでに10冊を上梓。ジャーナリストとしてNYタイムズ紙やウォール・ストリート・ジャーナル紙、ワシントン・ポスト紙などに寄稿している。

訳者紹介

熊谷千寿

Chitoshi Kumagai

英米文学翻訳家。1968年生まれ。東京外国語大学外国語学部英米語学科卒業。主な訳書にドルバウム『ナワリヌイ　プーチンがもっとも恐れる男の真実』(NHK出版)、アッカーマン『2034 米中戦争』(二見書房)、オーウェン『NO HERO アメリカ海軍特殊部隊の掟』(講談社)、コンウェイ『スパイの忠義』、イデ『IQ』、(共に早川書房）がある。

最高《さいこう》の敵《てき》
冷戦最後《れいせんさいご》のふたりのスパイ

2022年3月19日発行 第1刷

著者　ガス・ルッソ、エリック・デゼンホール
訳者　熊谷千寿
発行人　鈴木幸辰
発行所　株式会社ハーパーコリンズ・ジャパン
東京都千代田区大手町1-5-1
03-6269-2883（営業）
0570-008091（読者サービス係）

装丁・本文デザイン　TYPEFACE（AD.渡邊民人　D.谷関笑子）

印刷・製本　中央精版印刷株式会社

Printed in Japan
ISBN978-4-596-42758-8